校企合作计算机类技能实战系列丛书
互联网+创新型“十四五”精品教材

Premiere Pr[illegible] AI
影视后期制作实例教程

（微课版）

主　编　刘国丽　张　迪　李　娜
副主编　赵海仙　王　欢　匡婷婷
于川东　张　婷　黄祥兴

哈尔滨工程大学出版社
Harbin Engineering University Press

内容简介

本书以 Adobe Premiere Pro 2025 为载体，结合 AI 技术，全面讲解了影视制作的全流程。本书共 12 章，包括 Adobe Premiere Pro AI 基本知识、素材的处理与优化、色彩校正与风格化、视频转场过渡效果、创造炫酷的视觉特效、文本的创建与编辑、背景音乐的处理、视频遮罩叠加效果的制作、关键帧与动画效果、制作抖音卡点视频实例、制作故事情景短剧实例与制作影视片尾谢幕实例。

本书结构清晰，语言简洁，实例丰富，既可作为应用型本科院校、职业院校、技工类院校相关专业的教材，也可作为影视爱好者、新媒体从业者及职场人士的参考用书。

图书在版编目（CIP）数据

Premiere pro AI 影视后期制作实例教程 ：微课版 / 刘国丽，张迪，李娜主编. -- 哈尔滨 ：哈尔滨工程大学出版社，2025. 6. -- ISBN 978-7-5661-4785-1

Ⅰ. TP317.53

中国国家版本馆 CIP 数据核字第 2025KJ9659 号

Premiere Pro AI 影视后期制作实例教程（微课版）
Premiere Pro AI YINGSHI HOUQI ZHIZUO SHILI JIAOCHENG（WEIKE BAN）

选题策划 张林峰
责任编辑 章银武

出版发行	哈尔滨工程大学出版社
社　　址	哈尔滨市南岗区南通大街 145 号
邮政编码	150001
电　　话	0451-82519989
经　　销	新华书店
印　　刷	三河市中晟雅豪印务有限公司
开　　本	787 mm×1 092 mm　1/16
印　　张	13
字　　数	333 千字
版　　次	2025 年 6 月第 1 版
印　　次	2025 年 6 月第 1 次印刷
书　　号	ISBN 978-7-5661-4785-1
定　　价	69.80 元

http://www.hrbeupress.com
E-mail:heupress@hrbeu.edu.cn

前　言

党的二十大报告指出，“坚持尊重劳动、尊重知识、尊重人才、尊重创造，实施更加积极、更加开放、更加有效的人才政策”“着力形成人才国际竞争的比较优势。加快建设国家战略人才力量”“深化人才发展体制机制改革……把各方面优秀人才集聚到党和人民事业中来”。

➢ 写作驱动

在当今数字化时代，影视制作已成为一门极具吸引力且富有创造力的行业。Adobe Premiere Pro 2025 作为一款强大的视频编辑软件，其 AI 功能的引入更是为创作者带来了新的机遇与挑战，越来越多的人投身于这一领域，渴望掌握先进的影视制作技术。然而，在学习和使用 Adobe Premiere Pro 2025 的过程中，广大的用户群体普遍面临着很多痛点：资源匮乏，学习成本高；缺乏实战，理论与实践脱节；技术更新快，学习难度大；创意表达受限，缺乏个性化。

➢ 本书特色

本书旨在通过深入挖掘读者的实际需求，结合影视制作领域发展的新技术，尤其是 AI 技术，为广大学生和初学者提供一本系统、实用、创新的影视制作实例教材。本书的特色如下。

（1）系统性强，资源丰富。本书以 Adobe Premiere Pro 2025 为基础，全面覆盖了从基础操作到高级技巧的各个环节，包括视频剪辑、色彩校正、字幕添加、特效制作、音频处理等。同时，本书还提供了 20 个专家指点、120 多个实用技巧、200 多分钟的教学视频演示、570 多个素材效果以及 770 多张彩色图片，这些丰富的资源将帮助大家系统地学习影视制作知识，解决学习资源匮乏且分散的问题。

（2）理论与实践相结合，注重实战。本书不仅讲解了影视制作的理论知识，还通过大量的实战案例和课后实训，帮助大家将理论知识应用到实际操作中。例如，在“实战案例”中，详细介绍了抖音卡点视频、故事情景短剧、影视片尾谢幕等热门项目的制作流程，让大家在实践中提升技能，解决理论与实践脱节的问题。

（3）紧跟技术前沿，突出 AI 创新。本书紧跟影视制作技术的最新发展，重点介绍了 Adobe Premiere Pro 2025 新增的 AI 功能，如 AI 自动检测视频场景、一键拉伸视频时长、智能调色、自动转录字幕等。通过这些创新功能，大家可以更高效地完成影视制作任务，降低学习难度，提升作品质量。

（4）激发创意，个性化指导。本书在讲解过程中，注重引导大家激发创意，鼓励大家在实践中尝试不同的方法和思路。并通过专家指点和实用技巧的分享，帮助大家突破思维定式，打造独具特色的影视作品，解决创意表达受限的问题。

➢ 作者团队

本书由刘国丽（云南省曲靖农业学校）、张迪（四川传媒学院）、李娜（山东农业大学）担任主编，由赵海仙（昆明卫生职业学院）、王欢（郑州大学）、匡婷婷（菏泽工程技师学院）、于川东（烟台职业学院）、张婷（天津轻工职业技术学院）、黄祥兴（江西现代职业技术学院）担任副主编。本书的相关资料和售后服务可扫封底微信二维码或登录 www.bjzzwh.com 下载获得。

➢ 温馨提示

（1）本书涉及的软件版本为 Adobe Premiere Pro 2025。

（2）本书在撰写时，参考了 Adobe Premiere Pro 2025 的新版本及相关的 AI 功能，并截取了实际操作图片。然而，鉴于书籍从编辑至出版需历经一段时间，在此期间，软件的版本、功能及用户界面或许会有所更新。因此，在阅读本书时，建议您依据书中的指导思路，灵活变通、举一反三地进行学习。

（3）由于每个用户安装的 Adobe Premiere Pro 2025 及素材效果文件的路径不一致或发生了改变，直接打开资源中的项目文件时，可能会弹出重新链接素材的提示，如音频、视频和图像素材，甚至提示丢失信息等，这都属于正常现象，用户只需将这些素材重新链接素材文件夹中的相应文件，即可正常使用。

（4）本书及资源中所采用的图片、模型、音频、视频和赠品等素材，均为所属公司、网站或个人所有，本书引用仅为说明（教学）之用，绝无侵权之意，特此声明。

由于编者水平有限，书中难免存在疏漏和不当之处，敬请广大读者批评指正。

编　者

目　录

第 1 章　Premiere Pro AI 基本知识

第 2 章　素材的处理与优化

第 3 章　色彩校正与风格化

第 4 章　视频转场过渡效果

第 5 章　创造炫酷的视觉特效

第 6 章 文本的创建与编辑

第 7 章 背景音乐的处理

第 8 章 视频遮罩叠加效果的制作

第 9 章　关键帧与动画效果

第 10 章　制作抖音卡点视频实例

第 11 章　制作故事情景短剧实例

第 12 章　制作影视片尾谢幕实例

第 1 章

Premiere Pro AI 基本知识

1

在现代影视视频编辑中，人工智能（artificial intelligence，AI）技术的加入让 Adobe Premiere Pro 2025 变得更为智能和高效。本章将从安装和启动软件开始，逐步介绍 Adobe Premiere Pro 2025 的工作界面、基础操作，以及如何运用新增的 AI 功能提升视频编辑效率和创意表现。

本章重点

- 安装与启动 Adobe Premiere Pro 2025
- 了解 Adobe Premiere Pro 2025 工作界面
- 掌握项目文件的基础知识
- 掌握导入导出的基本操作
- 了解 Adobe Premiere Pro 2025 新增的 AI 功能

素质目标

- 培养读者使用 Adobe Premiere Pro 2025 的兴趣和热情
- 在学习过程中，培养读者独立思考、自主学习的能力，以掌握软件的各种操作技巧和特效制作方法

1.1 Adobe Premiere Pro 2025 的安装与启动

在开始使用 Adobe Premiere Pro 2025 之前，首先需要完成软件的安装与启动。本节将详细介绍安装过程，以及如何顺利启动软件，确保用户能够快速进入视频剪辑工作流程。

1.1.1 安装 Adobe Premiere Pro 2025

安装 Adobe Premiere Pro 2025

安装 Adobe Premiere Pro 2025 非常简单，只需要用户下载好软件安装包，并运行安装包即可开始安装软件。其具体方法如下。

Step01 打开软件安装包所在的文件夹，❶在 Set-up.exe 安装程序上单击右键；❷在弹出的快捷菜单中选择“以管理员身份运行”选项，如图 1-1 所示。

Step02 弹出“Adobe Premiere Pro 2025 安装程序”对话框，❶单击“位置”下方的路径设置按钮；❷在弹出的列表框中选择“更改位置”选项，如图 1-2 所示。

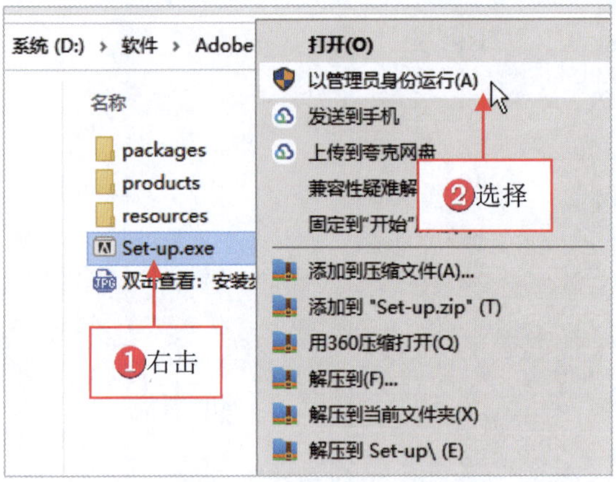

图 1-1 选择“以管理员身份运行”选项

图 1-2 选择“更改位置”选项

Step03 弹出“浏览文件夹”对话框，❶设置安装路径；❷单击“确定”按钮，如图 1-3 所示。

Step04 返回“Adobe Premiere Pro 2025 安装程序”对话框，单击“继续”按钮，如图 1-4 所示。

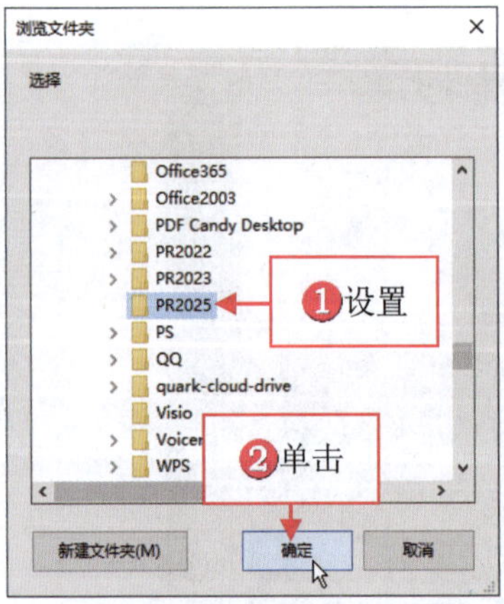

图 1-3 单击“确定”按钮

图 1-4 单击“继续”按钮

Step 05　执行操作后，即可开始安装并显示安装进度，如图 1-5 所示。

Step 06　稍等片刻，弹出“安装完成”提示，单击“关闭”按钮，即可完成安装，如图 1-6 所示。

图 1-5　显示安装进度

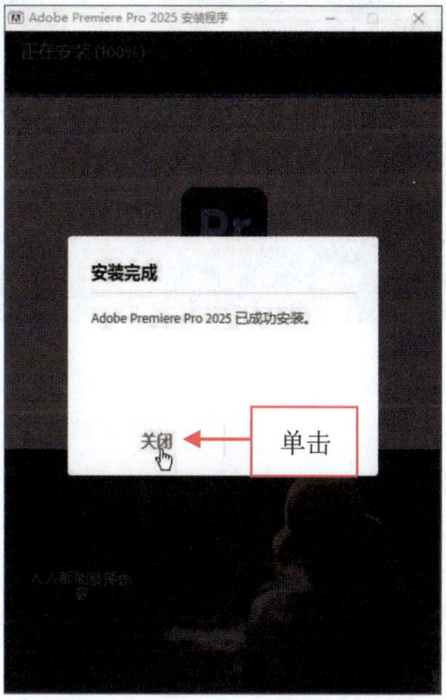

图 1-6　单击“关闭”按钮

1.1.2　启动 Adobe Premiere Pro 2025

Adobe Premiere Pro 2025 安装完成后，将在桌面自动创建程序启动图标，用户只需双击该图标，即可启动 Adobe Premiere Pro 2025。其具体操作方法如下。

启动 Adobe Premiere Pro 2025

Step 01　在电脑桌面上，双击 Adobe Premiere Pro 2025 程序图标，如图 1-7 所示。

Step 02　启动 Adobe Premiere Pro 2025 程序，在主页单击“新建项目”按钮，如图 1-8 所示。

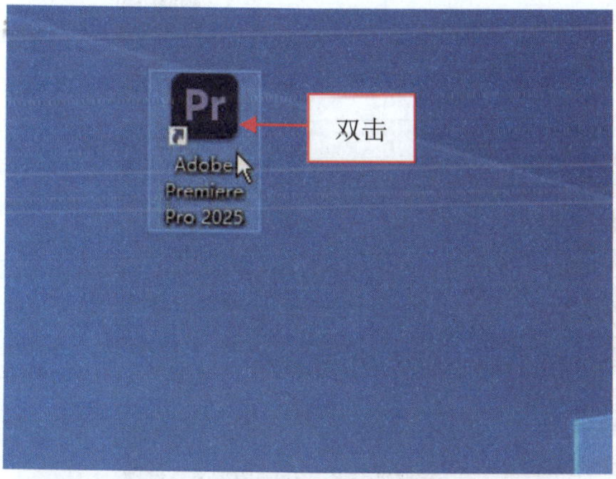

图 1-7　双击 Adobe Premiere Pro 2025 程序图标

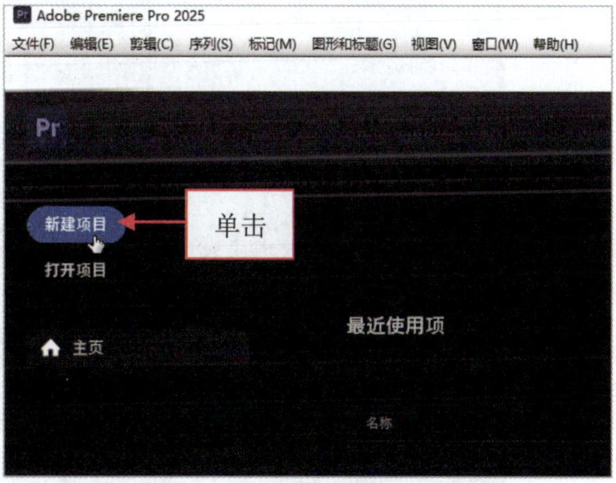

图 1-8　单击“新建项目”按钮

Step 03　弹出“新建项目”对话框，❶设置项目名称与位置；❷单击“创建”按钮，如图 1-9 所示。

Step 04　执行操作后，即可新建项目，进入 Adobe Premiere Pro 2025 工作界面，如图 1-10 所示。

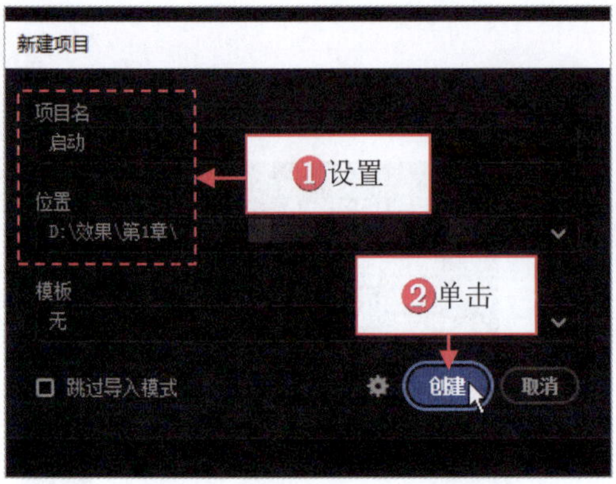

图 1-9　单击“创建”按钮

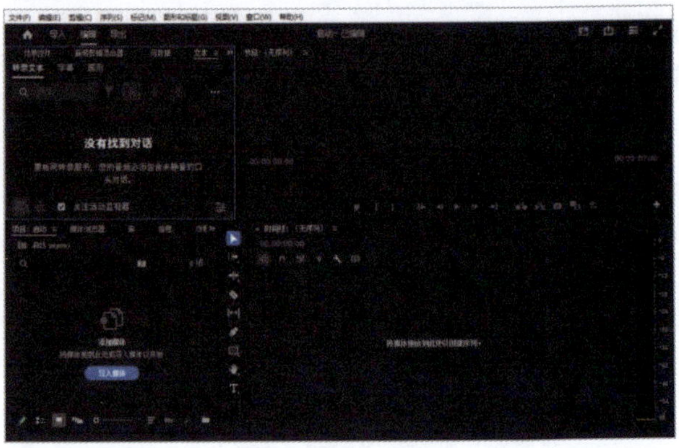

图 1-10　Adobe Premiere Pro 2025 工作界面

1.2　Adobe Premiere Pro 2025 工作界面

Premiere 简称 Pr，是一款超强大的视频编辑软件，可以提升用户的创作能力和创作自由度，是易学、高效、精确的视频后期剪辑软件，提供了采集、剪辑、调色、美化音频、字幕添加、输出、DVD 刻录等一整套流程。用户在启动 Adobe Premiere Pro 2025 程序后，将会看到简洁的工作界面，工作界面组成如图 1-11 所示。本节将详细介绍 Adobe Premiere Pro 2025 工作界面中常用的功能和面板。

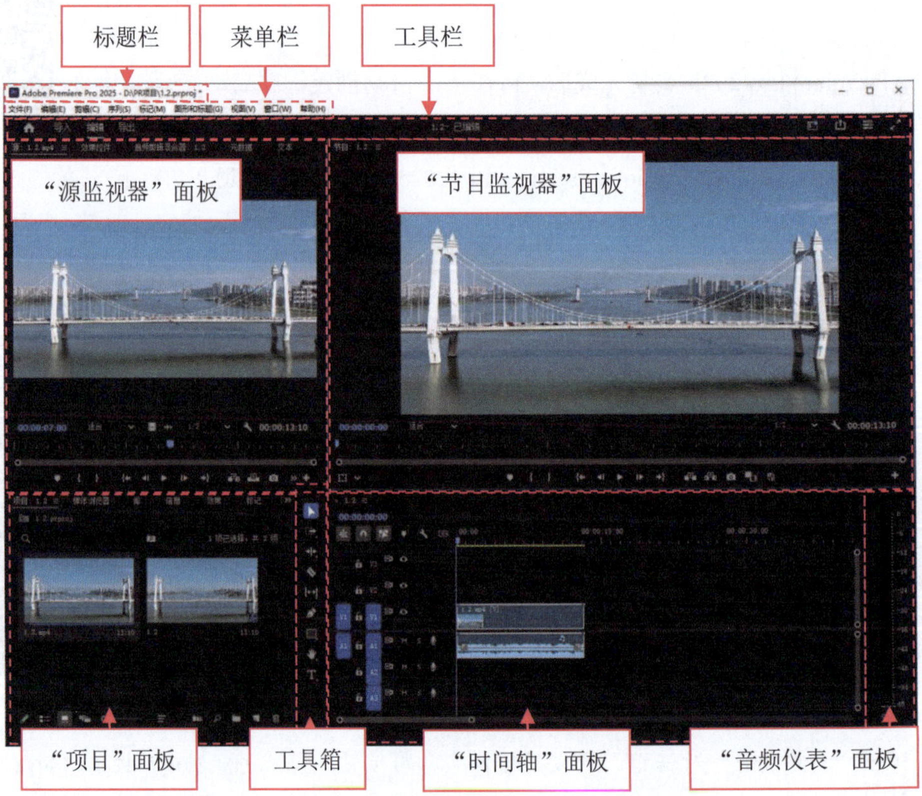

图 1-11　Adobe Premiere Pro 2025 工作界面组成

1.2.1 两个监视器面板

在 Adobe Premiere Pro 2025 工作界面中，可以看到两个主要的监视器面板，分别是“源监视器”面板和“节目监视器”面板。

➢ **“源监视器”面板：**通常位于界面左上方，当用户在“项目”面板中双击素材或项目时，即可在该面板中对素材或项目内容进行预览和编辑。

➢ **“节目监视器”面板：**通常位于界面右上方，在该面板中可以预览和编辑“时间轴”面板中的素材，如图 1-12 所示。

图 1-12 “节目监视器”面板

“节目监视器”面板中各个图标的含义如下。

❶ **切换到直接操控**：单击该按钮，即可切换到“变换”操控模式，直接在预览区中缩放画面大小。单击右侧的按钮，还可以更换为“裁剪”操控模式，直接在预览区中裁剪画面。

❷ **播放指示器位置**00:00:00:15：此为时间码，表示播放指示器位置，也可以理解为播放进度。单击该按钮，时间码将呈可编辑模式，用户可以直接输入时间，切换播放指示器位置。

❸ **添加标记**：单击该按钮，可以添加标记。

❹ **标记入点**：单击该按钮，可以将时间轴标尺所在的位置标记为素材入点。

❺ **标记出点**：单击该按钮，可以将时间轴标尺所在的位置标记为素材出点。

❻ **转到入点**：单击该按钮，可以跳转到入点。

❼ **后退一帧**：每单击该按钮一次，可将素材后退一帧。

❽ **播放-停止切换**：单击该按钮，即可播放素材，再次单击该按钮则会停止播放。

❾ **前进一帧**：每单击该按钮一次，可使素材前进一帧。

❿ **转到出点**：单击该按钮，可以跳转到出点。

⓫ **提升**：单击该按钮，可以删除被标记的入点和出点之间的内容，并在删除后留下一个空白区域。也就是说，被删除的片段会在轨道上留下空隙，后续的素材位置保持不变，适用于需要保留前后素材位置不变的情况。

⓬ **提取**：单击该按钮，可以删除被标记的入点和出点之间的内容，但与“提升”不同

的是，删除后不会留下空白区域，被删除的片段会被移除，而后续的素材会自动向前移动填补这个空缺，适用于希望素材无缝衔接的场景。

⑬ **导出帧**：单击该按钮，可以将当前播放指示器所在位置的某一帧画面导出为静态图像文件。

⑭ **比较视图**：单击该按钮，可以在同一时间轴上同时查看两个不同的视频片段，以便进行对比和调色。

⑮ **切换代理**：单击该按钮，可以快速在代理媒体和全分辨率媒体之间进行切换，从而优化工作流程。例如，当处理高分辨率视频文件时，使用代理文件可以提高编辑效率，因为代理文件的大小通常较小。

⑯ **按钮编辑器**：单击该按钮，将弹出“按钮编辑器”面板，在该面板中可以重新布局监视器面板中的按钮，包括添加、删除和移动等。

1.2.2 “项目”面板

在 Adobe Premiere Pro 2025 工作界面中，“项目”面板通常位于界面左下角，主要用于导入和储存提供给“时间轴”面板编辑合成的素材文件，如图 1-13 所示。“项目”面板由 3 个部分构成，最上面的一部分为查找区；位于查找区下方的是素材目录栏；最下方是工具栏，也就是菜单命令的快捷按钮。单击这些按钮可以便捷地实现一些常用操作。

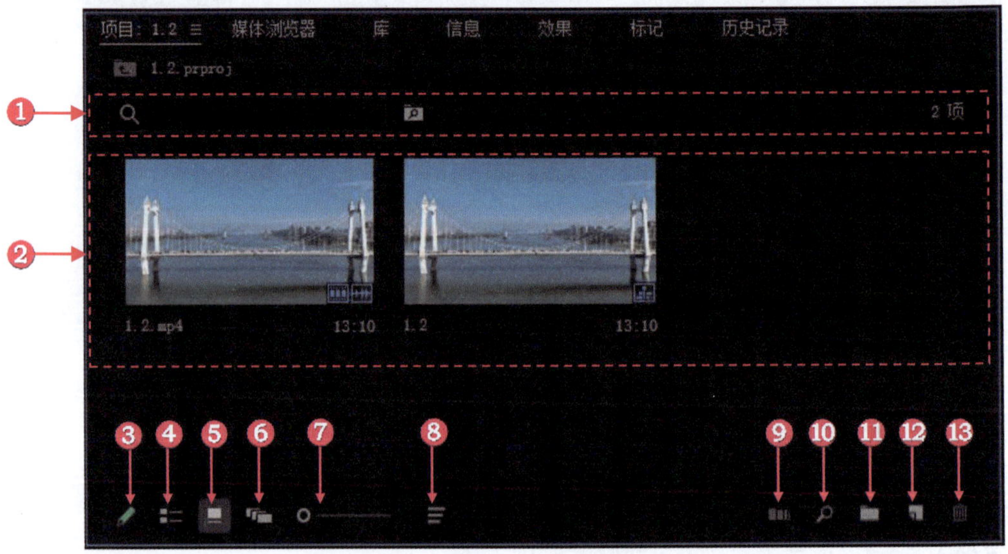

图 1-13 “项目”面板

在“项目”面板中各个图标的含义如下。

① **查找区**：该选项区主要用于查找需要的素材。

② **素材目录栏**：该选项区的主要作用是将导入的素材按目录的方式排版。

③ **项目可写**：单击该按钮，可以将项目更改为只读模式，将项目锁定不可编辑，同时按钮颜色会由绿色变为红色。

④ **列表视图**：单击该按钮，可以将素材以列表的形式显示。

⑤ **图标视图**：单击该按钮，可以将素材以缩览图标的形式显示。

⑥ **自由变换视图**：单击该按钮，可以将素材进行自由变换显示出来。

⑦ **调整图标和缩览图的大小**：按住鼠标左键并左右拖曳此滑块，可以调整素材目录栏中的图标和缩览图显示的大小。

⑧ **排序图标**：单击该按钮，弹出“排序图标”列表框，选择相应的选项，可以按一定顺序将素材进行排序。

⑨ **序列自动化**：单击该按钮，可以将选定的素材自动添加到序列中，并且可以设置素材在序列中的位置、插入方式、覆盖方式以及过渡效果等。

⑩ **在项目中查找项**：单击该按钮，将弹出“查找”对话框，允许用户通过名称、标签或出入点等信息快速查找项目中的素材文件。

⑪ **新建素材箱**：单击该按钮，可以在项目面板中创建一个新的文件夹，用于分类管理素材，这有助于对大量素材进行归类和整理。

⑫ **新建项**：单击该按钮，将弹出一个快捷菜单，用户可以选择创建新的序列、脱机文件、调整图层等项目元素。例如，可以新建一个序列用于编辑，或者创建脱机文件以减小项目缓存。

⑬ **删除当前所选项目**：单击该按钮，可以删除当前选中的素材、序列或素材箱。

1.2.3　“效果”面板

在 Adobe Premiere Pro 2025 工作界面中，“效果”面板与“项目”面板同处于界面左下角。“效果”面板中包括“预设”“Lumetri 预设”“音频效果”“音频过渡”“视频效果”和“视频过渡”选项，如图 1-14 所示。

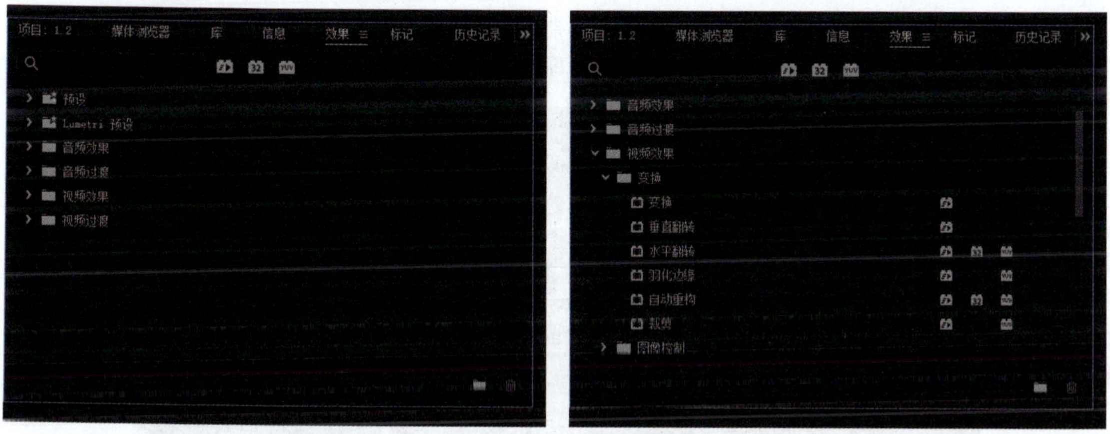

图 1-14　“效果”面板

“效果”面板是用于管理和应用各种视频、音频和过渡效果的重要工具。用户可以单击各选项前面的三角按钮，展开效果列表，管理或应用效果；还可以通过顶部的搜索框快速查找所需的特定效果，从而提高工作效率。

1.2.4　“效果控件”面板

“效果控件”面板通常位于界面左上方，主要用于控制素材对象的运动、不透明度、切换效果及改变效果的参数属性等，如图 1-15 所示。

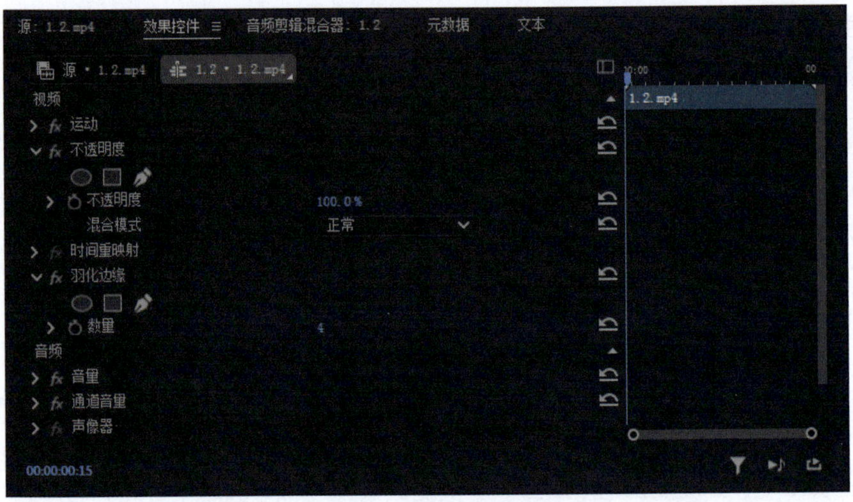

图 1-15　“效果控件”面板

在“效果”面板中选择需要的视频效果，将其添加至视频素材上，然后选择视频素材，进入“效果控件”面板，就可以为添加的效果设置属性。

如果用户在工作界面中没有找到“效果控件”面板，可以在菜单栏中单击“窗口”|“效果控件”命令，即可打开“效果控件”面板。

1.2.5　“历史记录”面板

在 Adobe Premiere Pro 2025 工作界面中，“历史记录”面板通常位于界面左下角，主要用于记录编辑操作时执行的每一个命令，如图 1-16 所示。

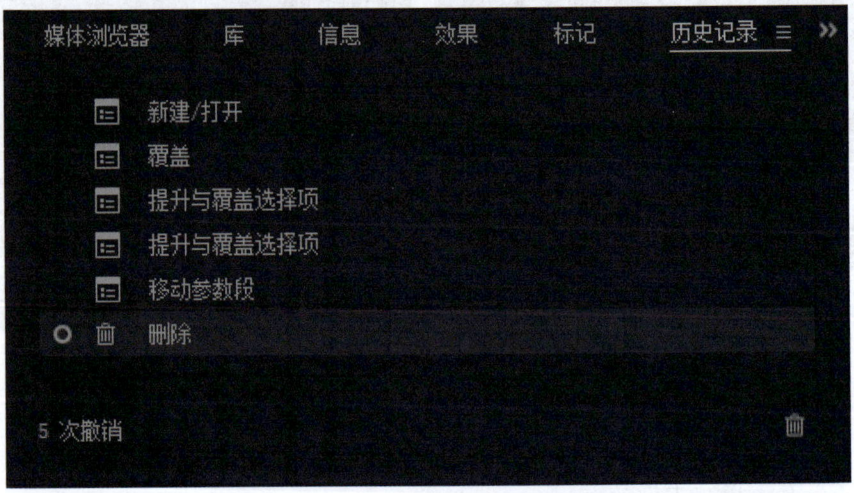

图 1-16　“历史记录”面板

用户可以通过在“历史记录”面板中删除指定的命令来还原之前的编辑操作。当用户选择“历史记录”面板中的历史记录后，单击“历史记录”面板右下角的“删除可重做的动作”按钮，即可将当前历史记录删除。

1.2.6　工具箱中的工具

工具箱位于“时间轴”面板的左侧，主要包括选择工具、向前选择轨道工具、波纹编辑工具、剃刀工具、外滑工具、钢笔工具、矩形工具、手形工具、文字工具，如图 1-17 所示。

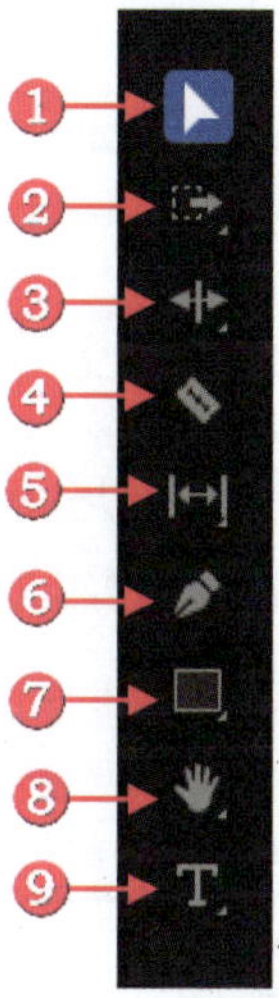

图 1-17　工具箱

工具箱中各个工具的含义如下。

① **选择工具**：该工具主要用于选择素材、移动素材及调节素材关键帧等。将该工具移至素材的边缘，光标将变成红色的拉伸图标，可以拉伸素材，为素材设置入点和出点。

② **向前选择轨道工具**：该工具主要用于选择某一轨道上的所有素材，按住【Shift】键可以选择单条轨道。

③ **波纹编辑工具**：该工具主要用于拖动素材的出点，可以改变所选素材的长度，而轨道上其他素材的长度不会受到影响。

④ **剃刀工具**：该工具用于分割素材，将素材分割为两段，产生新的入点和出点。

⑤ **外滑工具**：选择此工具时，可以同时更改“时间轴”内某素材的入点和出点，并保持入点和出点之间的时间间隔不变。例如，如果将“时间轴”内的一个 10 秒的素材剪辑修剪到了 5 秒，可以使用外滑工具来确定素材的哪个 5 秒部分显示在“时间轴”内。

⑥ **钢笔工具**：该工具主要用于调整素材的关键帧。

⑦ **矩形工具**：该工具可在视频上创建矩形形状，效果相当于矩形颜色遮罩。

⑧ **手形工具**：该工具主要用于改变“时间轴”面板的可视区域，在编辑一些较长的素材时，使用该工具操作非常方便。

⑨ **文字工具**：使用此工具可以为素材添加字幕文件。

1.2.7　“时间轴”面板

“时间轴”面板是进行视频、音频编辑的重要窗口之一，在该面板中可以轻松实现对素材的剪辑、插入、调整及添加关键帧等操作，如图 1-18 所示。

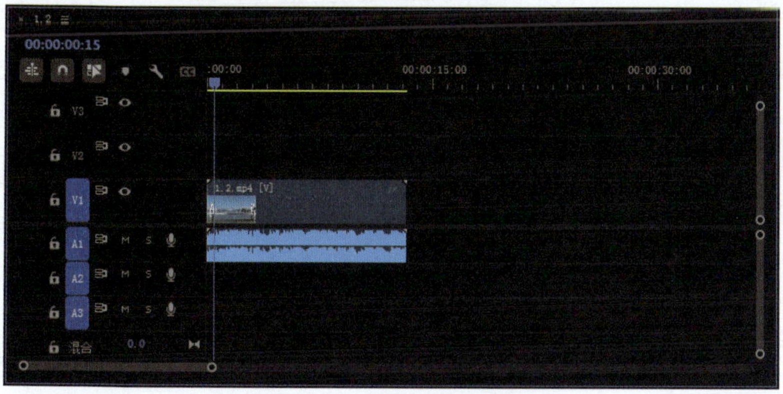

图 1-18　“时间轴”面板

1.3　项目文件的基础知识

在 Adobe Premiere Pro 2025 中，项目文件是所有编辑工作的载体。掌握如何创建、打开和保存项目文件，是进行高效编辑的基础。本节将对此进行详细介绍。

1.3.1　创建项目文件

创建项目文件

在启动 Adobe Premiere Pro 2025 后，用户首先需要做的就是创建一个新的工作项目。下面将介绍创建项目文件的方法。

Step 01　在菜单栏中，单击“文件”|“新建”|“项目”命令，如图 1-19 所示。

Step 02　弹出“新建项目”对话框，❶设置项目名称与位置；❷选中“跳过导入模式”复选框；❸单击“创建”按钮，如图 1-20 所示，即可新建项目。

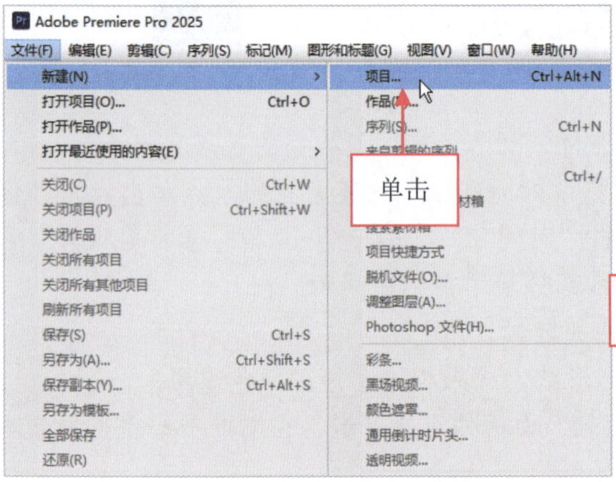

图 1-19　单击“项目”命令

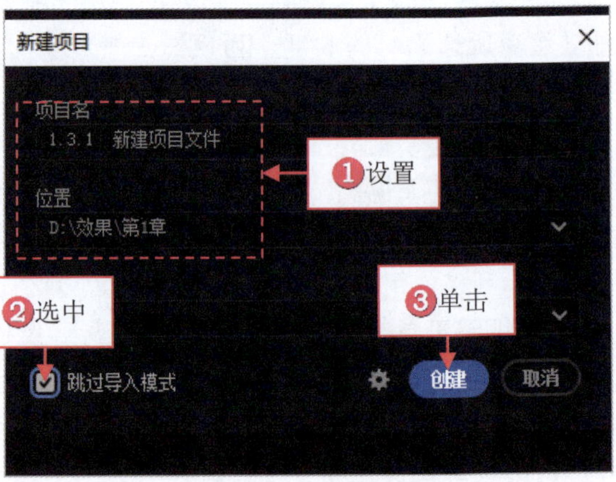

图 1-20　单击“创建”按钮

> **▶ 专家指点**
>
> 在 Adobe Premiere Pro 2025 中，通过导入模式，用户可以将素材（如视频、图片、音频等）添加到项目中，并进行编辑和处理。但如果用户需要快速创建项目文件或是批量处理素材，便可以在创建过程中选择跳过导入模式，避免不必要的重复操作。
>
> 此外，还可以使用快捷组合键【Ctrl + Alt + N】，快速创建一个项目文件。

1.3.2　打开项目文件

打开项目文件

在进入 Adobe Premiere Pro 2025 欢迎主页后，用户可以在“最近使用项”下方的列表中，选择最近使用过的项目文件直接将其打开，或者单击“打开项目”按钮打开项目文件，项目文件效果如图 1-21 所示。此外，还可以通过单击菜单栏中的命令打开项目文件，具体操作如下。

Step 01　在菜单栏中，单击“文件”|“打开项目”命令，如图 1-22 所示。

Step 02　弹出“打开项目”对话框，选择项目文件，如图 1-23 所示，单击“打开”按钮，即可使用菜单命令打开项目文件。

图 1-21　项目文件效果

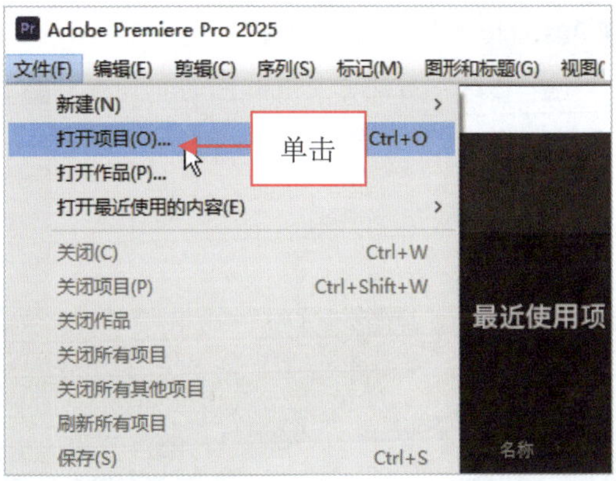

图 1-22　单击“打开项目”命令

Step 03　此外，还可以在菜单栏中，❶单击“文件”|“打开最近使用的内容”命令；❷在右侧弹出的子菜单列表框中选择需要打开的项目，如图 1-24 所示，即可打开所选项目文件。

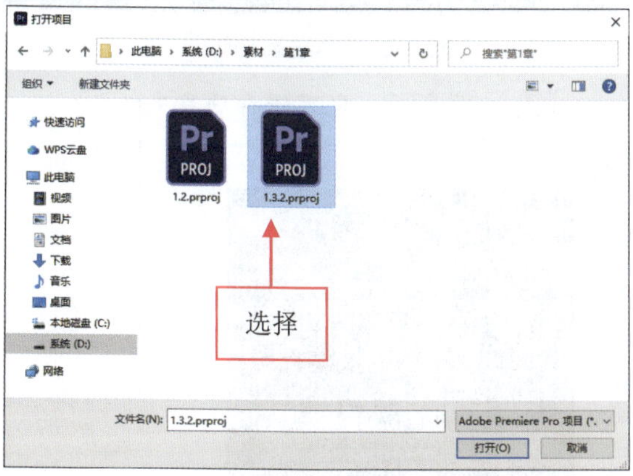

图 1-23　选择项目文件

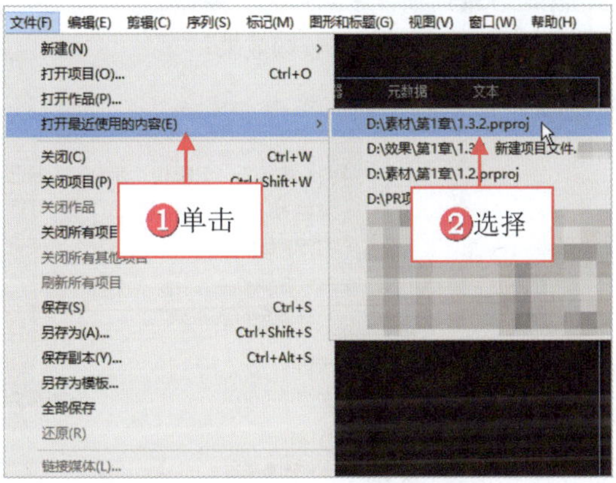

图 1-24　选择需要打开的项目

> **▶ 专家指点**
>
> 打开项目文件后，如果用户需要关闭项目或作品，可以在“文件”菜单列表框中单击以下命令。
>
> - **关闭：** 此命令用于关闭当前正在编辑的窗口，但不会影响其他打开的项目或文件。
> - **关闭项目：** 此命令用于关闭当前打开的项目文件。
> - **关闭作品：** 此命令用于关闭一个特定的作品或项目文件，使其不再处于活动状态，通常是在切换到另一个项目时使用的。
> - **关闭所有项目：** 此命令用于关闭所有当前打开的项目文件。
> - **关闭所有其他项目：** 此命令用于关闭除当前活动项目之外的所有其他项目。

1.3.3　保存项目文件

保存项目文件

为了确保用户所编辑的项目文件不会丢失，当用户编辑完后，可以将项目文件进行保存，以便下次进行修改操作，视频效果如图 1-25 所示。下面介绍保存项目文件的操作方法。

Step 01 按【Ctrl + O】组合键，打开一个项目文件，在“时间轴”面板中，将鼠标移至素材右侧的边缘，当鼠标变成红色的拉伸图标时，按住鼠标左键并向左拖曳，适当缩短素材时长，如图 1-26 所示。

图 1-25　视频效果

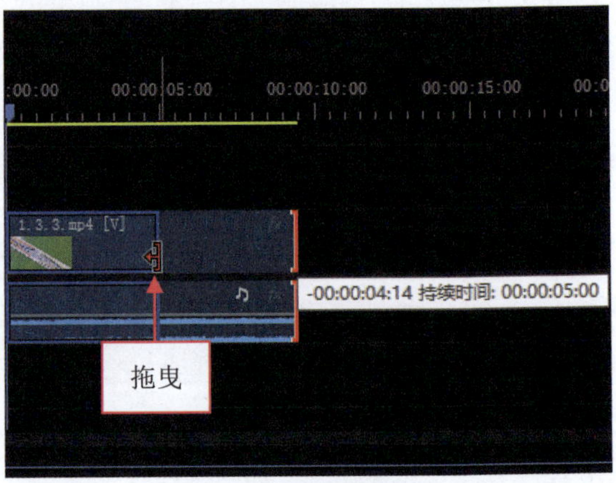

图 1-26　缩短素材时长

Step 02 在菜单栏中，单击“文件”|“保存”命令，如图 1-27 所示，即可保存项目文件。

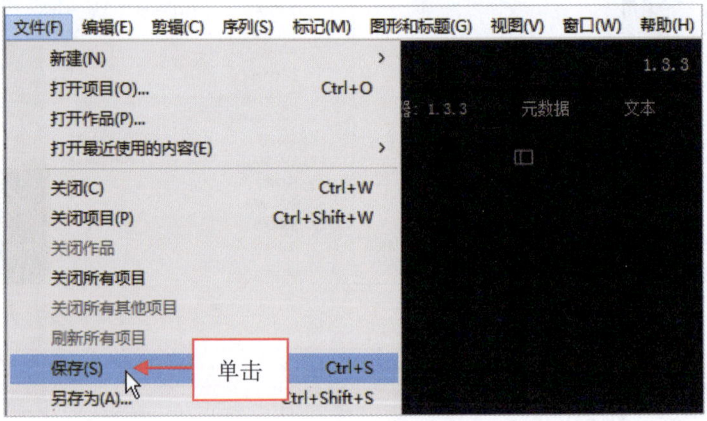

图 1-27　单击“保存”命令

▶ 专家指点

用户还可以通过以下两种方法保存项目文件。

- **快捷键：**按【Ctrl + S】组合键，快速保存项目文件。
- **“另存为”命令：**此命令允许用户以新的文件名或格式保存当前项目文件，而不影响原始文件。

1.4　导入导出的基本操作

导入和导出素材是视频编辑的重要环节。无论是导入素材还是导出成品，掌握基本操作可以帮助用户提高工作效率，本节将详细介绍导入素材文件和导出成品视频的操作方法。

1.4.1　导入素材文件

Adobe Premiere Pro 2025 支持多种文件格式，用户可以轻松地将视频、音频、图像等素材导入项目，项目效果如图 1-28 所示。下面以导入视频素材为例，介绍具体的操作方法。

导入素材文件

Step 01　创建一个项目文件，在“项目”面板中，单击“导入媒体”按钮，如图 1-29 所示。

图 1-28　项目效果

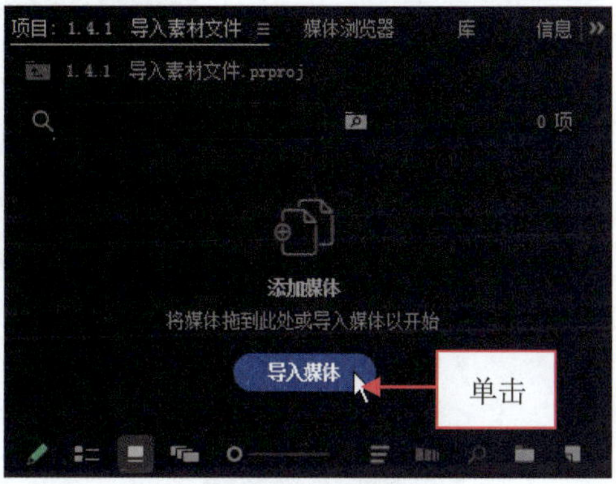

图 1-29　单击“导入媒体”按钮

Step 02　弹出“导入”对话框，选择需要导入的视频素材，如图 1-30 所示。

Step 03　单击“打开”按钮，即可将视频素材导入“项目”面板中，如图 1-31 所示。选择导入的视频素材，按住鼠标左键并将其拖至“时间轴”面板，释放鼠标左键即可在轨道中添加视频素材。

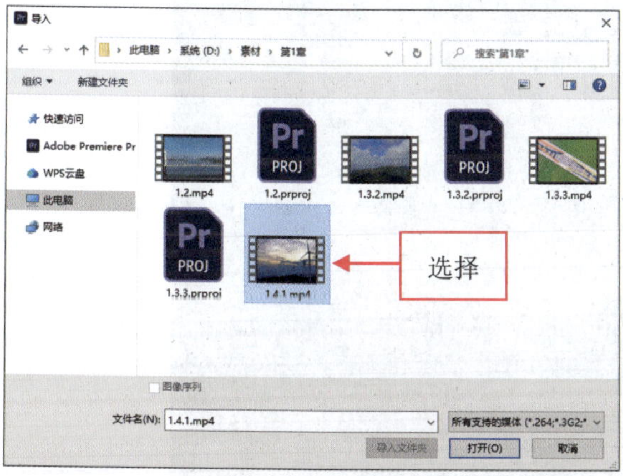

图 1-30　选择视频素材

图 1-31　导入视频素材

▶ 专家指点

用户还可以将素材直接拖至“项目”面板或“时间轴”面板中，这样添加素材更加快捷。

1.4.2　导出成品视频

在 Adobe Premiere Pro 2025 中，当用户完成视频编辑后，可以将其输出成各种不同格式的文件。导出操作非常简单，打开一个项目文件，在菜单栏中单击“文

导出成品视频

件”|“导出”|“媒体”命令，如图 1-32 所示；或直接在工具栏中单击“导出”标签，进入“导出”界面，如图 1-33 所示，单击右下角的“导出”按钮，即可将成品视频导出。

图 1-32　单击“导入媒体”按钮

图 1-33　“导出”界面

在导出视频文件时，用户可以对成品视频的文件名、位置、预设、格式及其他选项进行设置，视频效果如图 1-34 所示。此外，用户还可以通过“快速导出”功能导出成品视频，具体操作如下。

Step 01　进入“编辑”界面，在工具栏的右侧，❶单击“快速导出”按钮；❷在弹出的列表框中单击“文件名和位置”下方的超链接，如图 1-35 所示。

图 1-34 视频效果

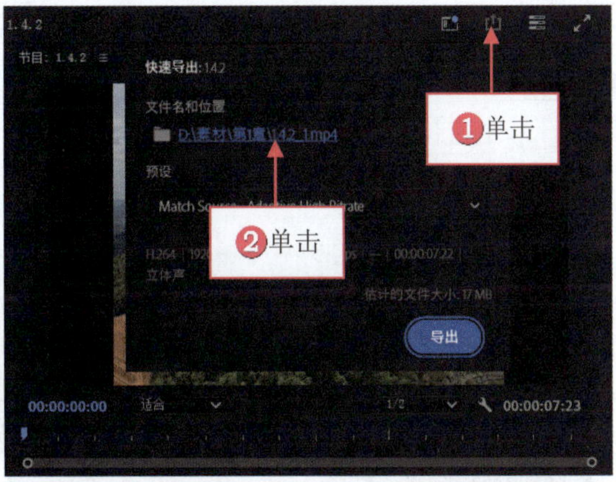

图 1-35 单击“文件名和位置”超链接

Step 02 在弹出“另存为”对话框中，❶设置保存位置和文件名；❷单击“保存”按钮，如图 1-36 所示。

Step 03 设置完成后，单击“导出”按钮，如图 1-37 所示，稍等片刻，即可将成品视频快速导出。

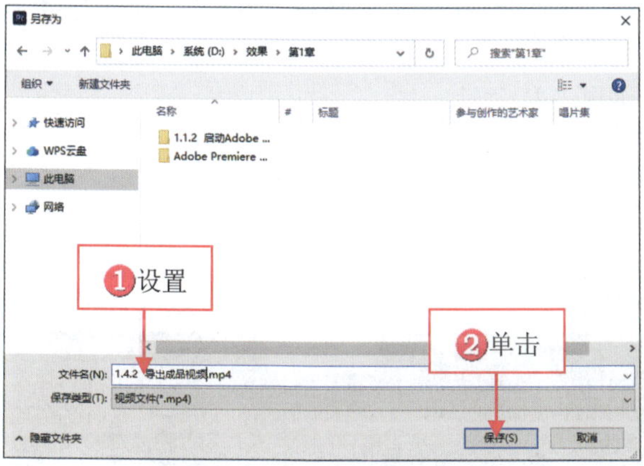

图 1-36 单击“保存”按钮

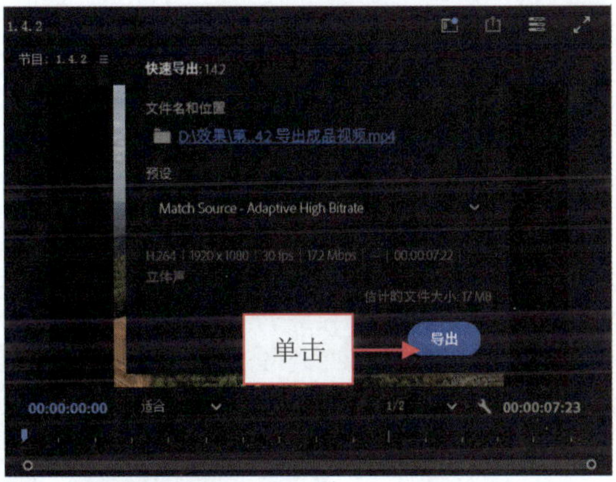

图 1-37 单击“导出”按钮

1.5 新增的 AI 功能

Adobe Premiere Pro 2025 引入了众多 AI 功能，使视频编辑更为智能和便捷。本节将详细介绍这些新增的 AI 功能及其应用场景。

1.5.1 AI 自动检测视频场景

AI 自动检测视频场景

Adobe Premiere Pro 2025 为用户提供了“场景编辑检测”功能，主要用于自动检测视频中的场景变化，并在这些变化处添加剪辑点，从而帮助用户快速重新剪辑长视频。这一功能通过 AI 技术实现，可以节省手动寻找和标记剪辑点的时间，提高视频编辑的效率。

在检测到的剪辑点处，用户可以选择应用剪切、创建子剪辑素材箱或创建剪辑标记，项目效果如图 1-38 所示。下面以自动检测并剪切视频场景为例，介绍具体的操作方法。

Step 01 打开一个项目文件，在“时间轴”面板的视频素材上，单击鼠标右键，在弹出的快捷菜单中选择“场景编辑检测”选项，如图 1-39 所示。

图 1-38　项目效果

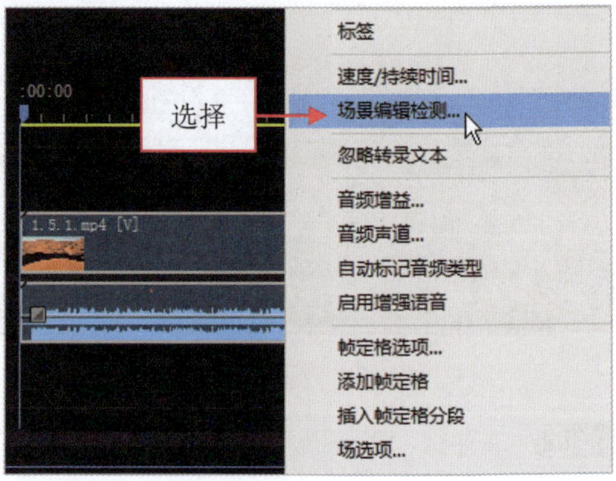

图 1-39　选择“场景编辑检测”选项

Step 02 弹出“场景编辑检测”对话框，❶选中“在每个检测到的剪切点应用剪切”复选框；❷单击“分析”按钮，如图 1-40 所示。

Step 03 执行操作后，即可显示分析剪辑进度，如图 1-41 所示。

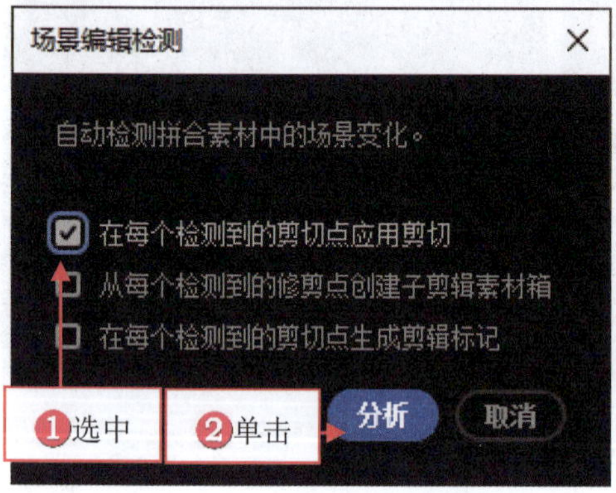

图 1-40　单击“分析”按钮

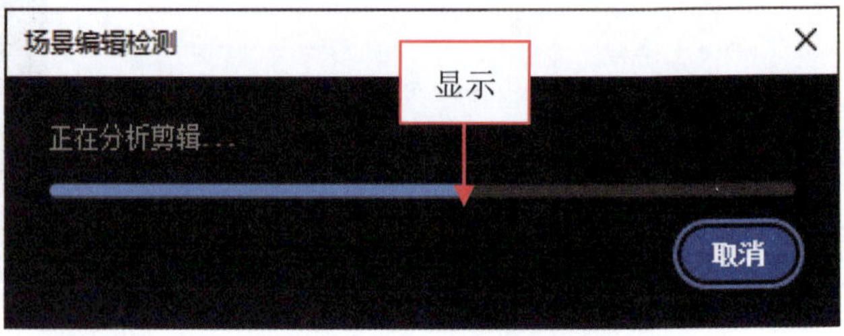

图 1-41　显示分析剪辑进度

Step 04 稍等片刻，即可通过 AI 技术自动剪切视频场景，效果如图 1-42 所示。

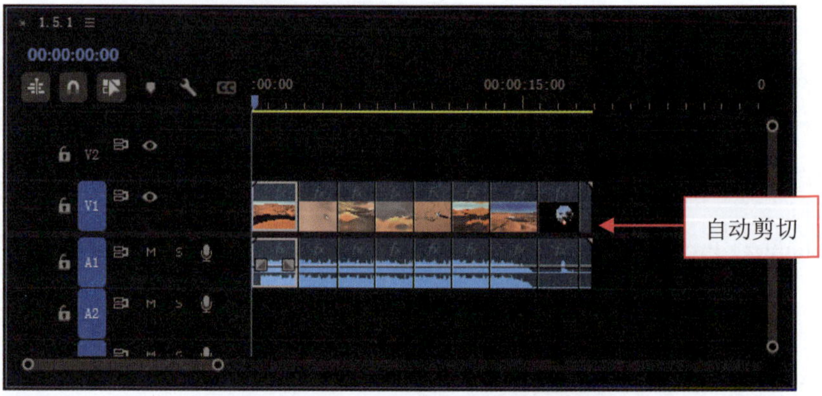

图 1-42　通过 AI 技术自动剪切视频场景

1.5.2 一键拉伸视频的时长

一键拉伸视频的时长

Adobe Premiere Pro 2025 为用户提供了比率拉伸工具，通过 AI 算法可以一键拉伸视频或音频的播放速度和持续时间，以适应特定场景或节奏需求，视频效果如图 1-43 所示。

下面介绍一键拉伸视频时长的操作方法。

Step 01 打开一个项目文件，当前视频时长为 8 秒，需要使用比率拉伸工具扩展视频时长至 10 秒，在工具箱中，❶长按波纹编辑工具；❷在弹出的列表框中选择“比率拉伸工具”选项，如图 1-44 所示，即可使用比率拉伸工具。

图 1-43 视频效果

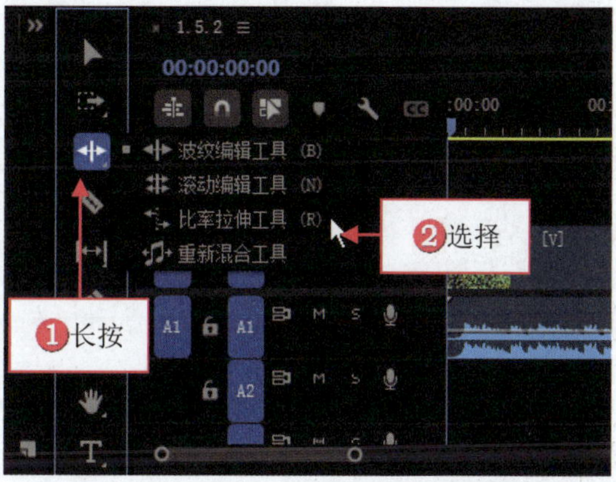

图 1-44 选择“比率拉伸工具”选项

Step 02 将鼠标移至素材右侧边缘，按住鼠标左键并向右拖曳至 00: 00: 10: 00（10 秒）的位置，如图 1-45 所示。

Step 03 释放鼠标左键，即可将视频的时长扩展为 10 秒，如图 1-46 所示。在“节目监视器”面板中播放视频，可以看到视频速度同步变慢了。

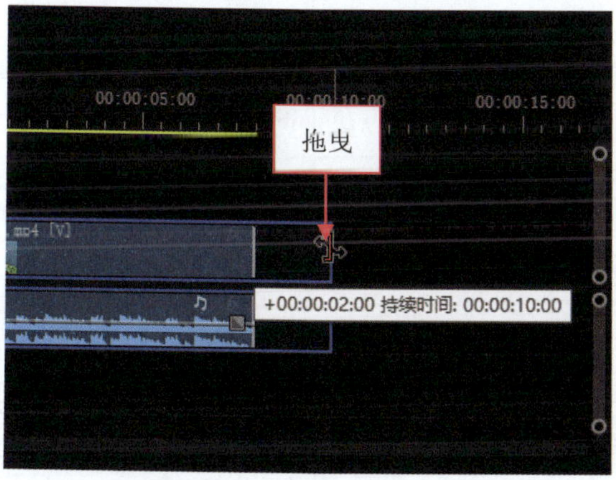

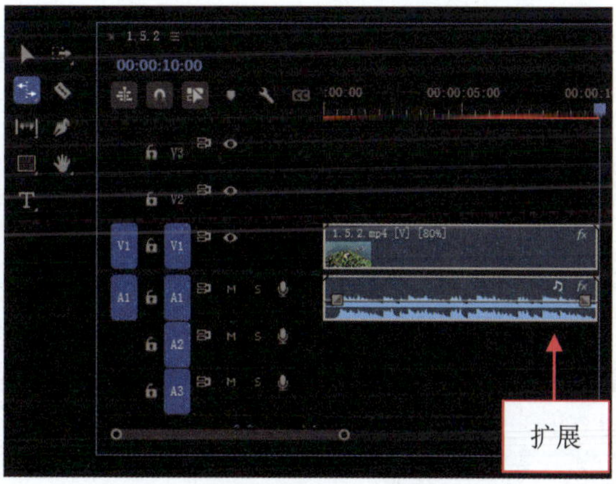

图 1-45 按住鼠标左键并向右拖曳

图 1-46 将视频的时长扩展为 10 秒

1.5.3 AI 智能调色功能

Adobe Premiere Pro 2025 通过引入 AI 技术，为用户提供了自动色彩校正功能，用户只需在

“Lumetri 颜色”面板中，❶展开“基本校正”选项；❷单击“自动”按钮，如图 1-47 所示，即可利用 AI 技术分析视频的整体色调、亮度、对比度以及色温等元素，自动为素材进行色彩优化，使得色彩校正变得更加精准和自动化。

此外，用户还可以展开“色轮和匹配”选项，如图 1-48 所示，选择一个参考片段，并自动调整目标片段的颜色，使其与参考片段在色调、饱和度和亮度上保持一致。

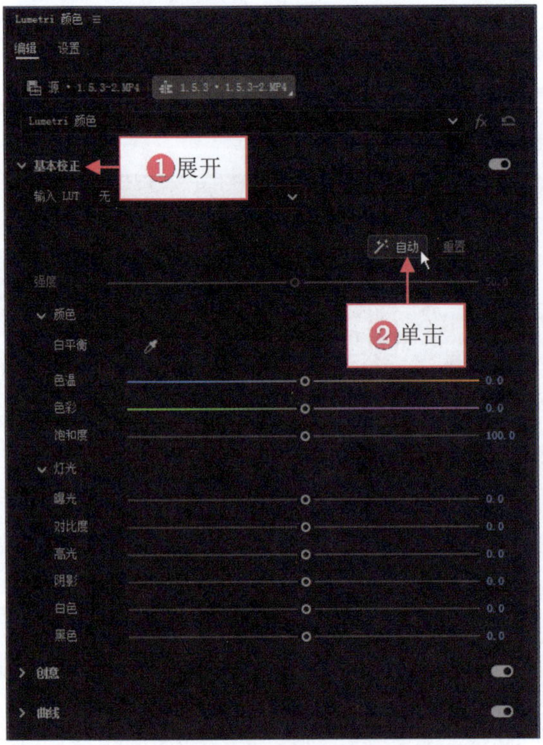

图 1-47　单击“自动”按钮

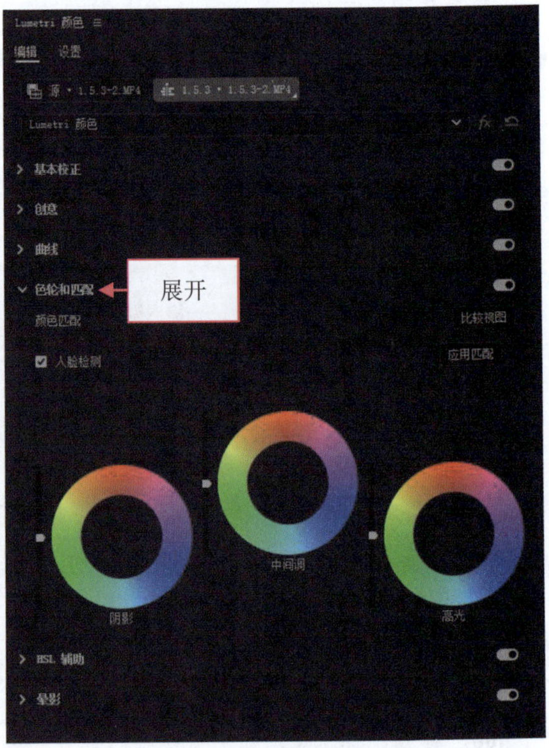

图 1-48　展开“色轮和匹配”选项

这一过程依赖于 AI 算法来分析参考片段的色彩特性，并把这些特性应用到目标片段上，从而实现快速且精准的颜色匹配。尤其是在需要保持人物肤色一致性的场景中，当启用“人脸检测”功能时，AI 会自动识别并聚焦于视频中的面部区域，确保肤色在不同镜头之间的一致性，以避免因光线变化或不同摄像机设置而导致的肤色不一致问题。

1.5.4　AI 自动转录视频字幕

Adobe Premiere Pro 2025 的“自动转录”功能通过人工智能技术，能够将视频中的对话或语音内容自动转换为文本，并生成字幕，显著提升了字幕制作的效率和准确性。此外，用户还可以在自动生成的字幕基础上进行编辑和调整，例如更改字体样式、颜色和位置等，这为创作者提供了更大的灵活性。

下面介绍几种启用“自动转录”功能的操作方法。

1. 在“导入”界面启用

在“导入”界面中，❶用户可以选择一个视频素材；❷在“导入设置”面板中单击“自动转录”右侧的开关，即可启用“自动转录”功能；❸设置“语言”为“简体中文”；❹选中

“启用语言自动检测”复选框，确保系统能够正确地识别视频中的语言，如图 1-49 所示。单击“导入”按钮，即可将素材导入项目，同时转录视频字幕。

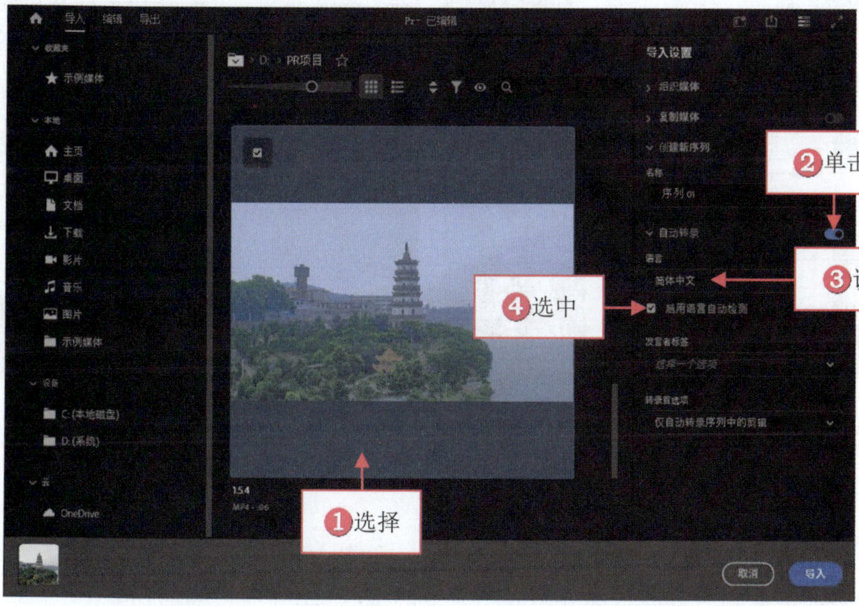

图 1-49　启用“自动转录”功能并进行相关设置

2. 在“文本”面板中启用

在“编辑”界面中，❶切换至“文本”面板，其中将显示可转录的素材；❷单击“转录”按钮，如图 1-50 所示，即可开始转录文本。

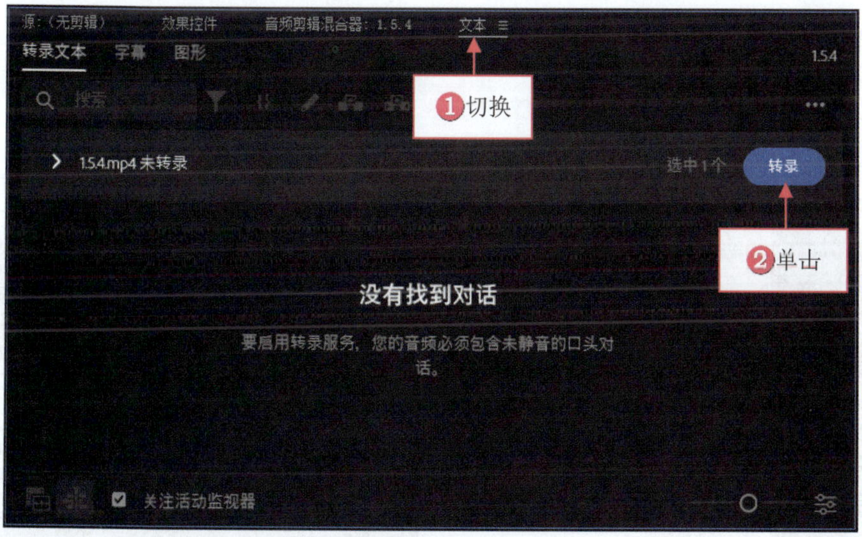

图 1-50　单击“转录”按钮

3. 在“项目”面板中启用

在“项目”面板中，❶选择源素材并单击鼠标右键；❷在弹出的快捷菜单中选择“转录”选项，如图 1-51 所示。弹出“为源媒体创建转录”对话框，❶根据需要设置“语言”和“发言者标签”；❷单击“转录”按钮，即可开始转录文本，如图 1-52 所示。

图 1-51　选择“转录”选项

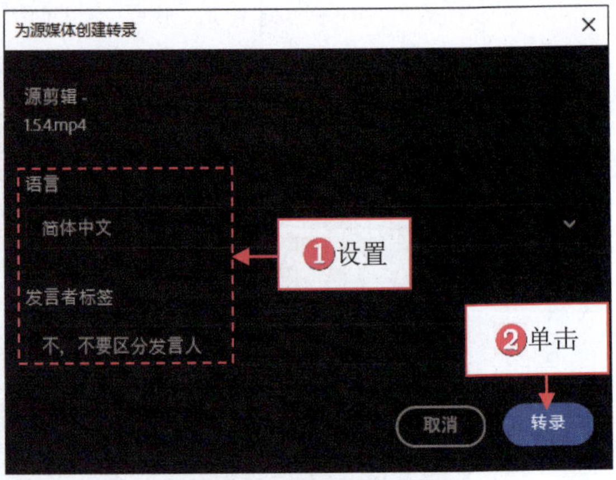

图 1-52　“转录”文本

1.5.5　AI 音频处理与增强

Adobe Premiere Pro 2025 引进了多项依靠 AI 技术进行音频处理与增强的功能，这些功能提升了音频编辑的效率和质量。下面介绍几个主要的 AI 音频处理与增强功能。

1．自动标记音频类型

标记音频类型可以快速将这些音频分类，用户无须逐个检查每个音频剪辑的内容，就能迅速了解其用途。在 Adobe Premiere Pro 2025 中，借助 AI 驱动的“自动标记音频类型”功能，可以让 AI 自动识别需要剪辑的音频，将音频类型分为对话、音乐、SFX（音效）和环境进行标记，并在音频上添加徽章表示标记的音频类型。

通常情况下，用户将音频、带背景音或对话的视频添加到“时间轴”面板的轨道上后，AI 将自动标记音频类型。但如果打开项目文件后，发现音频上未显示音频徽章，用户可以在音频上单击鼠标右键，弹出快捷菜单，选择“自动标记音频类型”选项，如图 1-53 所示。执行操作后，AI 将标记音频类型并显示音频徽章，如图 1-54 所示。

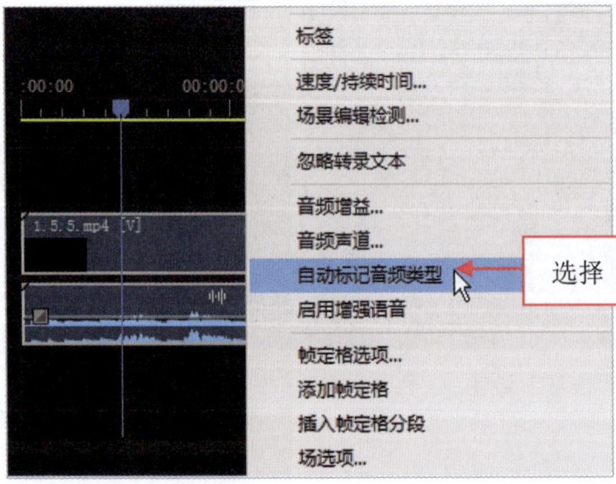

图 1-53　选择“自动标记音频类型”选项

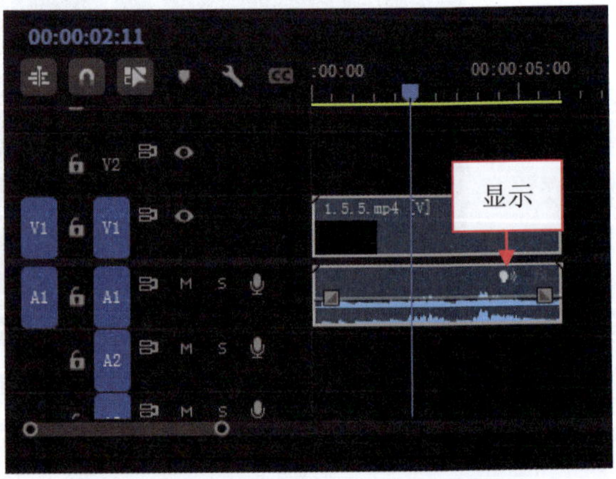

图 1-54　标记音频类型并显示音频徽章

在音频徽章上单击鼠标右键，将弹出列表框，用户可以编辑音频类型，包括手动标记音频类型或清除音频类型，如图 1-55 所示。

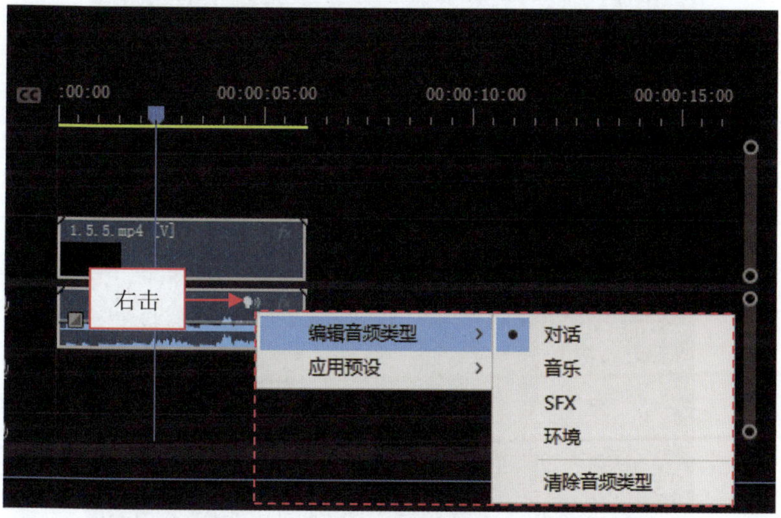

图 1-55　在音频徽章上单击鼠标右键

2．增强语音

在 Adobe Premiere Pro 2025 的“基本声音”面板中，❶启用“增强语音”功能；❷单击“增强”按钮，如图 1-54 所示，即可使用 AI 技术轻松、高效地消除所有背景噪音和回声，并提高对话剪辑质量，使其听起来像是在专业工作室录制的。

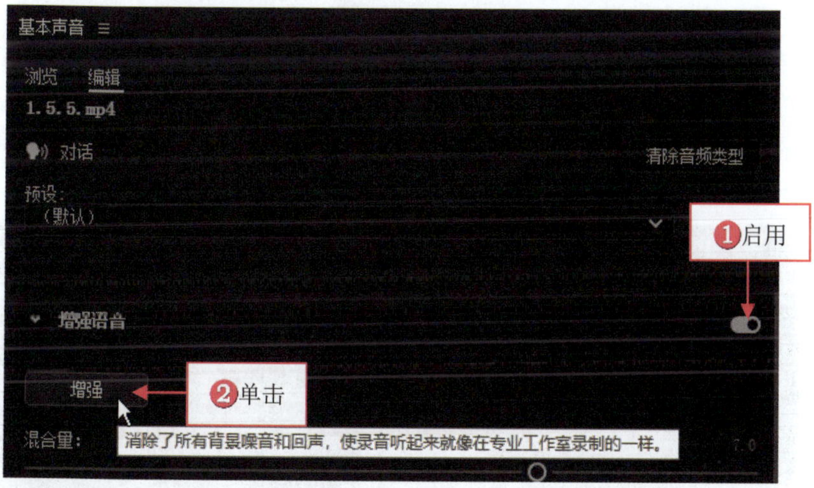

图 1-56　单击“增强”按钮

3．回避

在 Adobe Premiere Pro 2025 中，将音频类型标记为“音乐”类型，打开“基本声音”面板，启用“回避”功能，如图 1-57 所示。“回避依据”默认为“依据对话剪辑回避”，在面板下方单击“生成关键帧”按钮，AI 将在对话期间自动添加较低音量的音频关键帧，呈现人声出现时自动降低背景音乐音量的效果，从而突出音频中的人声。用户还可以在面板中设置“敏感度”“闪避量”“淡入淡出时间”和“淡入淡出位置”等参数，以调整回避程度。

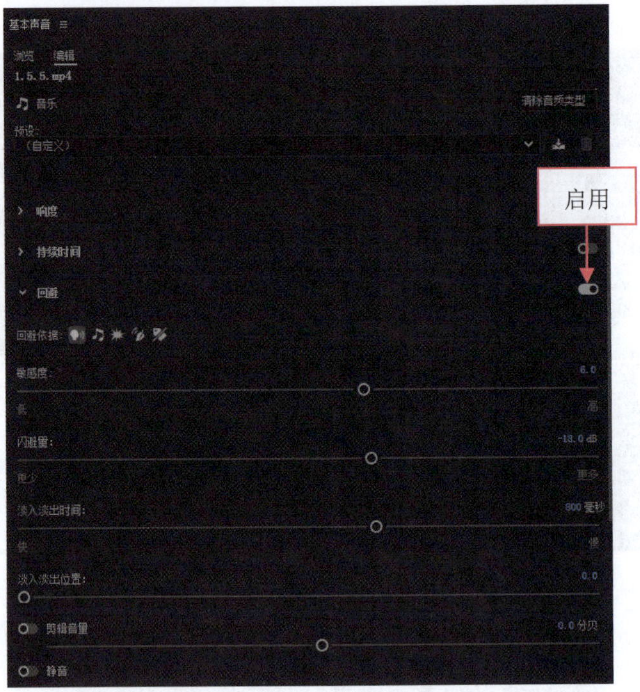

图 1-57　启用“回避”功能

4．重新混合工具

在 Adobe Premiere Pro 2025 中，重新混合工具由 Adobe Sensei AI 技术提供支持，可以帮助用户智能地重新安排和调整音乐，以匹配视频的时长和节奏。当音乐时长不够时，用户可以使用重新混合工具对音乐进行混音，拉伸音乐的持续时间。

用户只需在工具箱中，❶长按波纹编辑工具；❷在弹出的列表框中选择“重新混合工具”选项，如图 1-58 所示，即可使用重新混合工具。

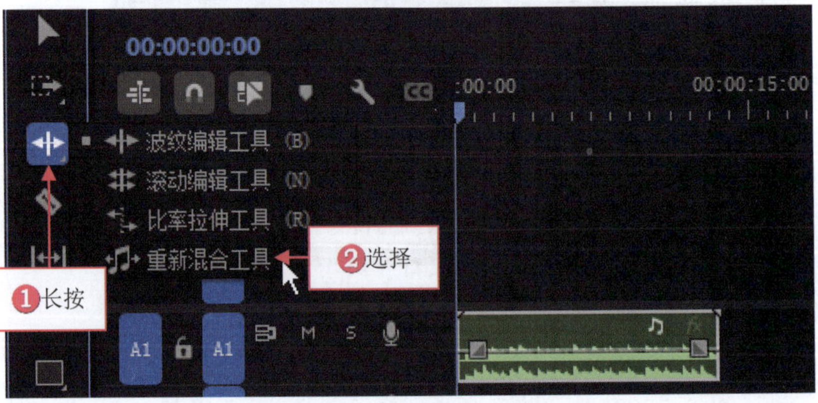

图 1-58　选择“重新混合工具”选项

在“时间轴”面板中，向右拖曳音乐右侧的边缘，至合适位置释放鼠标，即可对音乐进行混音，将音乐的时间拉长，如图 1-59 所示。

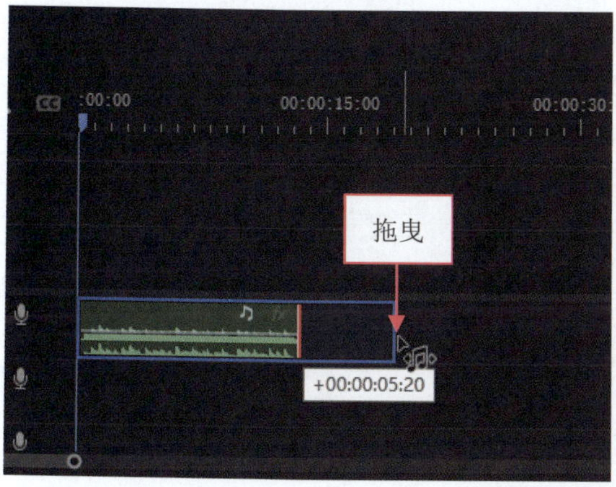

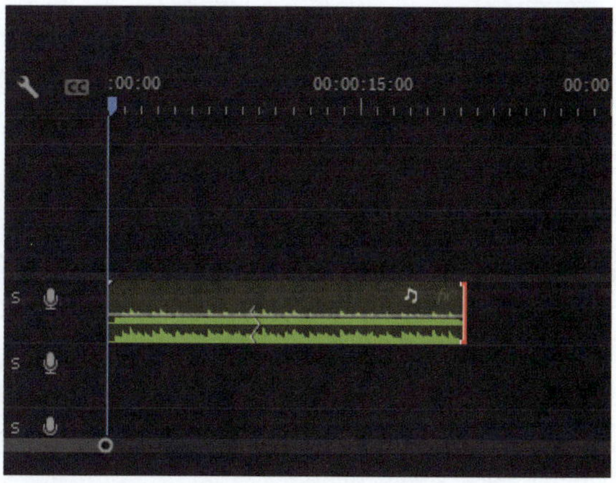

图 1-59　对音乐进行混音

打开“基本声音”面板，展开“持续时间”选项，如图 1-60 所示，还可以设置“分段”和“变化”参数。

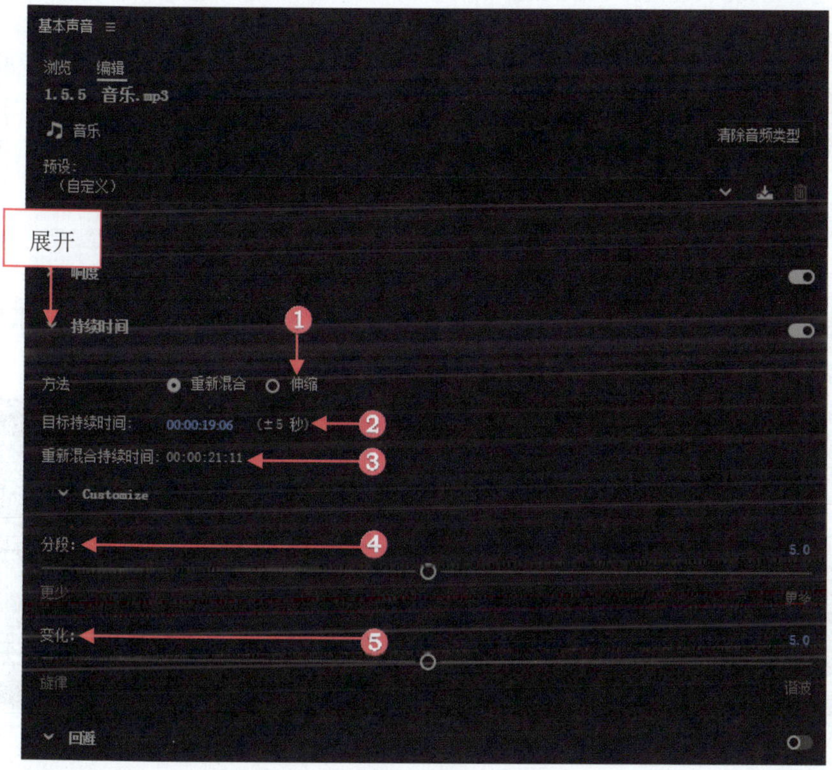

图 1-60　展开“持续时间”选项

“持续时间”选项区中的各项功能作用如下。

❶ **伸缩**：选中该单选按钮，调整“目标持续时间”右侧的时间码，可以通过加快或减慢的速度扩展或缩短音乐时长。

❷ **目标持续时间**：输入时间码，可以重新混合音乐时长，以直观地匹配视频时长，重新混合会在目标持续时间的 5 秒内找到音乐的版本。

❸ **重新混合持续时间：**此为当前混音后的音乐时长。

❹ **分段：**调整此参数可控制重新混合中的剪切和交叉淡化。值越低，所需的剪切就越少，而值越高，算法能更灵活地适应动态歌曲。

❺ **变化：**调整此参数以快速预览替代重新混合，专注于音乐的更多旋律或和声元素。带有强烈独奏乐器声音的曲目，如小号或电子乐器声，在旋律变奏下可能会获得更好的效果，而管弦乐或合唱作品在和声变奏下可能听起来更自然。

本章小结

本章主要讲述了 Adobe Premiere Pro 2025 的相关基础知识。首先介绍了 Adobe Premiere Pro 2025 的安装与启动操作，Adobe Premiere Pro 2025 的工作界面、组成面板和工具等；其次介绍了创建、打开和保存项目文件的操作方法；再次介绍了导入素材文件和导出成品视频的操作方法；最后介绍了 Adobe Premiere Pro 2025 中新增的一些 AI 功能。通过本章的学习，读者能够了解 Adobe Premiere Pro 2025 基本知识，为后续深入使用打下坚实的基础。

课后实训

课后实训

鉴于本章知识的重要性，为了使读者更好地掌握所学知识，将通过课后实训帮助读者进行简单的知识回顾和补充。

实训任务：打开一个项目文件，效果如图 1-61 所示，选取工具箱中的剃刀工具，分割视频的片尾，具体操作如下。

图 1-61　视频效果

Step 01　打开一个项目文件，在“时间轴”面板中，拖曳播放指示器至片尾画面出现的位置，如图 1-62 所示。

Step 02　在工具箱中，选取剃刀工具，如图 1-63 所示。

Step 03　将鼠标移至播放指示器所在的位置，如图 1-64 所示。

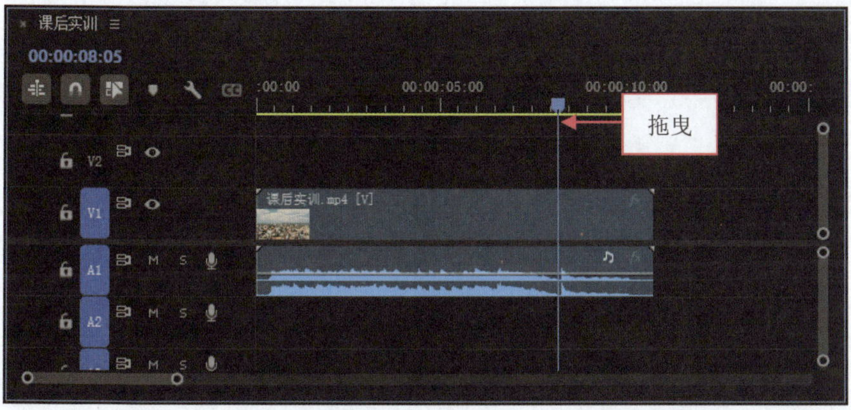

图 1-62　拖曳播放指示器的位置

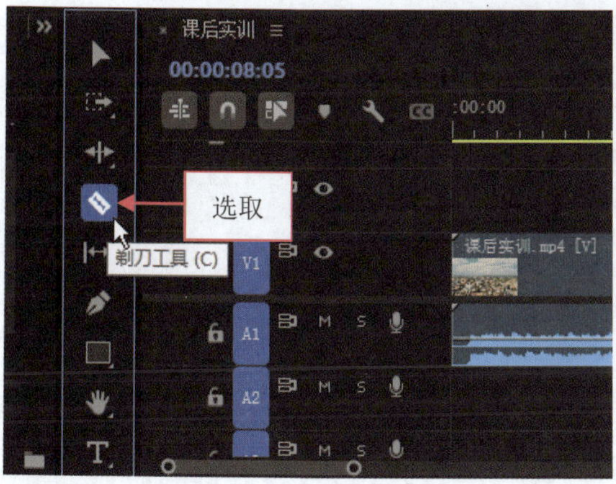

图 1-63　选取剃刀工具

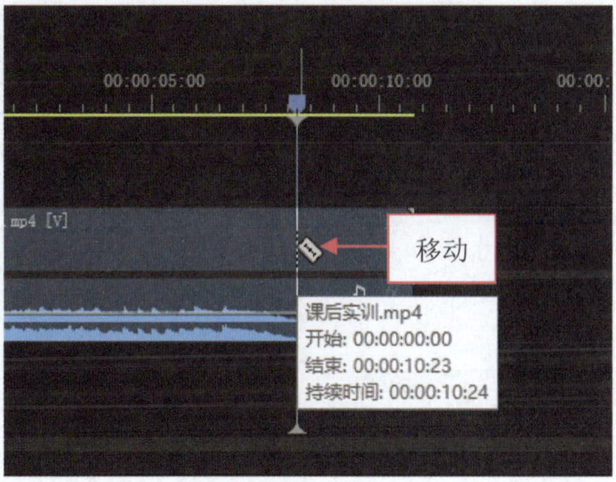

图 1-64　移动鼠标位置

Step 04　单击鼠标左键，即可将视频的片尾片段分割出来，如图 1-65 所示。

Step 05　选取选择工具，选择分割的前半段视频，按【Delete】键将其删除，保留片尾片段并将其拖曳至轨道的开始位置，如图 1-66 所示。至此即可完成分割视频片尾的操作。

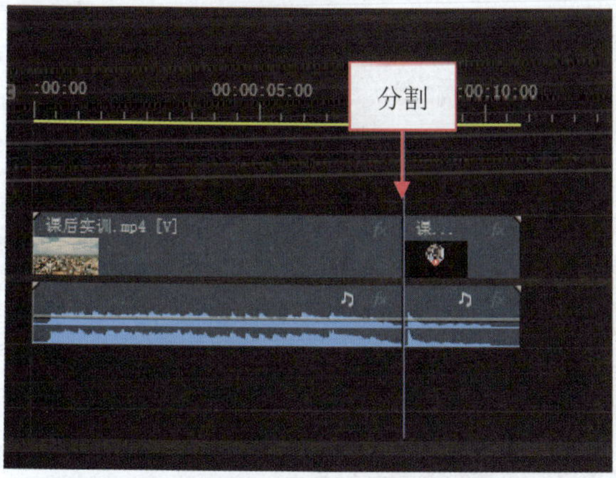

图 1-65　将视频的片尾片段分割出来

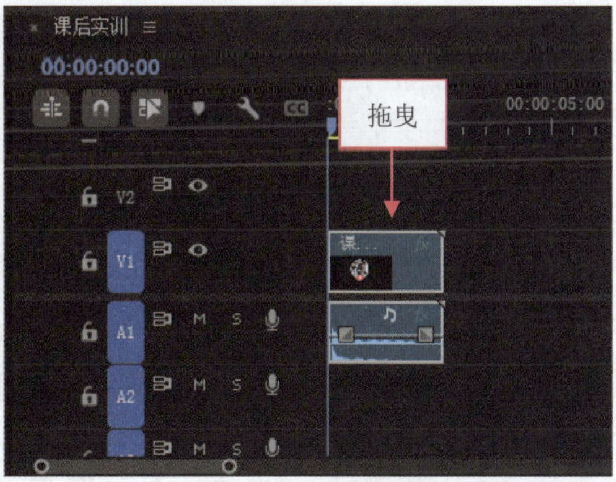

图 1-66　将片尾拖曳至开始位置

第 2 章
素材的处理与优化

2

在视频剪辑的过程中，素材的处理和优化是至关重要的环节之一。合理地组织和调整素材不仅能提高工作效率，还能为创意呈现提供更多可能性。本章将详细介绍 Adobe Premiere Pro 2025 中的素材编辑和剪辑技巧，特别是 AI 驱动的智能剪辑功能，以帮助读者高效地处理视频素材。

本章重点

- 掌握如何编辑添加的素材
- 熟悉如何剪辑添加的素材
- 掌握如何智能剪辑视频素材

素质目标

- 培养读者的审美能力，能够根据设计需求对素材进行处理和优化
- 培养读者的创新意识，充分挖掘潜能，调动自身积极性

2.1　编辑添加的素材

素材编辑是视频制作中的基础操作，合理地组织素材可以为剪辑创造更好的条件。本节将介绍常用的素材编辑操作，帮助读者高效地管理和使用素材，提升视频制作的整体效率和质量。

2.1.1　合并重复素材

合并重复素材

在编辑过程中，经常会遇到素材重复的情况，可能是因多次拍摄相同场景或者导入时的操作问题所导致。Adobe Premiere Pro 2025 提供了“合并重复项”功能，通过 AI 自动识别相似或重复的视频片段，自动将其合并，避免素材冗余，从而节省存储空间。其具体操作如下。

Step 01　打开一个项目文件，在“项目”面板中，按【Ctrl + A】组合键，全选导入的素材，如图 2-1 所示。

Step 02　在菜单栏中，单击“编辑”|“合并重复项”命令，如图 2-2 所示。

图 2-1　全选导入的素材

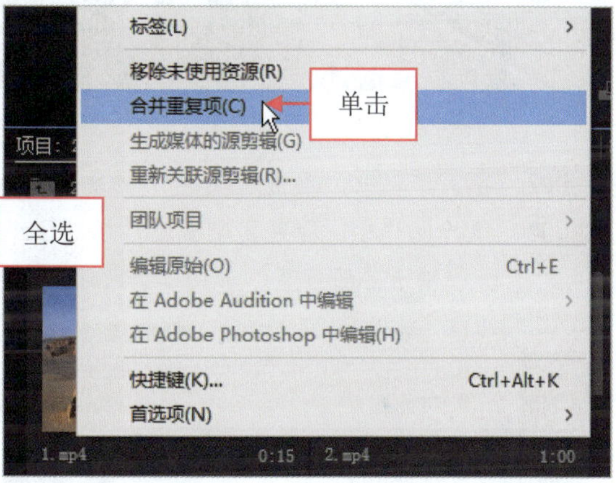

图 2-2　单击“合并重复项”命令

Step 03　执行操作后，即可合并重复的两个视频素材，留下 4 个不重复的素材，如图 2-3 所示。

图 2-3　留下 4 个不重复的素材

2.1.2 复制素材文件

复制素材文件

复制也称拷贝，是指将文件从一处拷贝一份完全一样的到另一处，而原来的一份依然保留。在编辑项目文件时，用户经常需要复制素材文件来进行不同的编辑或创建多个版本，视频效果如图 2-4 所示。下面介绍复制并粘贴素材的操作方法。

Step 01 打开一个项目文件，在“时间轴”面板中，❶选择视频素材；❷将播放指示器移至 00: 00: 02: 04 的位置，如图 2-5 所示。

图 2-4 视频效果

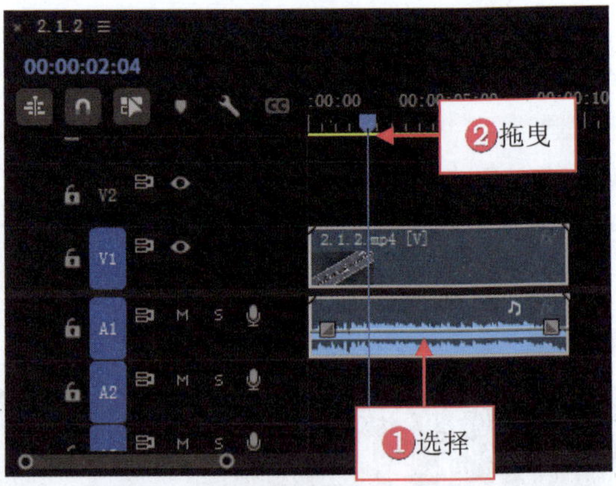

图 2-5 移动播放指示器的位置

Step 02 在菜单栏中，单击“编辑” | “复制”命令，如图 2-6 所示。

Step 03 执行操作后，即可复制素材，按【Ctrl + V】组合键，即可将复制的素材粘贴至 V1 轨道中播放指示器的位置，如图 2-7 所示。

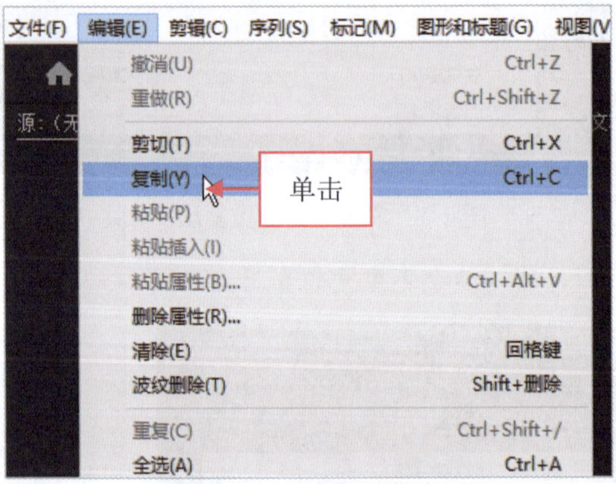

图 2-6 单击“复制”命令

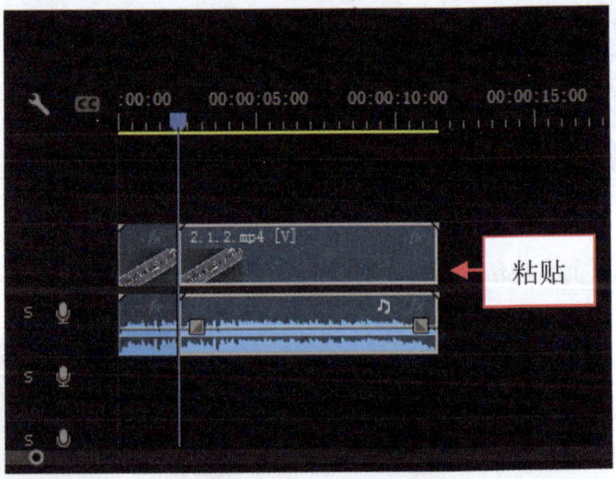

图 2-7 粘贴复制的素材

2.1.3 删除素材文件

删除素材文件

在进行素材编辑的过程中，用户可能需要删除一些不需要的视频素材，视频效果如图 2-8 所示。下面介绍删除素材文件的操作方法。

Step 01 打开一个项目文件，在“时间轴”面板中，选择第 2 段视频素材，如图 2-9 所示。

图 2-8　视频效果

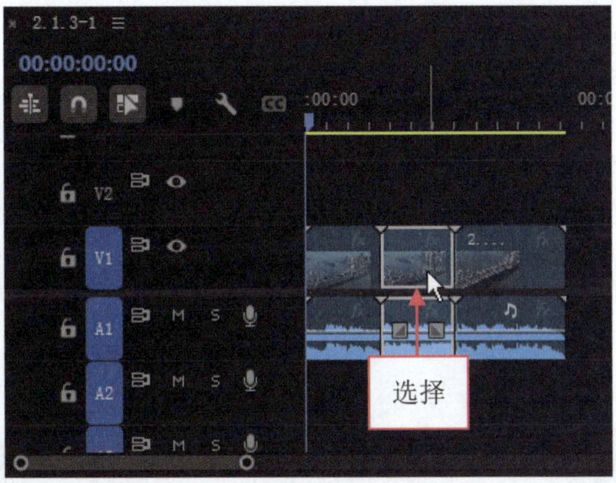

图 2-9　选择第 2 段视频素材

Step02　在菜单栏中，单击“编辑”|“清除”命令，如图 2-10 所示，即可删除目标素材。

Step03　在 V1 轨道上，选择删除素材后的空白部分，如图 2-11 所示。

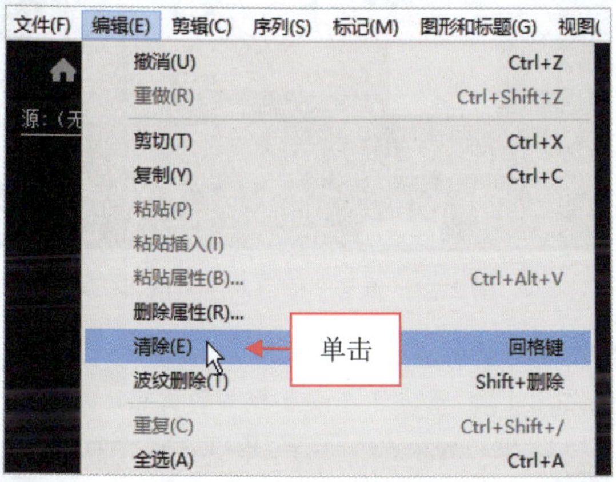

图 2-10　单击“清除”命令

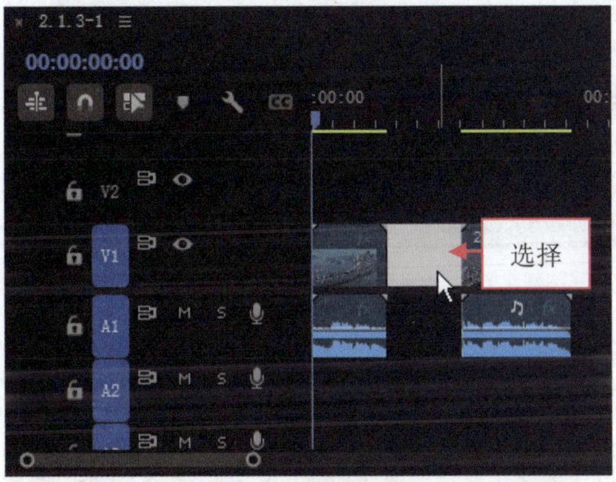

图 2-11　选择删除素材后的空白部分

Step04　单击鼠标右键，在弹出的快捷菜单中选择“波纹删除”选项，如图 2-12 所示。

Step05　删除空白后，第 3 段素材将会移动到第 2 段素材的位置，补缺轨道空白，如图 2-13 所示。

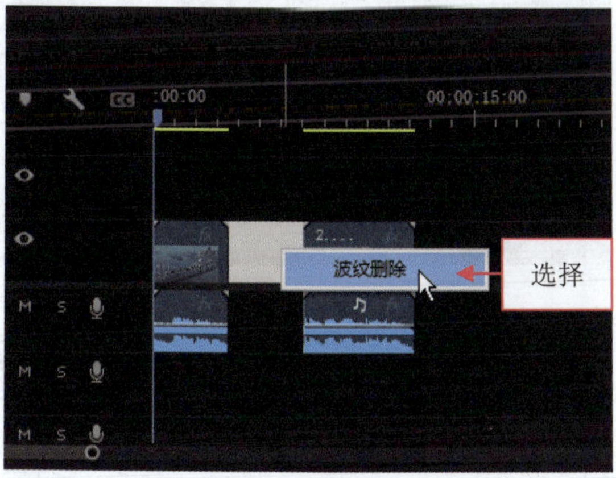

图 2-12　选择“波纹删除”选项

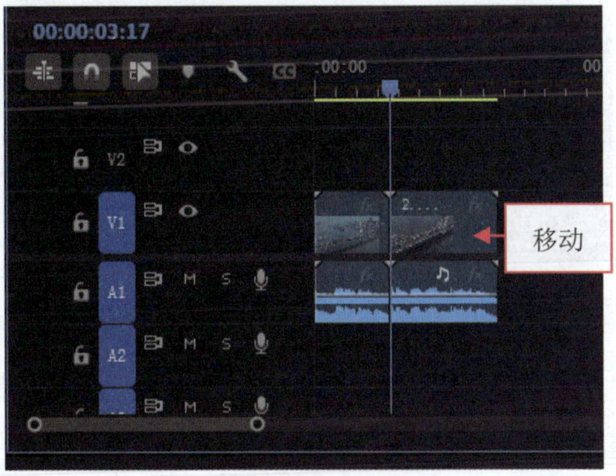

图 2-13　移动位置补缺轨道空白

2.1.4　标记入点和出点

标记入点和出点

在视频编辑中，标记入点和出点是定义片段播放范围的基本操作。通过设置入点和出点，用户可以精确地选择视频素材的开始和结束位置，确保剪辑的准确性。下面介绍标记视频入点的操作方法。

Step 01 打开一个项目文件，在“节目监视器”面板中，拖曳播放时间指示器至合适位置，如图 2-14 所示。

Step 02 单击画面下方的“标记入点”按钮 { ，如图 2-15 所示，即可设置视频的入点。

图 2-14　拖曳播放时间指示器至合适位置

图 2-15　单击“标记入点”按钮

Step 03 再次拖曳播放时间指示器至合适位置，如图 2-16 所示。

Step 04 单击画面下方的“标记出点”按钮 } ，如图 2-17 所示，即可设置视频的出点。

图 2-16　再次拖曳播放时间指示器至合适位置

图 2-17　单击“标记出点”按钮

2.1.5　将横屏转为竖屏

将横屏转为竖屏

随着社交媒体平台的崛起，竖屏视频的需求越来越大。在 Adobe Premiere Pro 2025 中，用户可以通过“序列设置”功能，设置画布长宽比，将横屏的视频转为竖屏。原图与效果对比如图 2-18 所示。

横屏效果　　竖屏效果

图 2-18　原图与效果对比

下面介绍将横屏转为竖屏的操作方法。

Step 01　打开一个项目文件，在“节目监视器”面板中，可以查看横屏的画布效果，如图 2-19 所示。

Step 02　在菜单栏中，单击“序列”|“序列设置”命令，如图 2-20 所示。

图 2-19　查看横屏的画布效果

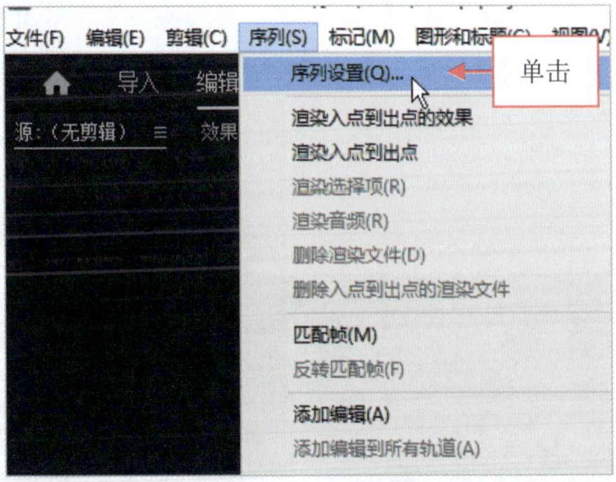

图 2-20　单击“序列设置”命令

Step 03　弹出“序列设置”对话框，当前视频画布为 16∶9 的横屏尺寸，如图 2-21 所示，用户只需在其中修改“视频”的“帧大小”和“水平”参数，即可更改视频画布比例。

Step 04　❶将“帧大小”和“水平”参数互换；❷单击“确定”按钮，如图 2-22 所示。

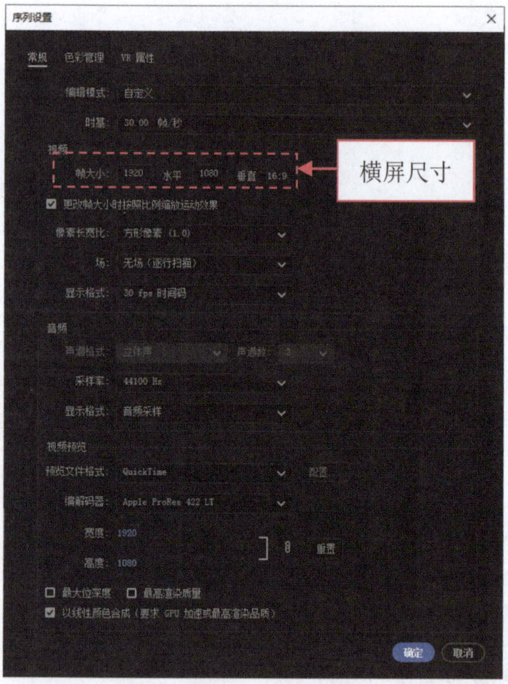

图 2-21　弹出“序列设置”对话框

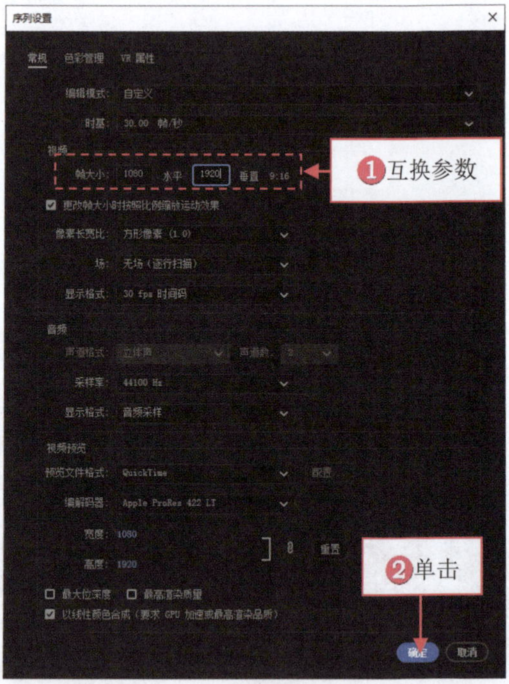

图 2-22　单击“确定”按钮（1）

▶ 专家指点

在“序列设置”对话框中，16∶9 的横屏尺寸为 1 920 × 1 080，是高清（HD）分辨率，广泛用于电视、YouTube、Vimeo 等平台。除此之外，还可以设置 1 280 × 720 的标清（SD）分辨率、3 840 × 2 160 的 4 K 超高清（UHD）分辨率及 7 680 × 4 320 的 8 K 超高清分辨率。

Step 05　弹出“删除此序列的所有预览”提示框，单击“确定”按钮，如图 2-23 所示。

Step 06　执行操作后，即可设置画布为 9∶16 的竖屏尺寸，如图 2-24 所示，可以看到画布没有撑满，上下都有黑边，需要放大画面将画布撑满。

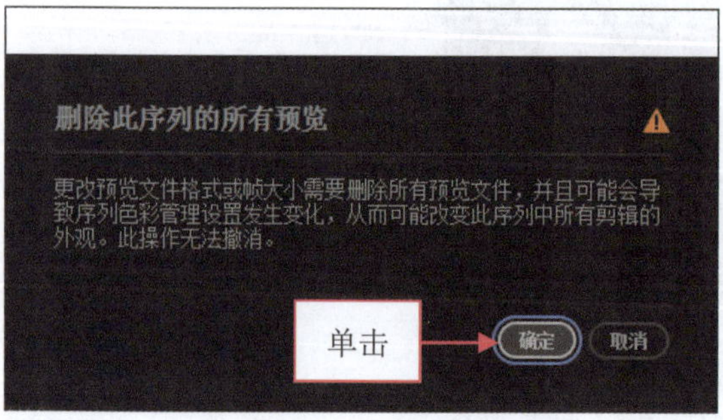

图 2-23　单击“确定”按钮（2）

图 2-24　设置画布为 9∶16 的竖屏尺寸

Step 07　在“时间轴”面板中选择素材，在“效果控件”面板中，❶展开“运动”选项；❷设置“缩放”参数为 180.0，如图 2-25 所示。

Step 08　执行操作后，即可放大视频画面，使其撑满竖屏画布，效果如图 2-26 所示。

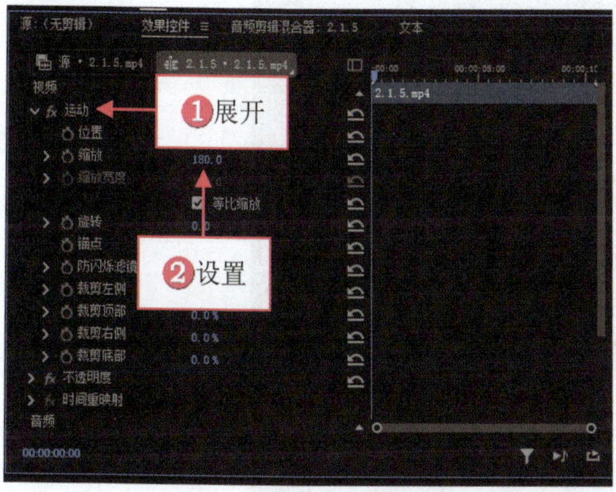

图 2-25　设置“缩放”参数

图 2-26　放大视频画面效果

2.1.6　调整素材显示长短

调整素材显示长短

在“时间轴”面板中，可以拖曳面板下方的控制条（也称为“缩放滑块”或“时间轴缩放滑块”），来调整素材显示的长短比例，而不影响素材的实际时长，以便用户可以更加精细地编辑轨道上的素材，项目效果如图 2-27 所示。下面介绍通过控制条调整素材显示的长短比例。

Step 01　打开一个项目文件，在“时间轴”面板下方，向右拖曳控制条上的小圆圈◙，即可缩短素材显示的长度，可以完整地查看素材，如图 2-28 所示。

图 2-27　项目效果

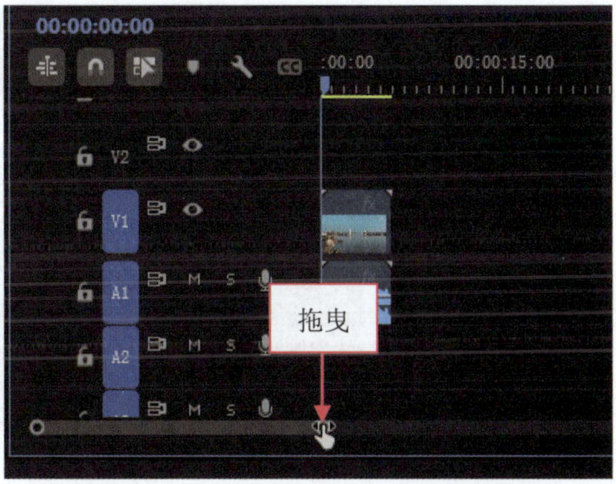

图 2-28　向右拖曳控制条上的小圆圈

Step 02　向左拖曳控制条上的小圆圈◙，即可拉长素材显示的长度，可以更精细地编辑素材的细节，如图 2-29 所示。

Step 03　按住控制条中间并左右拖曳，可以全局浏览整条轨道，快速定位到轨道上的特定位置，如图 2-30 所示。

Step 04　“时间轴”面板右侧也有同样的控制条，上、下拖曳小圆圈◙，可以调整轨道的高度和缩览图的显示大小，如图 2-31 所示。

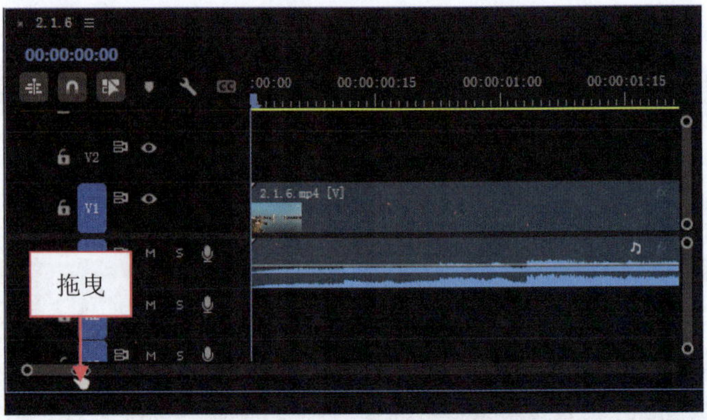

图 2-29　向左拖曳控制条上的小圆圈

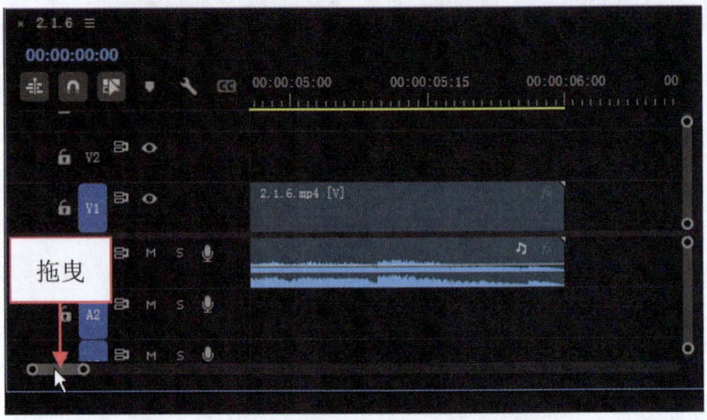

图 2-30　按住控制条中间并左右拖曳

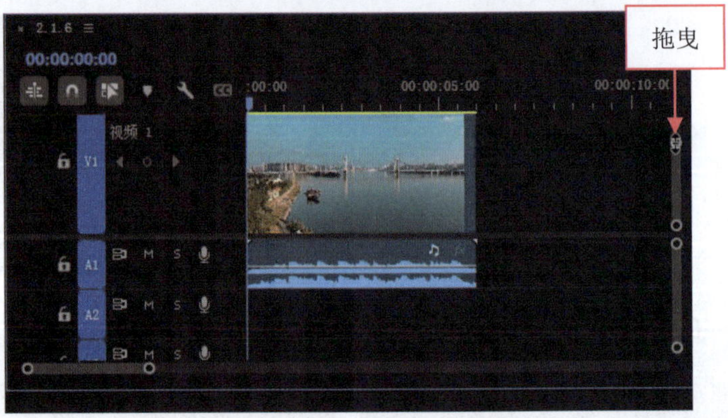

图 2-31　上、下拖曳小圆圈

2.2　剪辑添加的素材

对素材进行剪辑是整个视频编辑过程中的一个重要环节，同样也是 Adobe Premiere Pro 2025 的功能体现。本节将详细介绍剪辑素材文件的操作方法。

2.2.1　替换素材文件

替换素材文件

在视频编辑过程中，替换视频素材是一个常见的操作，尤其是在制作过程中需要调整某个片段的质量、内容或格式时。Adobe Premiere Pro 2025 提供了简便且智能的方式来替换视频素材，可以在保持时间轴和项目中原有的剪辑效果不变的情况下一键替换素材。例如，AI 会检测时间轴中已应用的特效、过渡及音频同步，确保替换后的素材在视觉和听觉上都能与原素材无缝衔接。原图与效果对比如图 2-32 所示。

图 2-32　原图与效果对比

下面介绍替换素材文件的操作方法。

Step 01　打开一个项目文件，在“项目”面板中，选择素材，如图 2-33 所示。

Step 02　在菜单栏中，单击“剪辑”|“替换素材”命令，如图 2-34 所示。

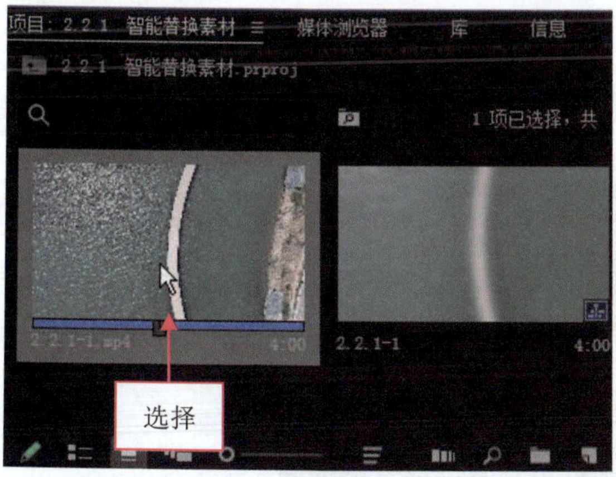

图 2-33　选择素材

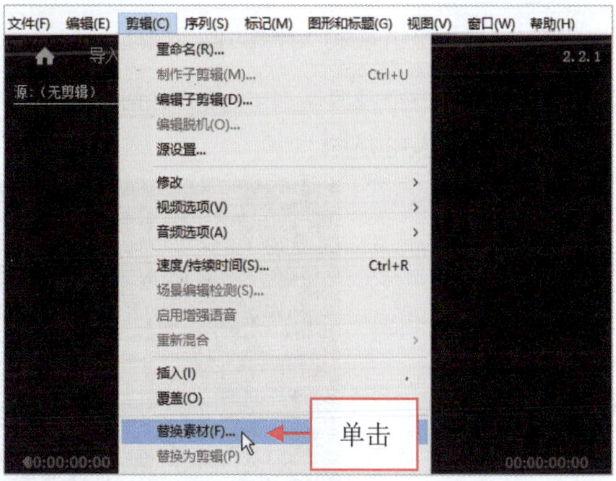

图 2-34　单击“替换素材”命令

Step 03 弹出相应对话框，选择需要替换的素材，如图 2-35 所示。

Step 04 单击“选择”按钮，即可将素材进行替换，效果如图 2-36 所示。

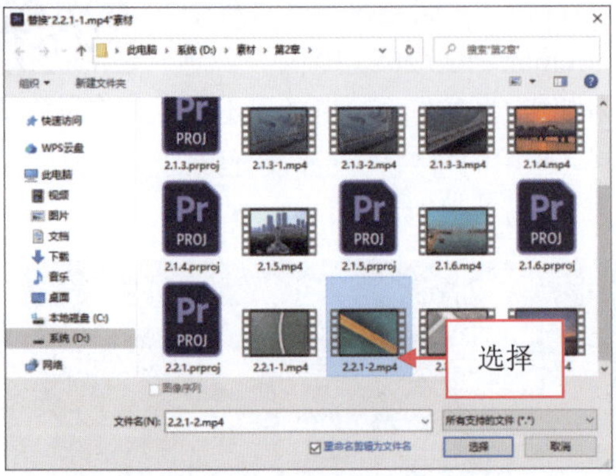

图 2-35　选择需要替换的素材

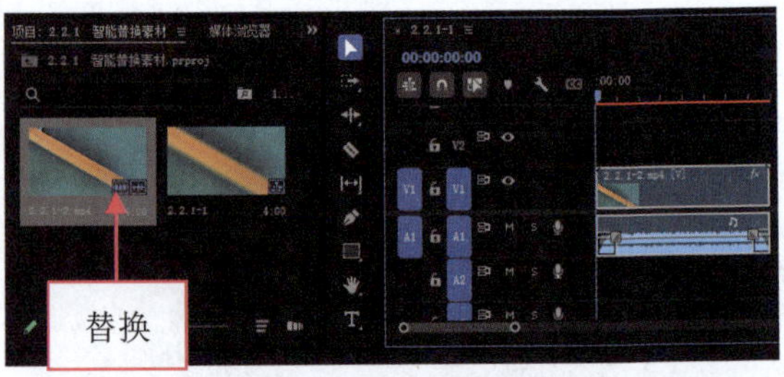

图 2-36　将素材进行替换

2.2.2　编组素材文件

编组素材文件

在 Adobe Premiere Pro 2025 的“时间轴”面板中，当用户添加 2 个或 2 个以上的素材时，可以对素材进行编组操作，就像操作单个素材一样，能够轻松地对这些素材进行统一编辑、移动或删除等操作，极大地提高工作效率。视频效果如图 2-37 所示。

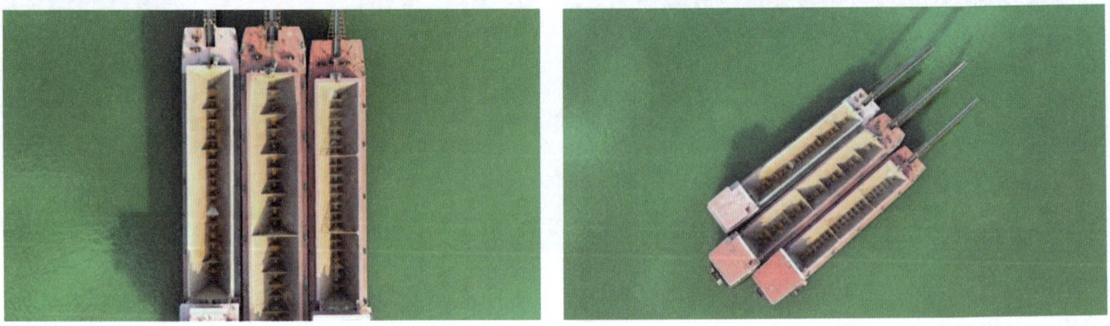

图 2-37　视频效果

下面介绍编组素材文件的操作方法。

Step 01 打开一个项目文件，在“时间轴”面板中，按住【Shift】键的同时，逐一选择 2 个素材，如图 2-38 所示。

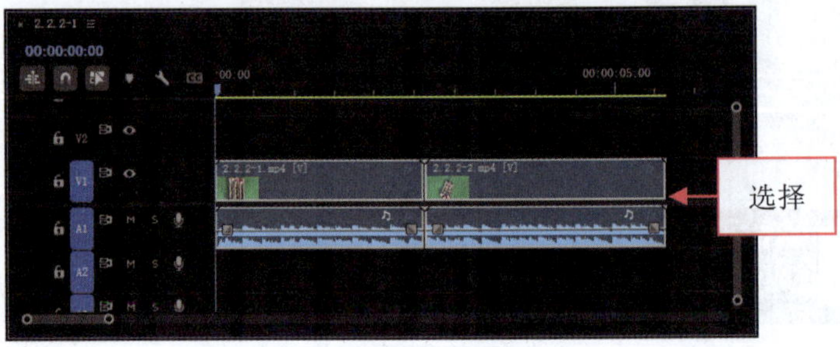

图 2-38　选择 2 个素材

Step 02 单击鼠标右键，在弹出的快捷菜单中选择“编组”选项，如图 2-39 所示，即可编组所选的两个素材。

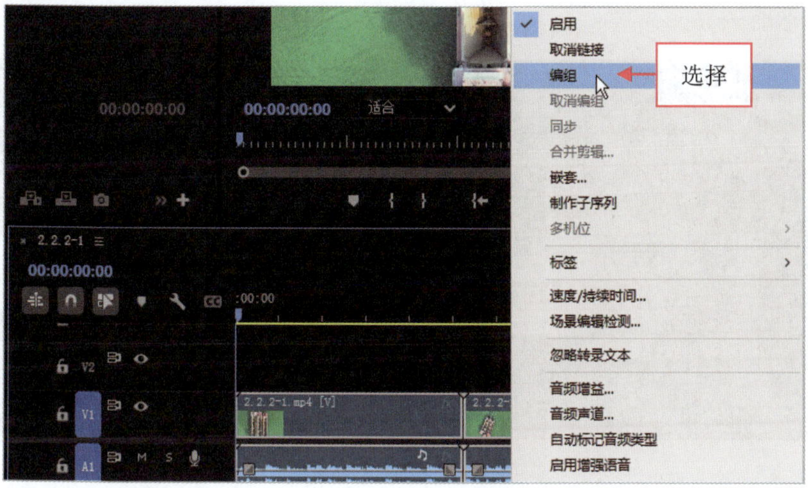

图 2-39　选择“编组”选项

2.2.3　嵌套素材文件

嵌套素材文件

在 Adobe Premiere Pro 2025 中，允许用户将多个剪辑、特效或音频文件嵌套在一个单独的序列中。这不仅可以帮助简化时间轴的复杂性，还能在处理多个层次的素材时，提高编辑效率和灵活性。视频效果如图 2-40 所示。

图 2-40　视频效果

下面介绍嵌套素材文件的操作方法。

Step 01 打开一个项目文件，在“时间轴”面板中，按住【Shift】键的同时，逐一选择 3 个素材，如图 2-41 所示。

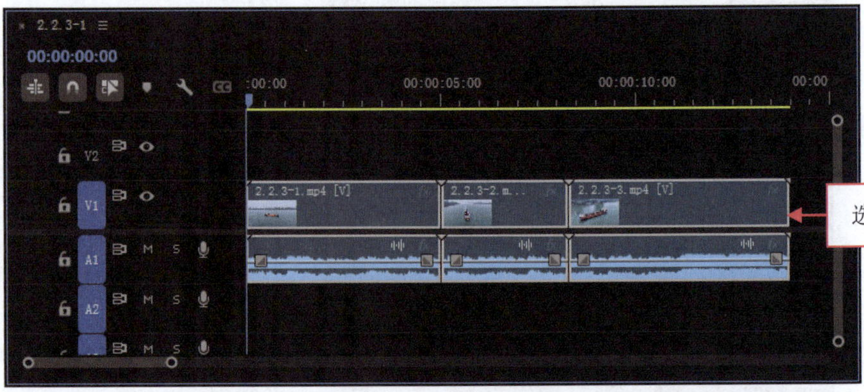

图 2-41 选择 3 个素材

Step 02 单击鼠标右键，在弹出的快捷菜单中选择“嵌套”选项，如图 2-42 所示。

Step 03 弹出“嵌套序列名称”对话框，单击“确定”按钮，如图 2-43 所示。

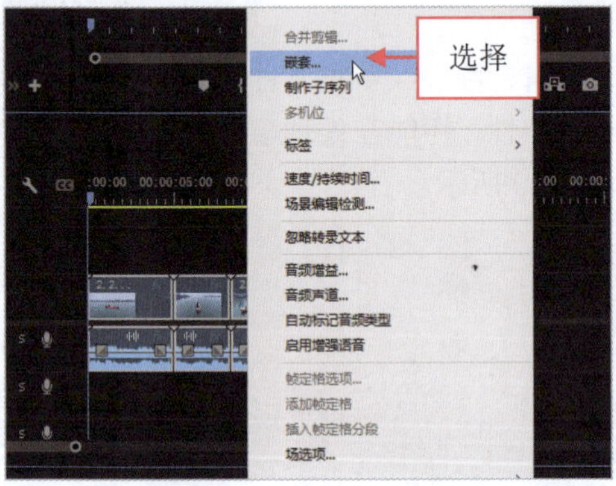

图 2-42 选择“嵌套”选项

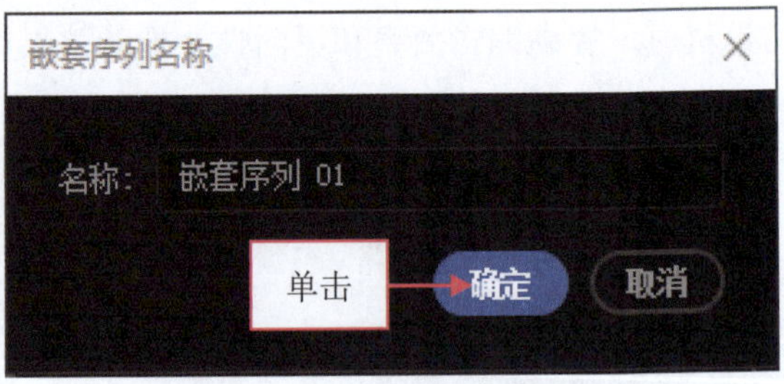

图 2-43 单击“确定”按钮

Step 04 执行操作后，❶即可嵌套素材文件；同时，❷在“项目”面板中将新增一个“嵌套序列 01”的文件，如图 2-44 所示。

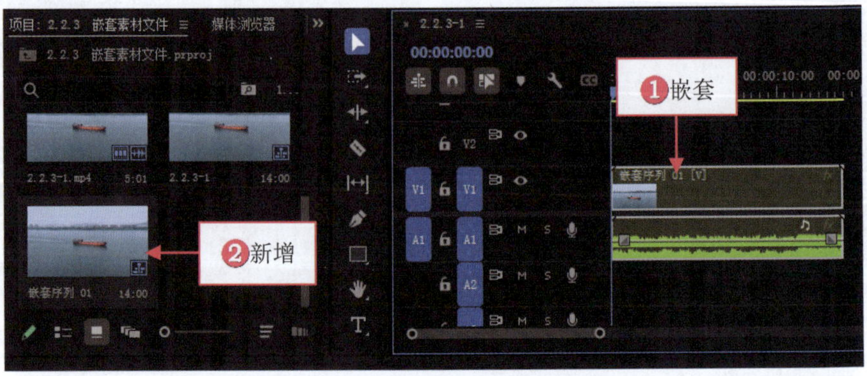

图 2-44 新增“嵌套序列 01”的文件

> ▶ 专家指点
>
> 被嵌套的素材转变为一个单独的序列文件，出现在“时间轴”面板中。此时，嵌套序列将作为一个整体进行处理，用户可以对其应用特效、调整位置、修改速度等。若需要对嵌套序列进行进一步编辑，只需双击该嵌套序列文件，进入嵌套的子序列进行编辑即可。

2.2.4　链接脱机素材

链接脱机素材

在视频编辑中，素材的丢失或未能正确链接可能会对项目的顺利进行造成很大的困扰。尤其是在大型项目中，多个素材的文件路径可能会发生变化，导致 Premiere 无法正常加载这些素材，这时会出现素材脱机的问题。Adobe Premiere Pro 2025 提供了链接脱机素材的功能，可以帮助用户快速修复素材链接，确保项目能够正常进行。项目效果如图 2-45 所示。

图 2-45　项目效果

下面介绍链接脱机素材的操作方法。

Step 01　打开一个项目文件，在“时间轴”面板中，选择脱机的素材文件，如图 2-46 所示。

Step 02　单击鼠标右键，在弹出的快捷菜单中选择“链接媒体”选项，如图 2-47 所示。

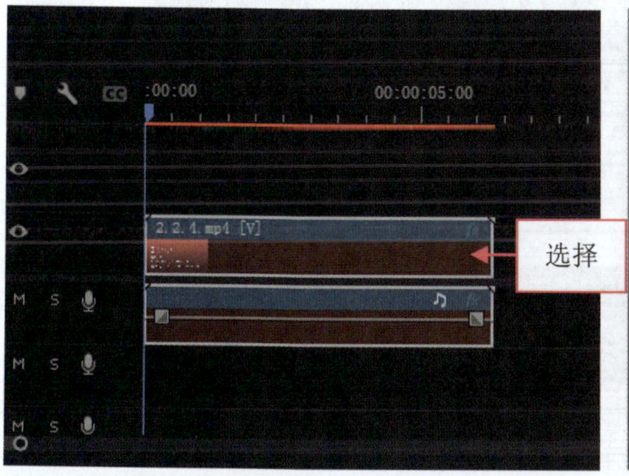

图 2-46　选择脱机的素材文件

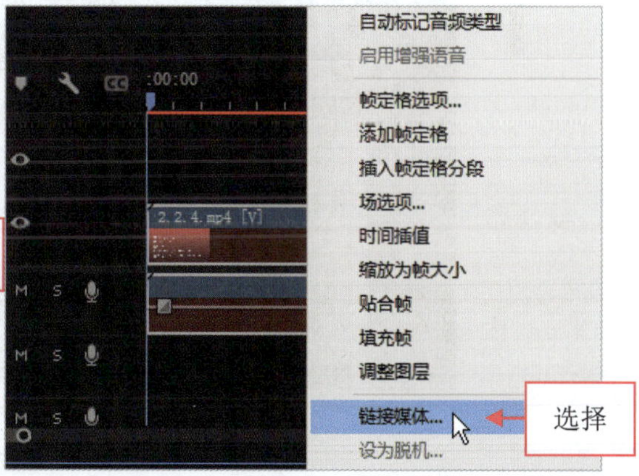

图 2-47　选择“链接媒体”选项

Step 03　弹出“链接媒体”对话框，保持各项默认设置，单击“查找”按钮，如图 2-48 所示。

Step 04　弹出“查找文件‘2.2.4.mp4’”对话框，❶选中“仅显示精确名称匹配”复选框，以便精确找到符合脱机素材名称的视频；❷选择找到的脱机视频素材，如图 2-49 所示。

Step 05　单击“确定”按钮，即可恢复脱机的素材，如图 2-50 所示。

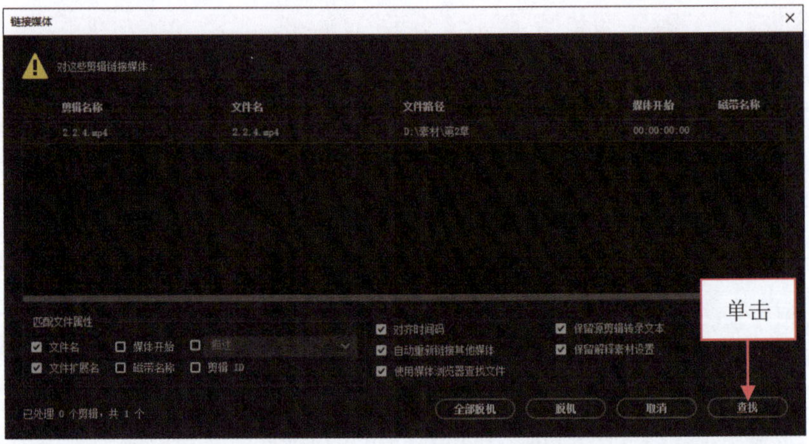

图 2-48　单击“查找”按钮

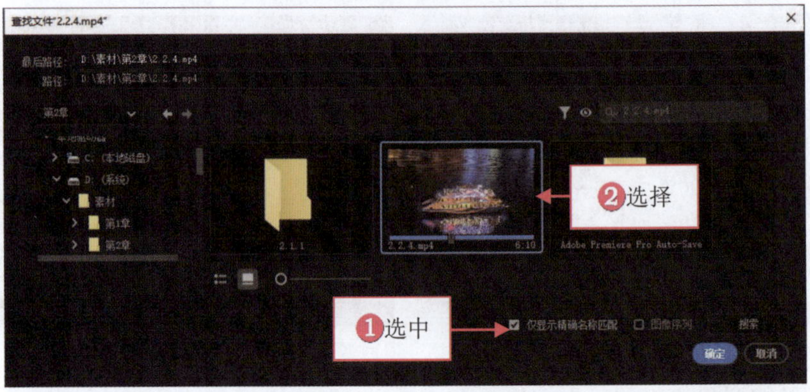

图 2-49　选择找到的视频

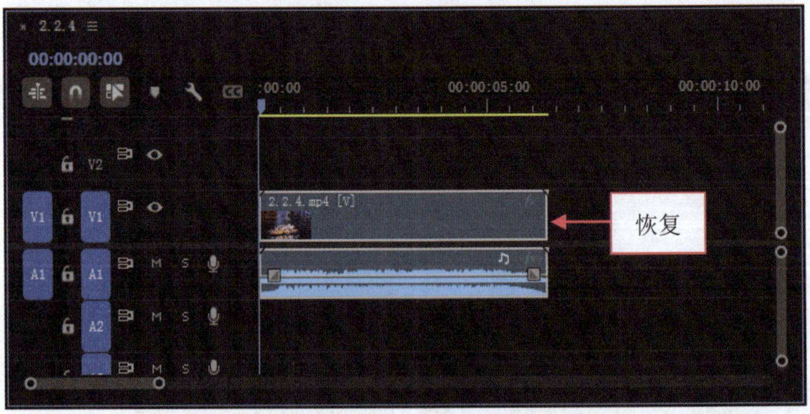

图 2-50　恢复脱机的素材

2.2.5　定格视频帧

定格视频帧

在 Adobe Premiere Pro 2025 中，“定格视频帧”是一个非常实用的编辑功能，它允许用户将视频中的某一帧静止并呈现为静态图像，通常用于强调特定的时刻或作为创意效果的一部分，例如，在视频中突出某个重要时刻，或者在剪辑之间插入一个静态画面，还可以作为视频插图、图像过渡或用作构建动画序列的基础。在本例中，将根据音频显示的音波，在节拍空白处定格视频帧，让视频画面与音乐更搭。视频效果如图 2-51 所示。

图 2-51　视频效果

下面介绍定格视频帧的操作方法。

Step 01　打开一个项目文件，在“时间轴”面板中，根据 A1 轨道中的音频音波，拖曳播放指示器至第 1 个节拍空白处，如图 2-52 所示。

Step 02　❶选择素材，单击鼠标右键；❷在弹出的快捷菜单中选择“插入帧定格分段”选项，如图 2-53 所示。

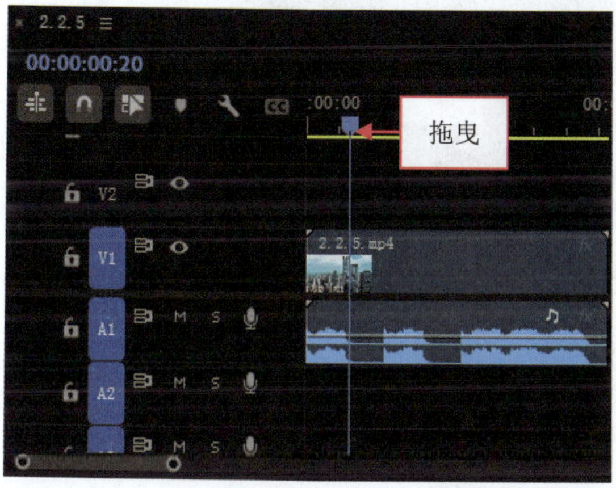

图 2-52　拖曳播放指示器至第 1 个节拍空白处

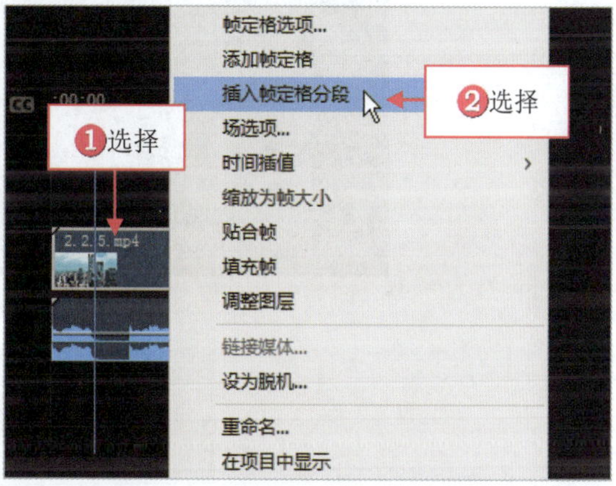

图 2-53　选择“插入帧定格分段”选项

Step 03　执行操作后，即可分割视频和音频，同时在分割处插入帧定格静态图像，如图 2-54 所示。

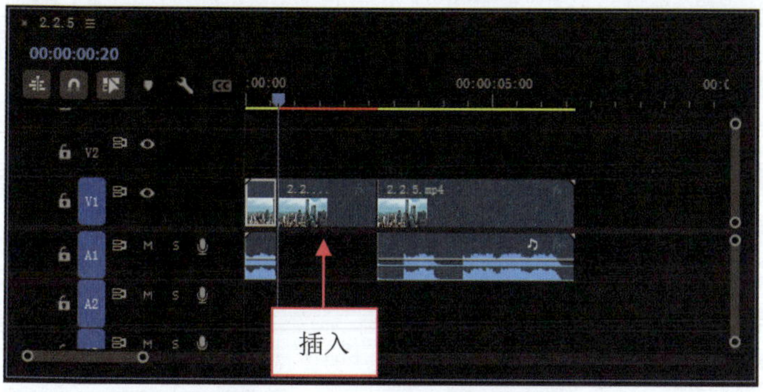

图 2-54　插入帧定格静态图像

Step 04 ❶将音频移回分割的位置处；❷调整帧定格静态图像的时长，使其与第 1 个节拍空白时长一致；❸将后面的视频片段移至静态图像后面，如图 2-55 所示。

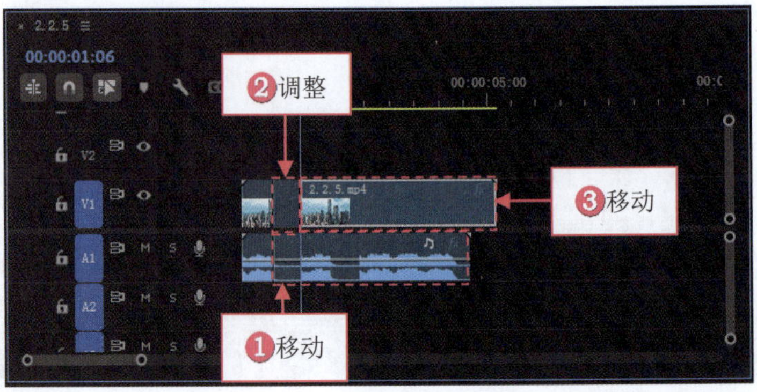

图 2-55　将素材进行替换

Step 05 用与上同样的方法，❶在第 2 个节拍空白处插入一段帧定格静态图像；❷并调整后面视频片段的时长，使其结束位置与音频的结束位置对齐，如图 2-56 所示。

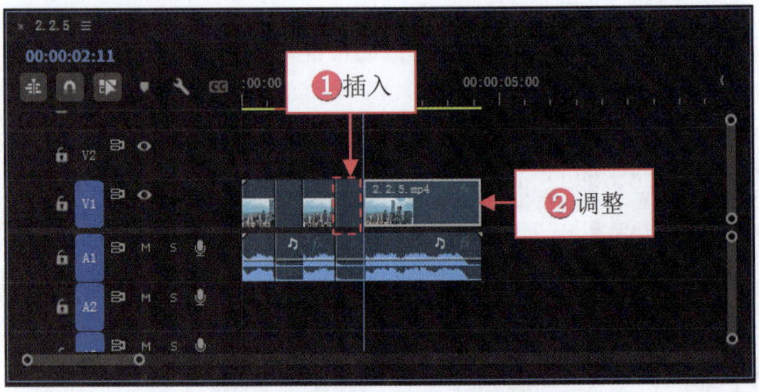

图 2-56　调整视频片段的时长

2.3　智能剪辑视频素材

随着视频内容的日益丰富与制作需求的提高，视频编辑工作中的烦琐步骤和时间消耗变得越来越明显。Adobe Premiere Pro 2025 通过引入智能剪辑功能，运用 AI 技术来简化视频编辑过程，提高了编辑的效率与创意空间。本节将主要介绍 Adobe Premiere Pro 2025 中的几个智能剪辑功能。

2.3.1　AI 一键粗剪视频

AI 一键粗剪视频

Adobe Premiere Pro 2025 提供了“自动匹配序列”功能。该功能主要利用 AI 技术，自动根据视频素材的内容来分析并推荐合适的剪辑序列，帮助用户一键粗剪视频，效果如图 2-57 所示。这一功能不仅能为用户节省大量的手动调整时间，还能帮助用户快速生成符合视频结构和节奏的序列。

图 2-57　视频效果

下面介绍 AI 一键粗剪视频的操作方法。

Step 01　打开一个项目文件，在“项目”面板中，选择需要匹配序列的多个素材，如图 2-58 所示。

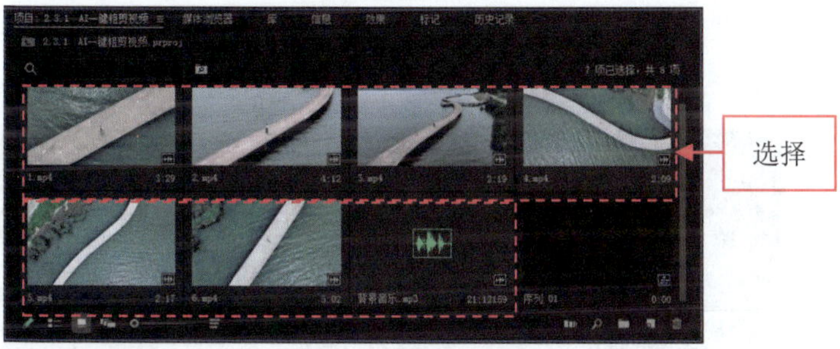

图 2-58　选择需要匹配序列的多个素材

Step 02　在菜单栏中，单击“剪辑”|“自动匹配序列”命令，如图 2-59 所示。

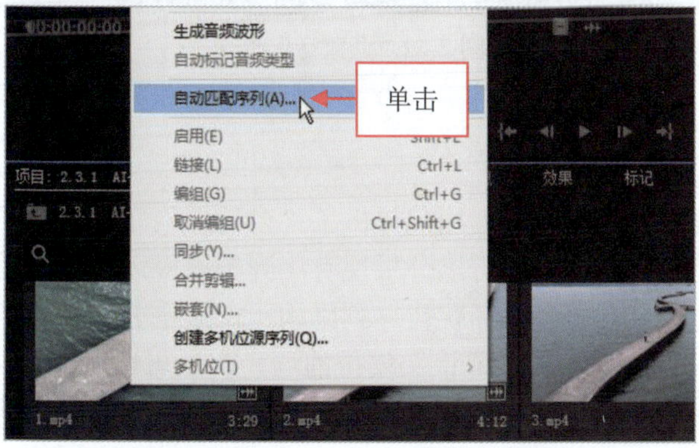

图 2-59　单击“自动匹配序列”命令

Step 03 弹出“序列自动化”对话框，默认各选项设置，单击“确定”按钮，如图 2-60 所示。

Step 04 执行操作后，即可按选择顺序自动匹配序列，并在各个视频素材之间添加过渡效果，如图 2-61 所示。

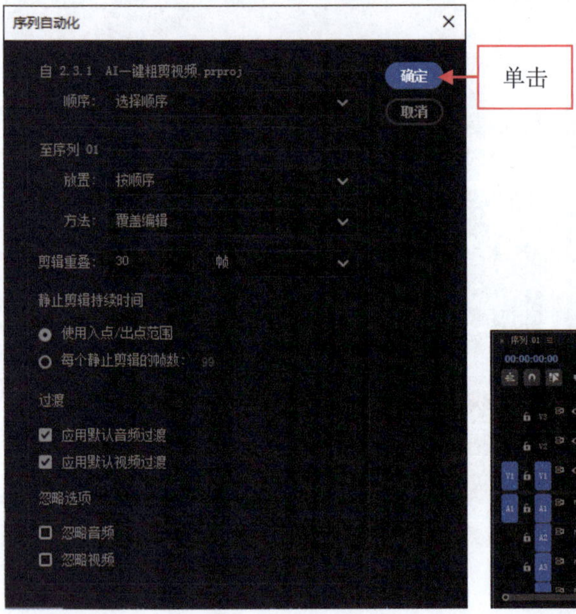

图 2-60　单击“确定”按钮

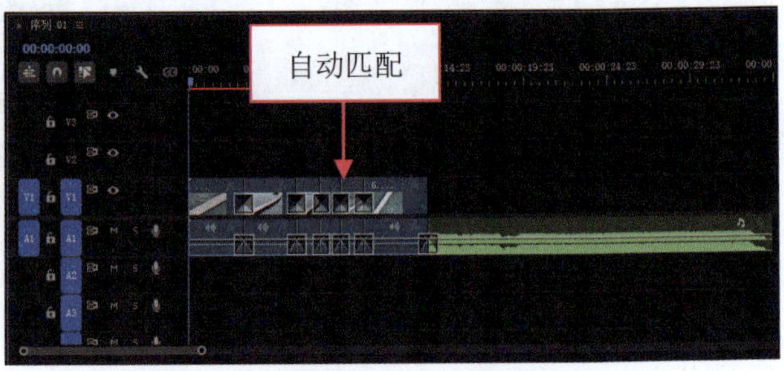

图 2-61　按选择顺序自动匹配序列

Step 05 自动匹配序列的时候，AI 将背景音乐直接放在了 A1 轨道中，需要将背景音乐移至 A2 轨道中，并调整音乐时长与视频时长一致，如图 2-62 所示。

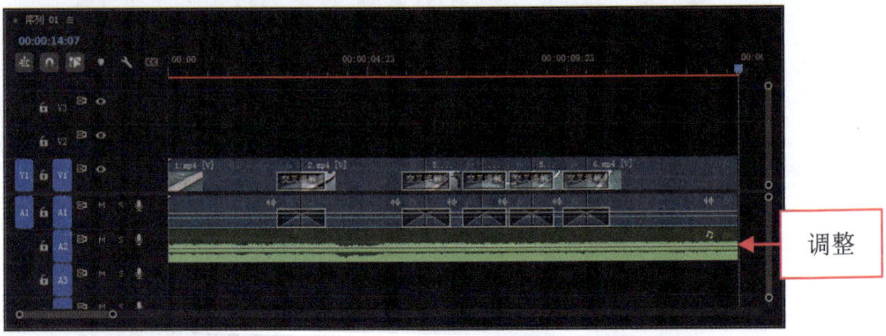

图 2-62　调整音乐时长

2.3.2　AI 一键重剪视频

AI 一键重剪视频

在 Adobe Premiere Pro 2025 中，为用户提供了“自动重构序列”功能，是另一项基于 AI 的智能剪辑功能。它可以分析现有序列的内容，并根据需要自动调整素材的时长、过渡和位置，从而优化序列结构，一键重剪视频。这一功能特别适用于需要快速调整剪辑长度或镜头安排的场景，还可以对视频格式进行转换，例如自动调整视频的比例和镜头分配，将视频转为竖屏、横屏或不同的分辨率。原图与效果对比如图 2-63 所示。

图 2-63　原图与效果对比

下面介绍 AI 一键重剪视频的操作方法。

Step 01　打开一个项目文件，如图 2-64 所示，选择“时间轴”面板。

Step 02　在菜单栏中，单击“序列”|“自动重构序列”命令，如图 2-65 所示。

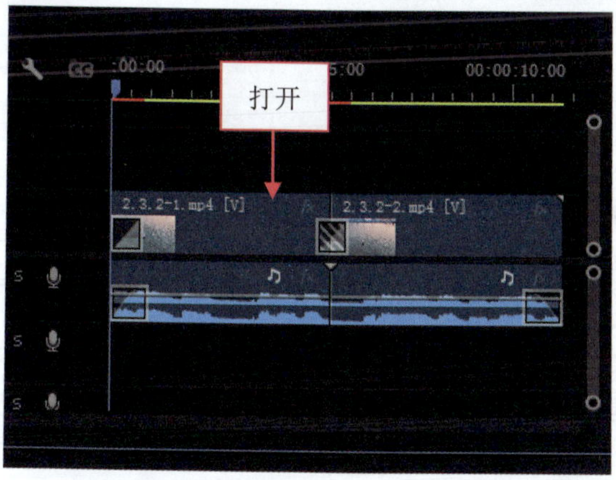

图 2-64　打开一个项目文件

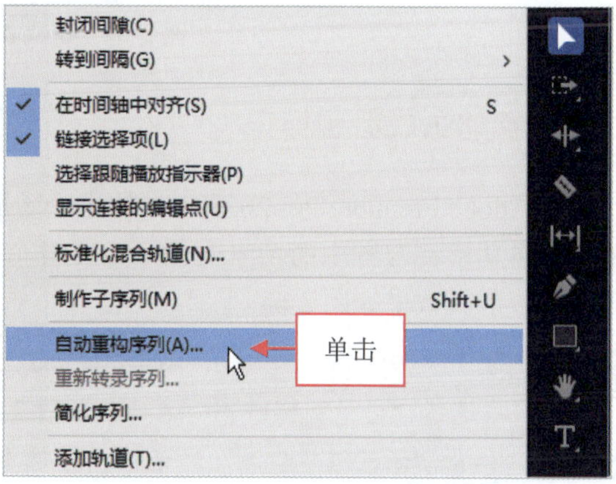

图 2-65　单击“自动重构序列”命令

Step 03 弹出“自动重构序列”对话框，在“目标长宽比”右侧的列表框中，选择“垂直 4:5”选项，如图 2-66 所示。单击“创建”按钮，即可设置视频画布比例为 4∶5 的竖屏尺寸，同时 AI 会自动识别视频内容，将重要的镜头画面呈现出来。

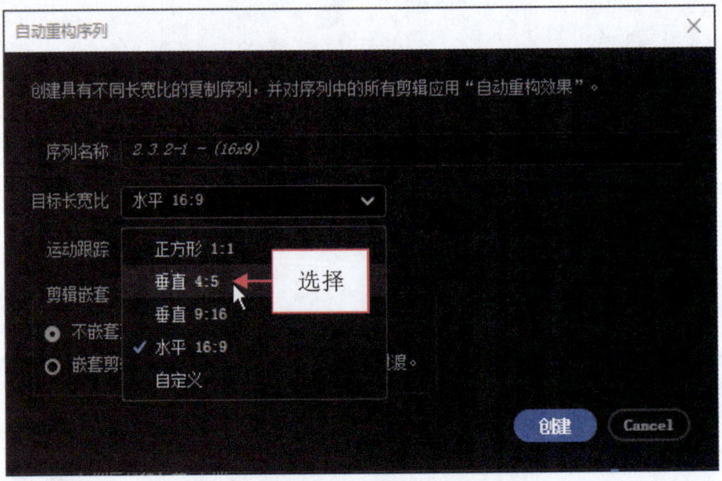

图 2-66　选择“垂直 4:5”选项

Step 04 在“节目监视器”面板中，可以查看 AI 重剪的视频效果，如图 2-67 所示。

图 2-67　查看 AI 重剪的视频效果

2.3.3　智能生成剪辑标记

在 Adobe Premiere Pro 2025 中，使用“场景编辑检测”功能，利用 AI 技术可以自动检测视频中的场景变化，并在每个检测到的场景剪切点处生成剪辑标记，项目效果如图 2-68 所示。下面介绍智能生成剪辑标记的操作方法。

智能生成剪辑标记

Step 01 打开一个项目文件，在“时间轴”面板的视频素材上，单击鼠标右键，在弹出的快捷菜单中选择“场景编辑检测”选项，如图 2-69 所示。

Step 02 弹出“场景编辑检测”对话框，❶选中“在每个检测到的剪切点生成剪辑标记”复选框；❷单击“分析”按钮，如图 2-70 所示。

图 2-68　项目效果

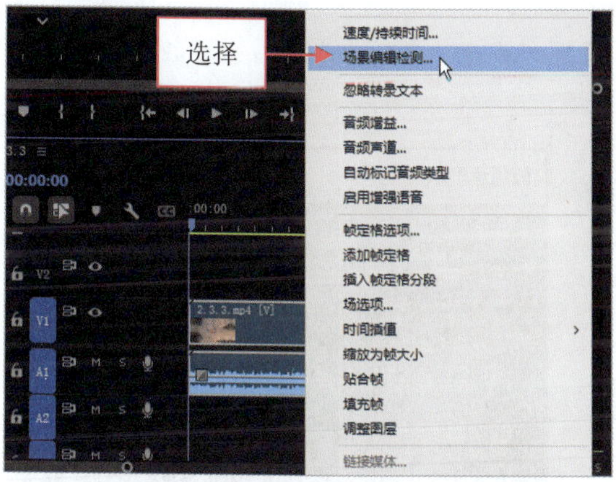

图 2-69　选择“场景编辑检测”选项

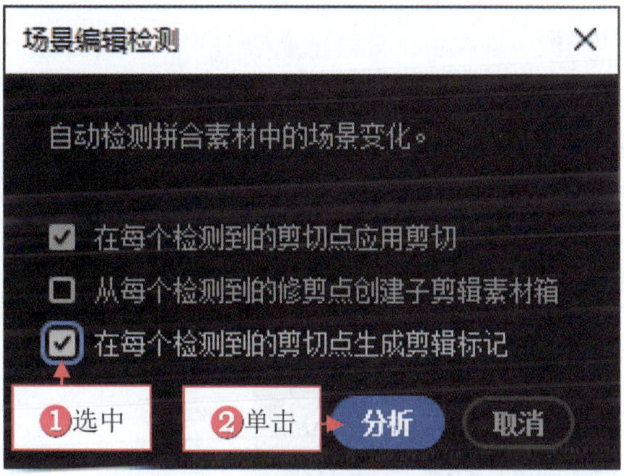

图 2-70　单击“分析”按钮

Step 03　稍等片刻，即可通过 AI 技术在剪切点的位置生成剪辑标记，效果如图 2-71 所示。

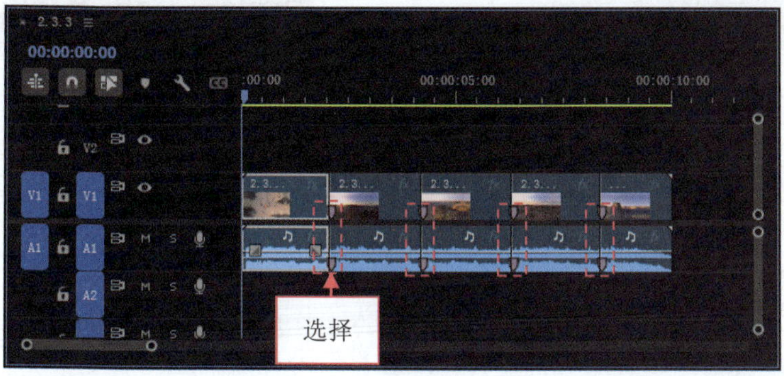

图 2-71　生成剪辑标记

2.3.4　智能调整视频速度

智能调整视频速度

每一个素材都具有特定的播放速度，在 Adobe Premiere Pro 2025 中，使用“速度/持续时间”功能，可以智能调整视频素材的播放速度，来制作快镜头或慢镜头效果，如图 2-72 所示。

图 2-72　视频效果

下面介绍智能调整视频速度的操作方法。

Step 01 打开一个项目文件，在“时间轴”面板的视频素材上，单击鼠标右键，在弹出的快捷菜单中选择“速度/持续时间”选项，如图 2-73 所示。

Step 02 在弹出“剪辑速度/持续时间”对话框中，设置“速度”参数为 80%，如图 2-74 所示，单击“确定”按钮，即可将视频的播放速度调慢。

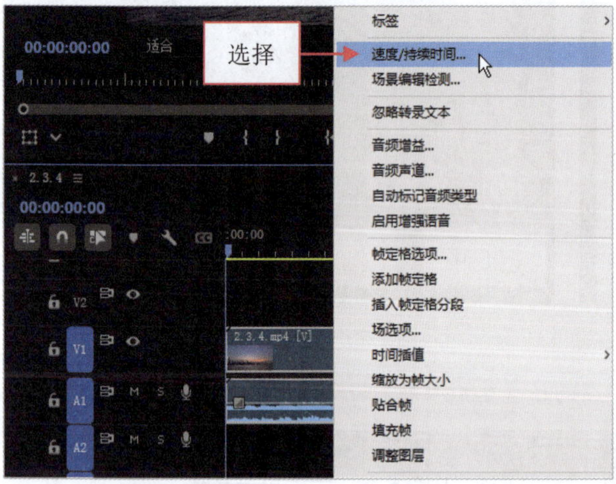

图 2-73　选择“速度/持续时间”选项

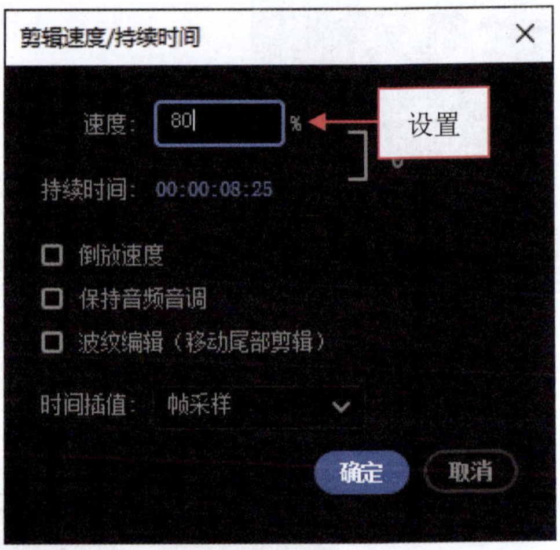

图 2-74　设置“速度”参数

2.3.5　智能分离视频与音频

智能分离视频与音频

在 Adobe Premiere Pro 2025 中，使用“取消链接”功能，可以智能分离视频与音频。当原视频中的背景声音很嘈杂时，为了使视频具有更好的视听效果，很多人都会选择在后期重新配音，或者重新为视频匹配一段更合适的音乐，这时需要用到分离视频与背景音频的操作。除此之外，当用户需要单独剪辑视频或单独剪辑音频时，也需要用到分离视频与背景音频的操作，项目效果如图 2-75 所示。

图 2-75　项目效果

下面介绍智能分离视频与音频的操作方法。

Step 01 打开一个项目文件，在“时间轴”面板的视频素材上，单击鼠标右键，在弹出的快捷菜单中选择“取消链接”选项，如图 2-76 所示。

Step 02 执行操作后，即可将视频与音频分离，选择 V1 轨道上的视频素材，按住鼠标左键并拖曳，即可单独移动视频素材，如图 2-77 所示。

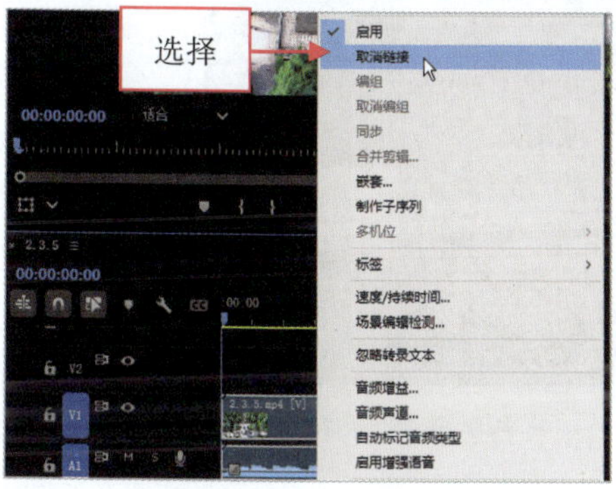

图 2-76　选择“取消链接”选项

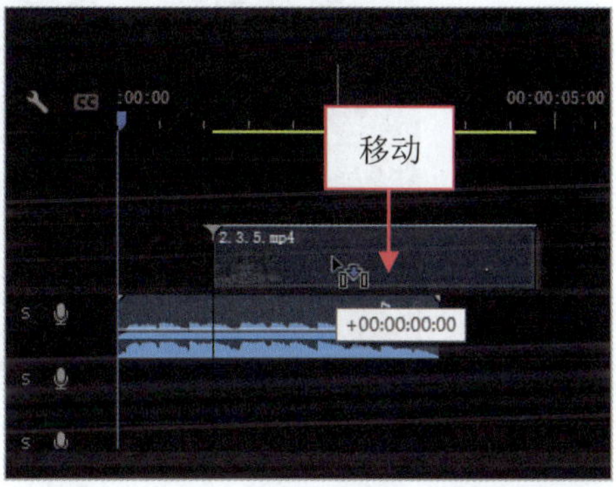

图 2-77　分离视频与音频并移动视频素材

本章小结

本章主要讲述了在 Adobe Premiere Pro 2025 中剪辑视频素材的处理和优化操作。首先介绍了编辑素材的方法，包括合并重复素材、复制素材文件及删除素材文件等编辑操作；其次介绍了剪辑素材的方法，包括智能替换素材、编组素材文件、嵌套素材文件、链接脱机素材及定格视频帧等剪辑操作；最后介绍了利用 AI 技术智能剪辑视频素材的方法，包括 AI 一键粗剪视频、AI 一键重建视频及智能生成剪辑标记等一些 AI 剪辑功能。通过本章的学习，读者能掌握素材的处理与优化。

课后实训

课后实训

鉴于本章知识的重要性，为了使读者更好地掌握所学知识，将通过课后实训帮助读者进行简单的知识回顾和补充。

实训任务： 打开一个项目文件，将“时间轴”面板中的视频片段和背景音乐组合起来，视频效果如图 2-78 所示。其具体操作方法如下。

图 2-78　视频效果

Step 01　打开一个项目文件，在“时间轴”面板中，同时选择视频片段和背景音乐，如图 2-79 所示。

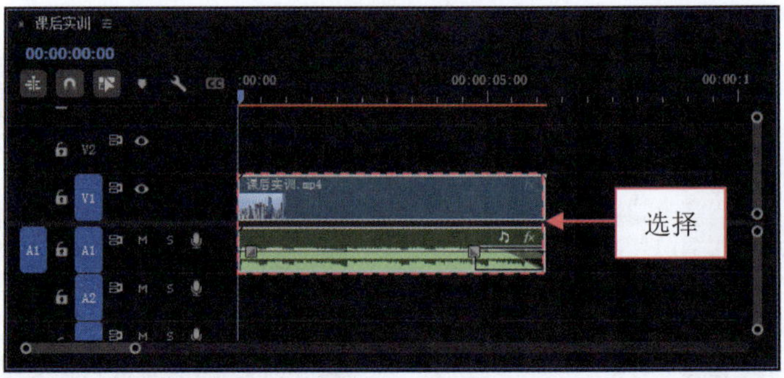

图 2-79　同时选择视频片段和背景音乐

Step 02　单击鼠标右键，在弹出的快捷菜单中选择“链接”选项，如图 2-80 所示。

Step 03　执行操作后，即可将视频片段和背景音乐组合起来，视频名称后面会显示[V]字符，表示视频链接音频，如图 2-81 所示。此时，任意选择视频或音乐，都会将两个素材一起选中。

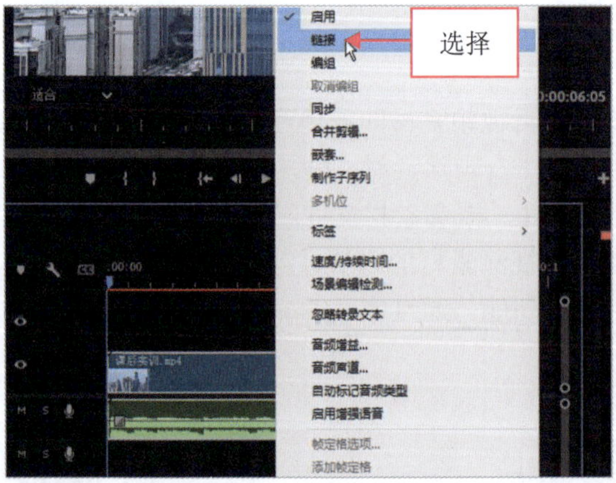

图 2-80　选择“链接”选项

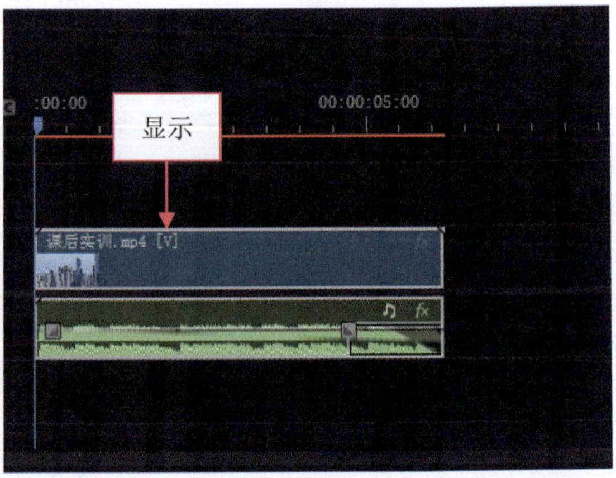

图 2-81　显示[V]字符

第 3 章

色彩校正与风格化

3

色彩在视频制作中不仅是视觉效果的表现，还影响着观众的情感和视觉体验。Adobe Premiere Pro 2025 通过其基本功能和强大的 AI 工具，能够帮助用户在短时间内完成精细的色彩调整和创意风格化处理。本章将从基本的色彩调整开始，逐步引入风格化调整和智能色彩校正功能，帮助用户掌握通过智能化手段提升视频画质与艺术表现力。

本章重点

- 掌握色彩基本调整的方法
- 熟知色彩风格化调整的方法
- 熟悉智能校正色彩的方法

素质目标

- 培养读者细致的观察力
- 激发读者的创新思维，尝试不同的色彩风格

3.1 色彩基本调整

色彩的基本调整是任何视频制作的基础工作，确保视频画面在视觉上达到均衡与和谐。本节将介绍如何使用 Adobe Premiere Pro 2025 进行基础的色彩调整，包括曝光、对比度、饱和度、色温等常见调节操作，以帮助读者在项目开始时就能够打造理想的画面基调。

3.1.1 调整曝光与对比度

调整曝光与对比度

由于天气或拍摄现场光线的问题，直接用相机或手机拍摄出来的视频画面可能会出现曝光不足的问题，此时需要调整视频的曝光量，增强画面的对比效果，使视频画面更加明亮。原图与效果对比如图 3-1 所示。

图 3-1 原图与效果对比

下面介绍调整曝光与对比度的操作方法。

Step 01 打开一个项目文件，如图 3-2 所示。

Step 02 在菜单栏中，单击“窗口”|“Lumetri 颜色”命令，如图 3-3 所示。

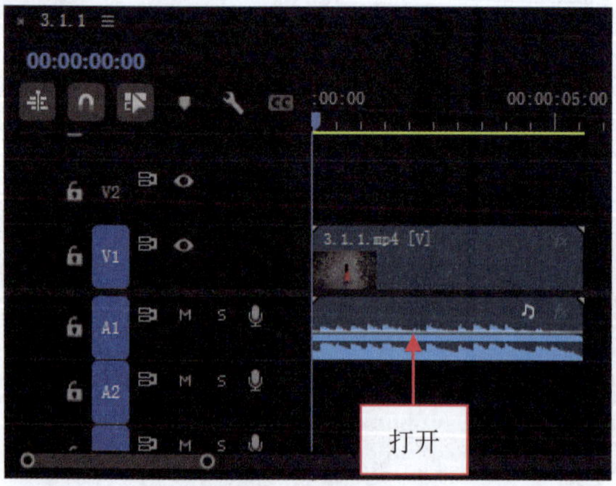

图 3-2 打开一个项目文件

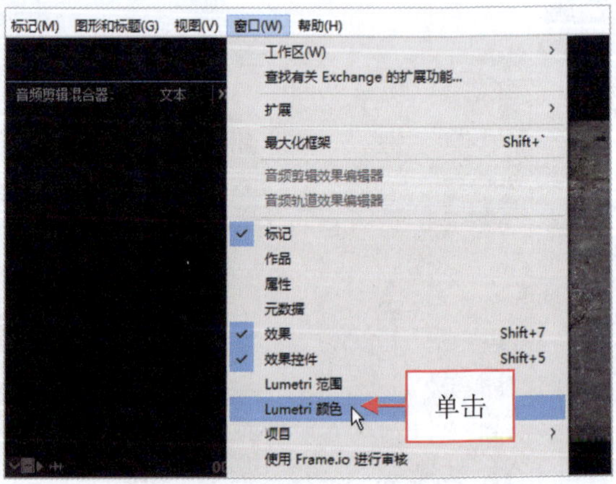

图 3-3 单击“Lumetri 颜色”命令

Step 03 弹出“Lumetri 颜色”面板，展开“基本校正”选项，如图 3-4 所示。

Step 04 设置“曝光”为 1.4、“对比度”为 36.4、“高光”为 9.7、“阴影”为 17.6、“白色”为 1.1，如图 3-5 所示，调整视频画面的曝光与对比度等。至此，完成调色操作。

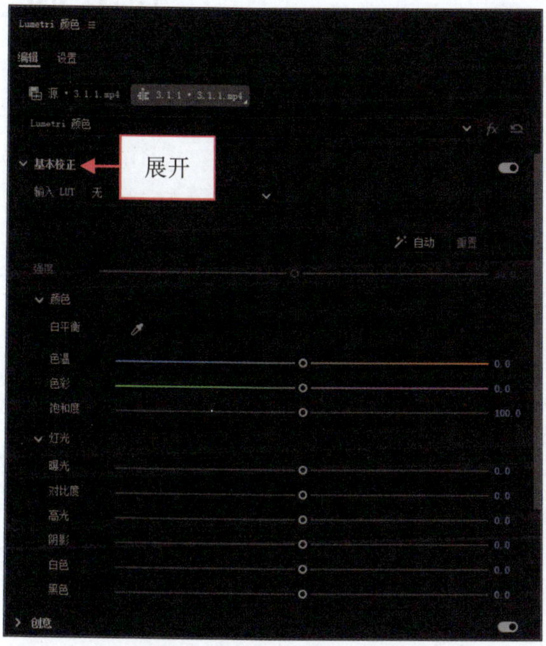

图 3-4　展开“基本校正”选项

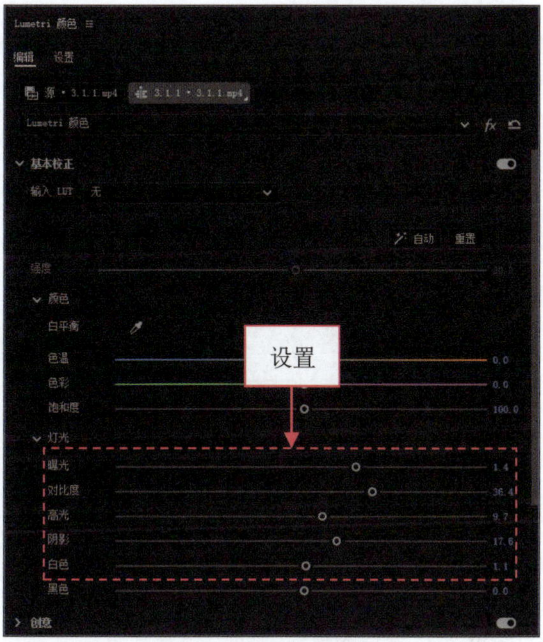

图 3-5　设置各参数

▶ 专家指点

调整“基本校正”选项下的各项参数作用如下。

- **色温**：色温用于调整画面的整体色调，模拟不同的光照条件。向右滑动色温滑块会增加黄色和暖色调，使画面更温暖；向左滑动则会增加蓝色和冷色调。
- **色彩**：色彩调整主要用于校正画面的绿色和品红色偏。通过调整色彩，可以修正偏色问题，使画面的颜色更加自然。
- **饱和度**：饱和度用于调整画面中颜色的鲜艳程度。提高饱和度可以使颜色更鲜艳、生动；降低饱和度则会使颜色更柔和、暗淡。
- **曝光**：曝光决定了画面的整体亮度。通过增加曝光，可以营造出梦幻、明亮的氛围；通过降低曝光，可以创造神秘、阴暗的氛围。
- **对比度**：对比度是画面中亮部和暗部之间的差异。高对比度的画面有更明显的明暗差异，而低对比度的画面则显得更柔和。
- **高光**：高光是指画面中最亮的部分，通常接近或达到白色的部分。如果高光部分过曝（失去细节），可以通过降低高光值来恢复细节。
- **阴影**：阴影是指画面中最暗的部分，通常接近或达到黑色的部分。提高阴影值，可以增加画面的层次感，使暗部细节更明显；降低阴影值，可以使画面显得更神秘、阴暗，适合一些悬疑或恐怖风格的视频。
- **白色**：白色是指画面中最亮的白色部分，通常用于控制画面中的纯白部分。适当提高白色值可以使画面整体显得更明亮、更清晰。
- **黑色**：黑色调整用于控制画面中最暗部分的亮度。通过调整黑色，可以增强画面的对比度和深度。

通过调整以上各项参数，用户可以优化视频画面的视觉效果，提升视频的专业性。

3.1.2 调整饱和度与色温

调整饱和度与色温

在 Adobe Premiere Pro 2025 中，通过调整视频的饱和度和色温可以使画面的色彩更加丰富，更具视觉冲击力。原图与效果对比如图 3-6 所示。

图 3-6 原图与效果对比

下面介绍调整饱和度与色温的操作方法。

Step 01 打开一个项目文件，在“时间轴”面板中，选择视频素材，如图 3-7 所示。

Step 02 打开“Lumetri 颜色”面板，❶展开“基本校正”选项；❷设置“色温”为 - 33.0，如图 3-8 所示，将画面向冷色调调整，使人物肤色看上去更加白皙。

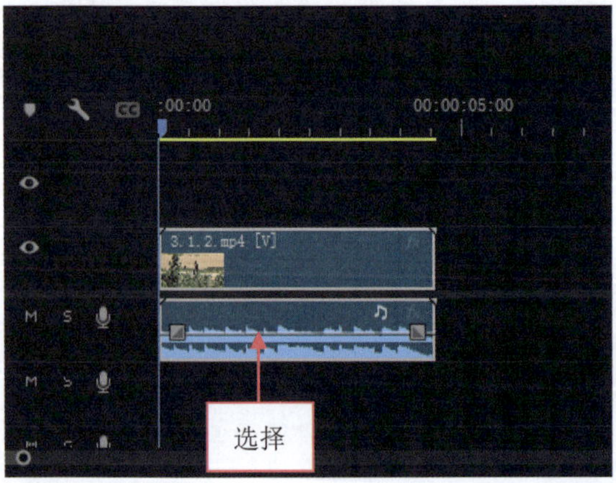

图 3-7 选择视频素材

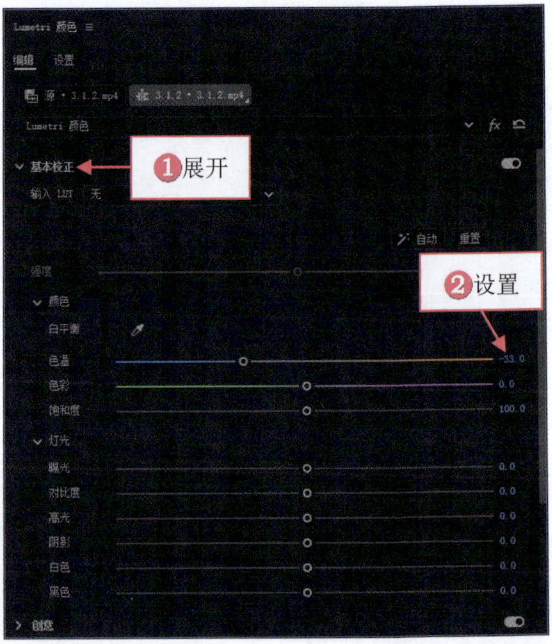

图 3-8 设置“色温”参数

Step 03 执行上述操作后，在“节目监视器”面板中，可以查看色温参数降低后的效果，如图 3-9 所示。

Step 04 返回“Lumetri 颜色”面板，设置“饱和度”为 135.0，如图 3-10 所示，使画面中的色彩更加靓丽。至此，完成调色操作。

图 3-9　查看色温参数降低后的效果

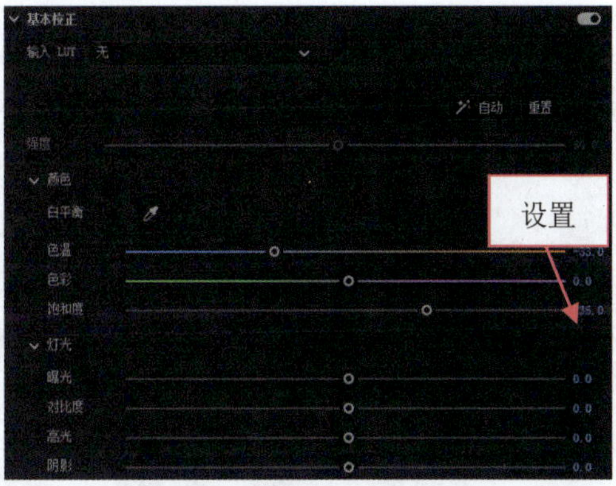

图 3-10　设置“饱和度”参数

3.1.3　调整阴影和高光

调整阴影和高光

在“Lumetri 颜色”面板的“色轮和匹配”选项下，具有“阴影”“中间调”和“高光”3 个色轮，调整相应的色轮颜色，可以改变画面中阴影、中间调和高光的色彩。原图与效果对比如图 3-11 所示。

图 3-11　原图与效果对比

下面介绍调整阴影和高光的操作方法。

Step 01　打开一个项目文件，在“时间轴”面板中，选择视频素材，如图 3-12 所示。

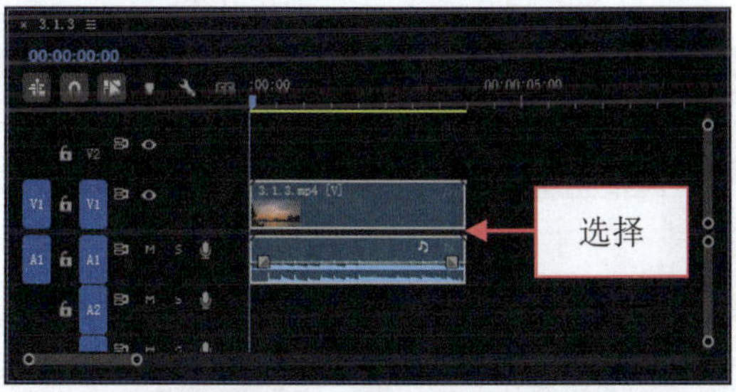

图 3-12　选择视频素材

Step 02　打开“Lumetri 颜色”面板，❶展开“色轮和匹配”选项；❷在“阴影”色轮上的合适位置单击鼠标左键，设置视频中阴影部分的色调偏蓝色调；❸在“节目监视器”面板中可以查看调色的效果，如图 3-13 所示。

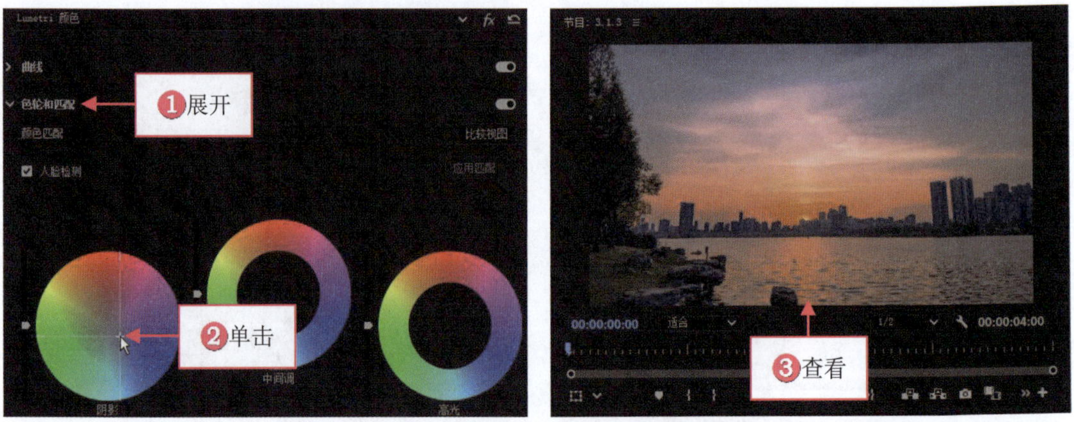

图 3-13　设置视频中阴影部分的色调并查看效果

Step 03　①在“中间调”色轮上的合适位置单击鼠标左键，设置视频中间调的色调，使画面呈现浪漫的紫色调；②在“节目监视器”面板中可以查看调色的效果，如图 3-14 所示。

图 3-14　设置视频中间调的色调并查看效果

Step 04　①在“高光”色轮上的合适位置单击鼠标左键，设置视频中高光部分的色调，使高光部分呈紫色调；②同时将“高光”色轮左侧的滑块向上滑到最大，将画面亮度调高；③在“节目监视器”面板中可以查看调色的效果，如图 3-15 所示。至此，完成调色操作。

图 3-15　设置视频中高光部分的色调并查看效果

3.1.4　调出画面暗角效果

调出画面暗角效果

在 Adobe Premiere Pro 2025 中，通过“晕影”功能可以为视频画面添加暗角效果，将光线聚焦到画面的中间，这样可以更好地吸引观众的视线。原图与效果对比如图 3-16 所示。

图 3-16　原图与效果对比

下面介绍调出画面暗角效果的操作方法。

Step 01 打开一个项目文件，在“时间轴”面板中，选择视频素材，如图 3-17 所示。

Step 02 打开“Lumetri 颜色”面板，❶展开“晕影”选项；❷在其中设置“数量”为-3.0、“中点”为 36.0、“圆度”为-31.0、“羽化”为 35.0，如图 3-18 所示，为视频画面添加暗角效果。

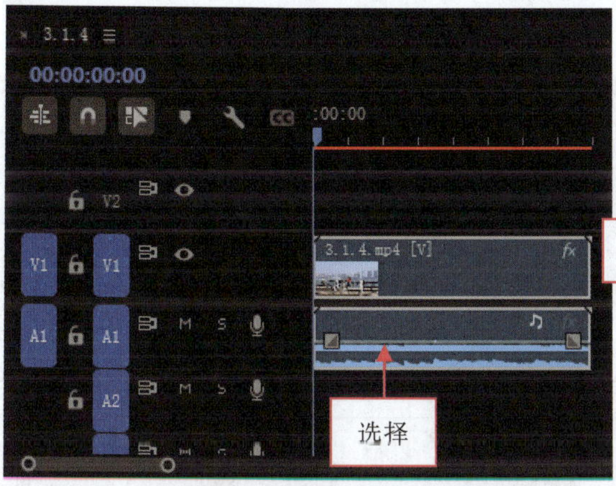

图 3-17　选择视频素材

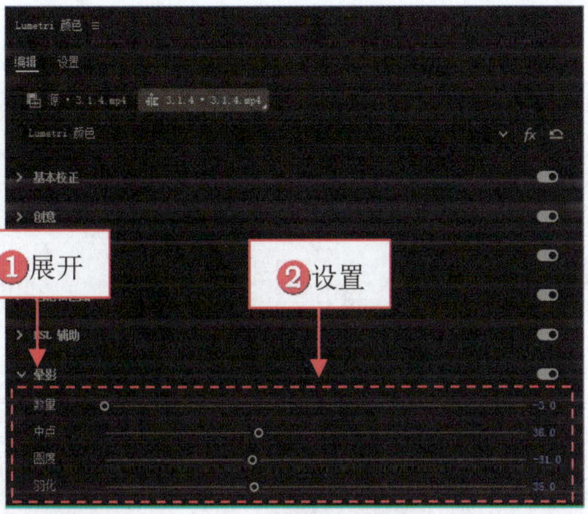

图 3-18　设置各参数

> ▶ 专家指点
>
> 调整“晕影”选项下的各项参数作用如下。
>
> ➢ **数量：**用于控制晕影的强度和类型。正值会使画面边缘变亮（亮角），负值会使画面边缘变暗（暗角），数值越大，效果越明显。
>
> ➢ **中点：**用于控制晕影从画面中心开始影响的范围，即晕影区域的大小。数值越低，晕影越靠近画面中心；数值越高，晕影越靠近画面边缘。
>
> ➢ **圆度：**用于控制晕影形状的圆滑程度。正值使晕影更接近圆形，负值使晕影更接近矩形。
>
> ➢ **羽化：**用于控制晕影边缘的模糊程度，即晕影过渡的柔和度。数值越大，边缘越柔和；数值越小，边缘越锐利。

3.1.5 单独调某一种色彩

单独调某一种色彩

在“Lumetri 颜色”面板的“HSL 辅助”选项下，包含 7 个颜色色块，可以对应调整视频画面中的相应色彩。例如，本例需要将视频中的橙色灯光调亮一些，同时将饱和度也调高一些。原图与效果对比如图 3-19 所示。

图 3-19 原图与效果对比

下面介绍单独调某一种色彩的操作方法。

Step 01 打开一个项目文件，在“时间轴”面板中，选择视频素材，如图 3-20 所示。

Step 02 打开“Lumetri 颜色”面板，❶展开“HSL 辅助”选项；❷单击“设置颜色”右侧的按钮，如图 3-21 所示，此按钮可用于画面取色。

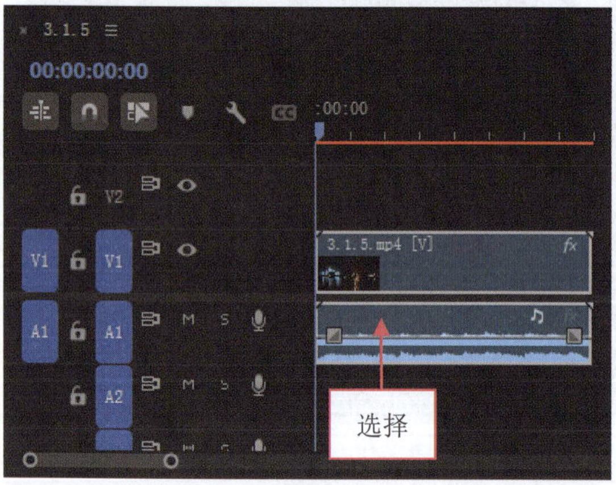

图 3-20 选择视频素材

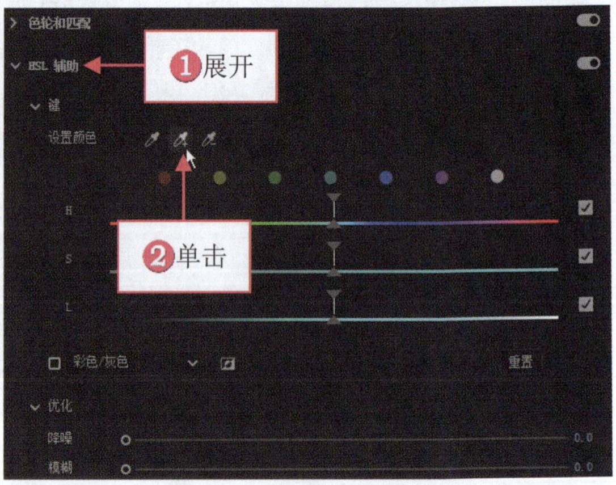

图 3-21 单击相应按钮

Step 03 在“节目监视器”面板的视频画面中，将鼠标移至橙色灯光的位置，单击鼠标左键进行取色，如图 3-22 所示。

Step 04 返回“Lumetri 颜色”面板，选中“彩色/灰色”复选框，如图 3-23 所示。

Step 05 此时，“节目监视器”面板中只显示吸取到的颜色，其他没有吸取的颜色呈灰色显示，多次单击按钮，将橙色灯光的色彩全部吸取出来，如图 3-24 所示。

Step 06 返回“Lumetri 颜色”面板，在“更正”选项下方，设置“色温”为 27.0、“色彩”为 10.0、“对比度”为 36.0、“锐化”为 8.0、“饱和度”为 200.0，如图 3-25 所示，使画面中橙色灯光的颜色更加靓丽。

图 3-22　在橙色灯光的位置进行取色

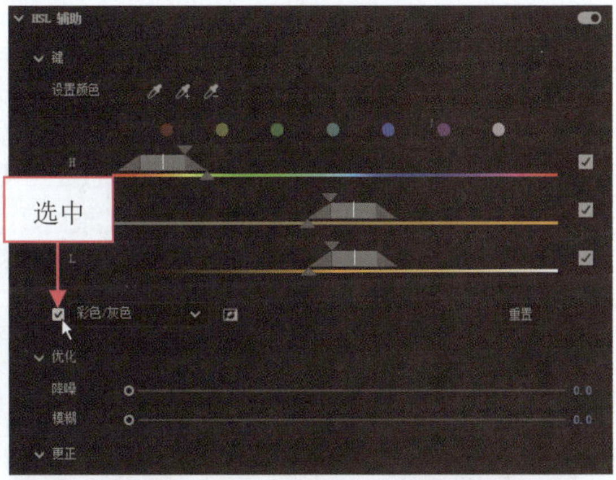

图 3-23　选中“彩色/灰色”复选框

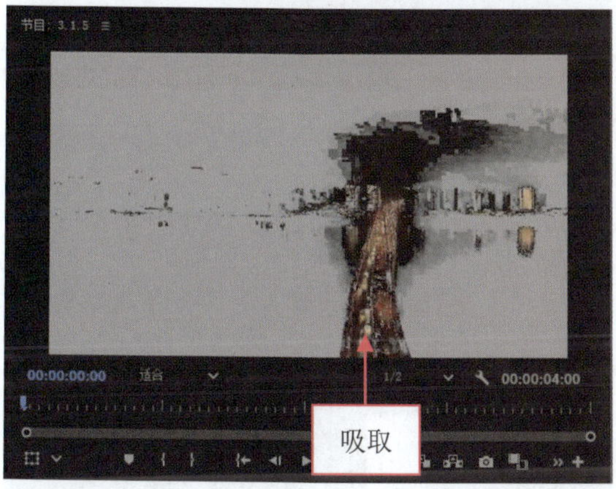

图 3-24　将橙色灯光的色彩全部吸取出来

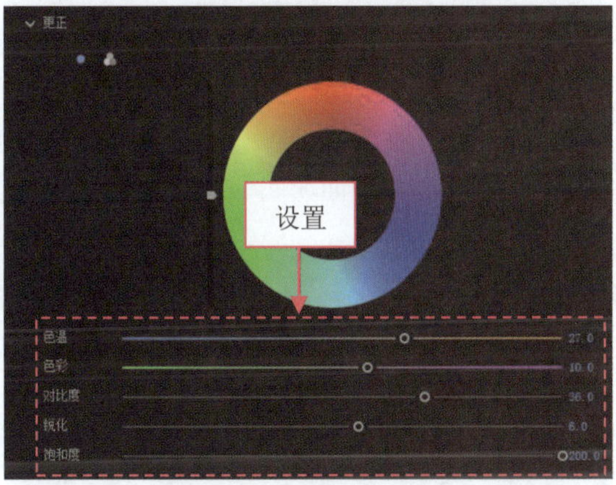

图 3-25　设置各项参数

Step 07　执行操作后，如果发现色彩没有调好，可以通过按钮多次吸取颜色，完善画面色彩，如图 3-26 所示。

Step 08　调色完成后，在“Lumetri 颜色”面板中取消选中“彩色/灰色”复选框，如图 3-27 所示，即可在“节目监视器”面板中查看调色后的视频画面。

图 3-26　吸取颜色

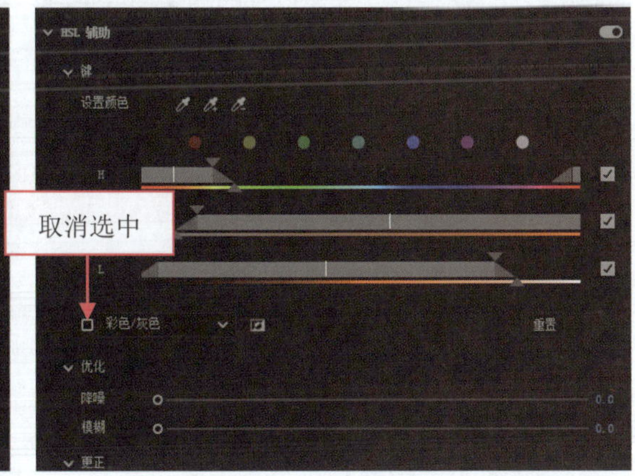

图 3-27　取消选中“彩色/灰色”复选框

3.1.6 调整画面明暗关系

调整画面明暗关系

在 Adobe Premiere Pro 2025 中，“RGB 曲线”功能主要是通过调整画面的明暗关系和色彩变化来实现画面颜色的校正。RGB 曲线是针对每个颜色通道，使用白、红、绿、蓝四色曲线来调整视频的颜色，每条曲线允许在整个画面的色调范围内调整多达 16 个不同的点。原图与效果对比如图 3-28 所示。

图 3-28 原图与效果对比

下面介绍调整画面明暗关系的操作方法。

Step 01 打开一个项目文件，在“时间轴”面板中，选择视频素材，如图 3-29 所示。

Step 02 打开“Lumetri 颜色”面板，❶展开“曲线”选项；❷在“RGB 曲线”下方单击红色圆圈，切换为红色曲线，如图 3-30 所示。

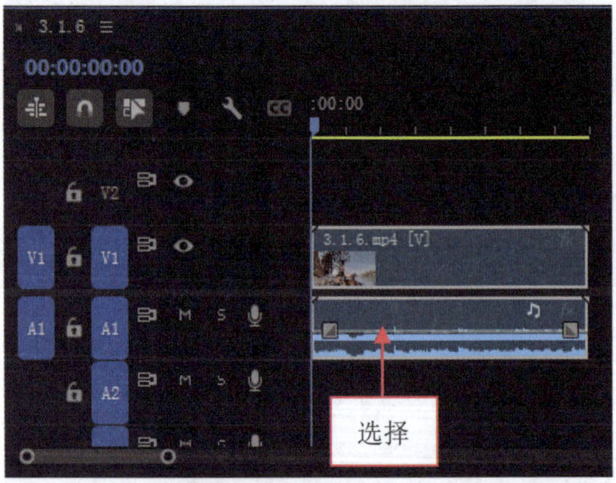

图 3-29 选择视频素材

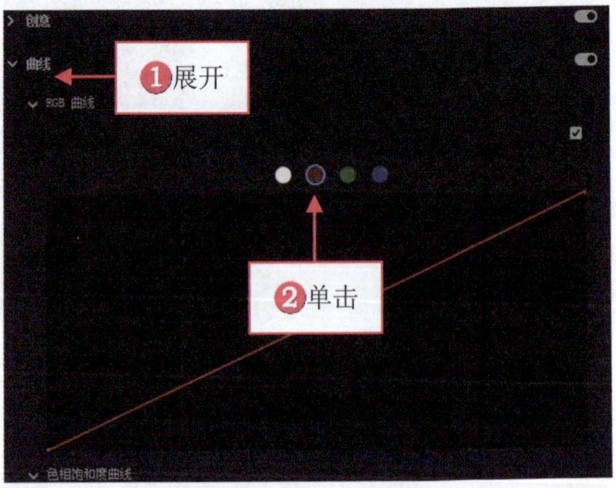

图 3-30 单击红色圆圈

> **▶ 专家指点**
>
> RGB 曲线调整作用如下。
>
> - **提亮：** 将曲线上的控制点向上移动，可以提亮画面。
> - **压暗：** 将曲线上的控制点向下移动，可以压暗画面。
> - **增加对比度：** 通过在暗部和亮部添加控制点，形成 S 形曲线，让暗部更暗，亮部更亮，从而增加对比度。
> - **减少对比度：** 通过在暗部和亮部添加控制点，形成反 S 形曲线，让暗部变亮，亮部变暗。

Step03 在红色曲线的合适位置处，按住鼠标左键并拖曳，创建控制点，如图 3-31 所示，增强视频中的红色调。

Step04 ❶单击蓝色圆圈；在蓝色曲线的合适位置处，按住鼠标左键并拖曳，❷创建两个控制点，如图 3-32 所示，增强视频中蓝色的明暗对比度。至此完成调色操作，在“节目监视器”面板中可以查看素材画面。

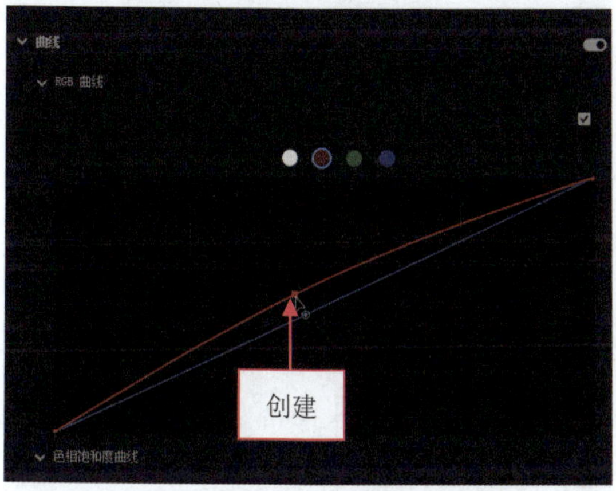

图 3-31　创建红色控制点

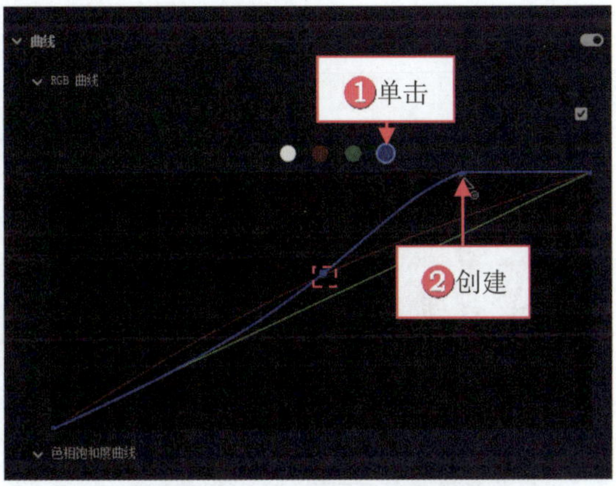

图 3-32　创建两个蓝色控制点

3.2　色彩风格化调整

色彩风格化调整是对视频色调进行创意化处理的过程，帮助用户为视频增添艺术感或与特定主题风格匹配。本节将介绍如何调整视频色调，以实现不同的艺术效果，创造出符合主题的视觉风格。

3.2.1　调出视频的翠绿色调

调出视频的翠绿色调

在 Adobe Premiere Pro 2025 中，用户可以使用“创意”功能和“HSL 辅助”功能，调出视频的翠绿色调。翠绿色调常给人一种清新、自然和活力四射的感觉，适用于展示森林、绿地或自然风光的场景，带来清新自然的氛围。原图与效果对比如图 3-33 所示。

图 3-33　原图与效果对比

下面介绍调出视频翠绿色调的操作方法。

Step 01 打开一个项目文件，选择视频素材，如图 3-34 所示，需要调出视频的翠绿色调。

Step 02 打开“Lumetri 颜色”面板，❶展开“创意”选项；❷在 Look 下拉列表框中选择 SL BIG LDR 预设滤镜，如图 3-35 所示。

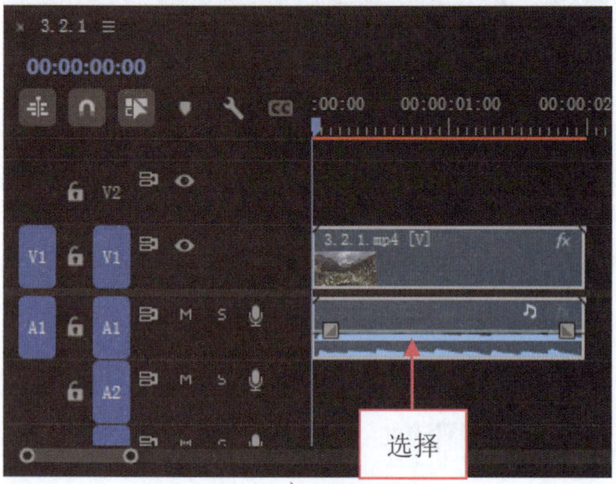

图 3-34 选择视频素材

图 3-35 选择 SL BIG LDR 预设滤镜

Step 03 执行操作后，即可提升画面中的亮度、饱和度等，在 Look 下方的预览区中可以查看预设滤镜使用后的效果，如图 3-36 所示。

Step 04 ❶展开“HSL 辅助”选项；❷单击绿色圆圈；❸在下方左右拖曳 H 滑块，如图 3-37 所示。

图 3-36 查看预设滤镜使用后的效果

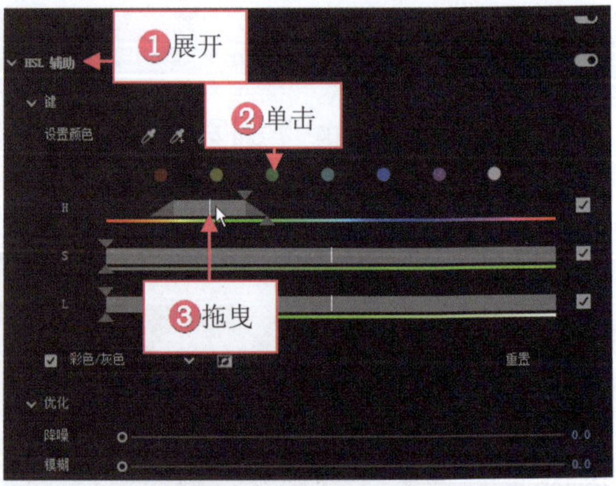

图 3-37 左右拖曳 H 滑块

Step 05 此时，“节目监视器”面板将显示被选取的颜色范围，如图 3-38 所示，当画面中需要调整的绿色部分显示出来后，即可释放鼠标左键，完成颜色范围的选取。

Step 06 在“更正”选项下方，设置“色彩”为-30.0（偏绿色调整）、“饱和度”为 130.0（使色彩更浓郁），如图 3-39 所示，将画面调为翠绿色调。至此，完成调色操作。

图 3-38　显示被选取的颜色范围

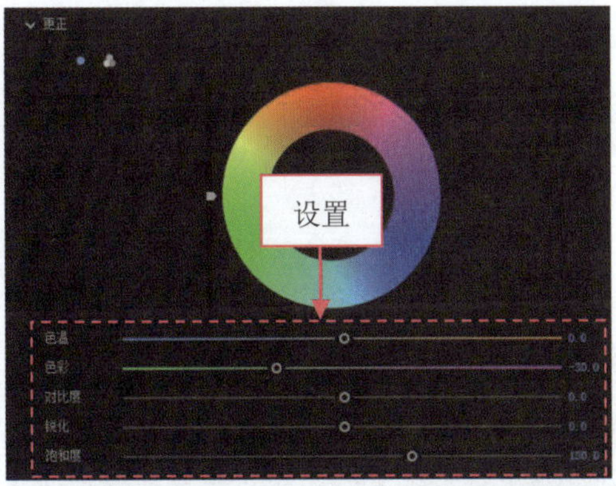

图 3-39　设置“色彩”和“饱和度”参数

3.2.2　调出日系风人像色调

调出日系风人像色调

日系风人像色调以其清新、宁静和通透的冷色调视觉效果而备受欢迎。在 Adobe Premiere Pro 2025 中，用户可以使用“颜色平衡”视频效果，调出日系风人像色调。原图与效果对比如图 3-40 所示。

图 3-40　原图与效果对比

下面介绍调出日系风人像色调的操作方法。

Step 01 打开一个项目文件，选择视频素材，如图 3-41 所示，需要调出日系风人像色调。

Step 02 在“效果”面板中，❶展开“视频效果”|“颜色校正”选项；❷双击“颜色平衡”视频效果，如图 3-42 所示。

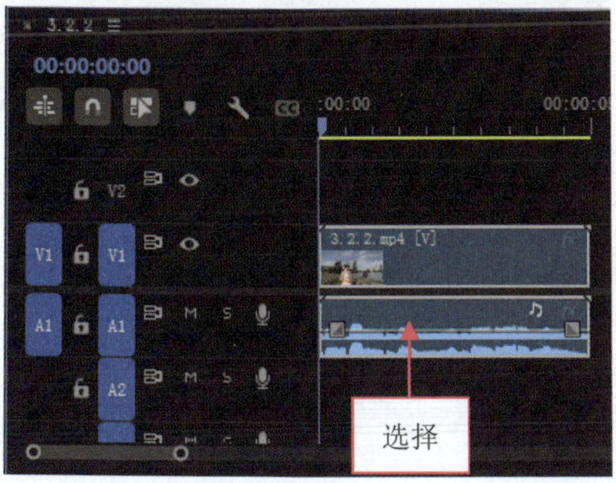

图 3-41　选择视频素材

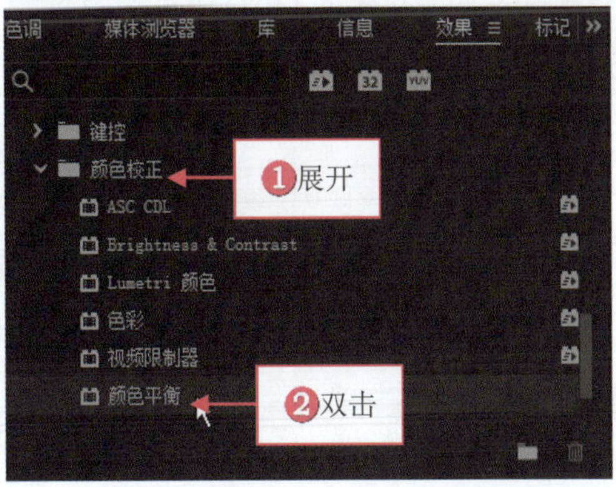

图 3-42　双击“颜色平衡”视频效果

Step 03 执行操作后，即可应用“颜色平衡”视频效果，并在“时间轴”面板的素材上点亮fx图标，如图 3-43 所示，表示已应用视频效果。

Step 04 在“效果控件”面板中，❶展开“颜色平衡”选项；❷设置“阴影蓝色平衡”为-15.0（降低阴影中的蓝色）、“中间调绿色平衡”为 31.0（提升画面中的绿色）、“高光蓝色平衡”为 50.0（将高光亮度偏蓝色调整），其他参数保持不变，如图 3-44 所示，使画面偏冷色调，呈现清新淡雅的日系风格色调。至此，完成调色操作。

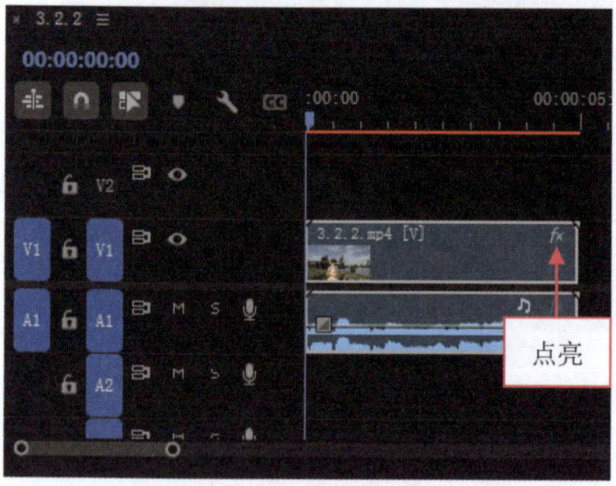

图 3-43　点亮fx图标

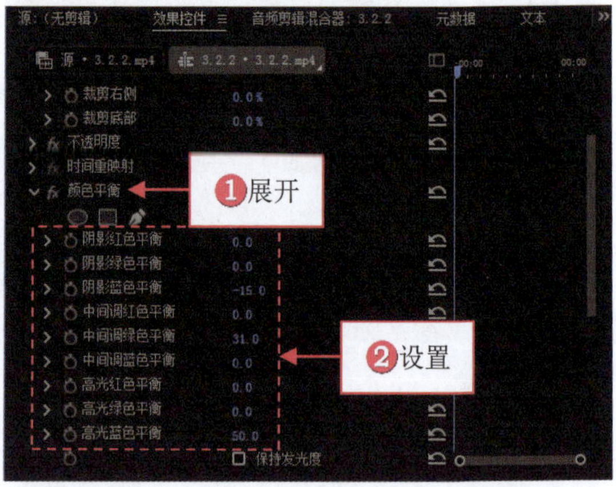

图 3-44　设置各项参数

3.2.3　调出古建筑橙红色调

古建筑色调常用橙红色来体现历史感和温暖的氛围，适用于有古典、历史背景的内容。在 Adobe Premiere Pro 2025 中，用户可以使用 ASC CDL 视频效果，调出古建筑橙红色调。原图与效果对比如图 3-45 所示。

调出古建筑橙红色调

图 3-45　原图与效果对比

ASC CDL 视频效果通过对红、绿、蓝三个原色通道的独立调整，实现对图像色彩的精确控制。在此基础上，还可用于调整处理后图像的整体饱和度。下面介绍调出古建筑橙红色调的操作方法。

Step 01 打开一个项目文件，选择视频素材，如图 3-46 所示，需要调出古建筑橙红色调。

Step 02 在“效果”面板中，❶展开“视频效果”|“颜色校正”选项；❷双击 ASC CDL 视频效果，如图 3-47 所示。

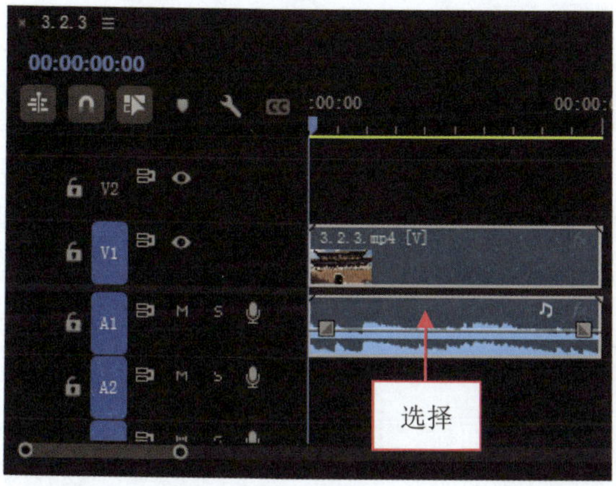

图 3-46　选择视频素材

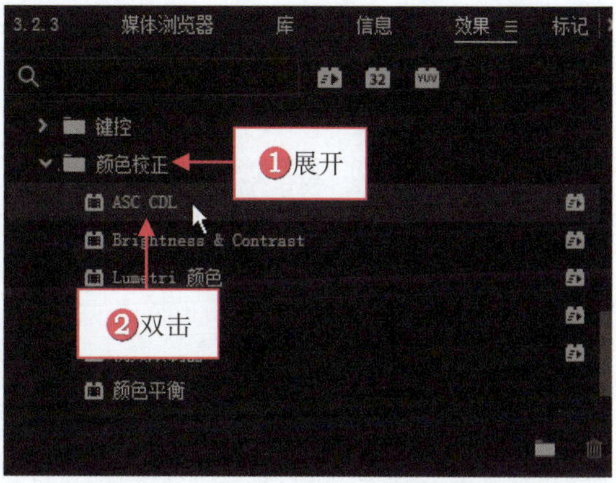

图 3-47　双击 ASC CDL 视频效果

Step 03 执行操作后，即可应用 ASC CDL 视频效果，并在“时间轴”面板的素材上点亮fx图标，如图 3-48 所示，表示已应用视频效果。

Step 04 在“效果控件”面板中，❶展开 ASC CDL 选项；❷设置“红色斜率”为 1.100 000（增加红色通道的亮度）、“红色偏移”为 0.100 000（增强红色强度）、“红色功率”为 1.500 000（非线性降低红色强度，使中间调偏蓝色，将红色中和一些）、“饱和度”为 1.300 000（提升画面整体色彩鲜艳程度），如图 3-49 所示，使画面呈现橙红色调。至此，完成调色操作。

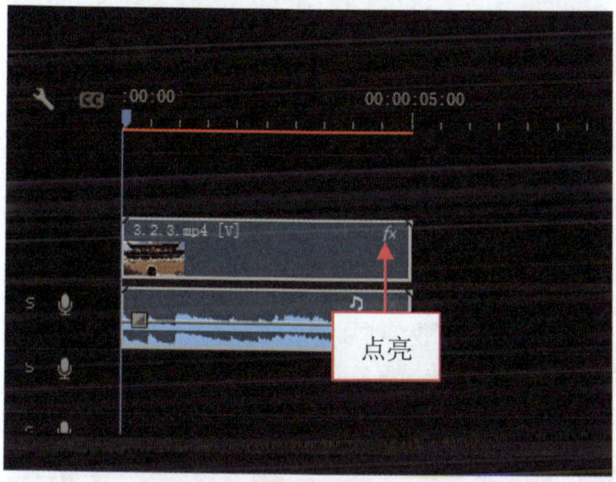

图 3-48　点亮fx图标

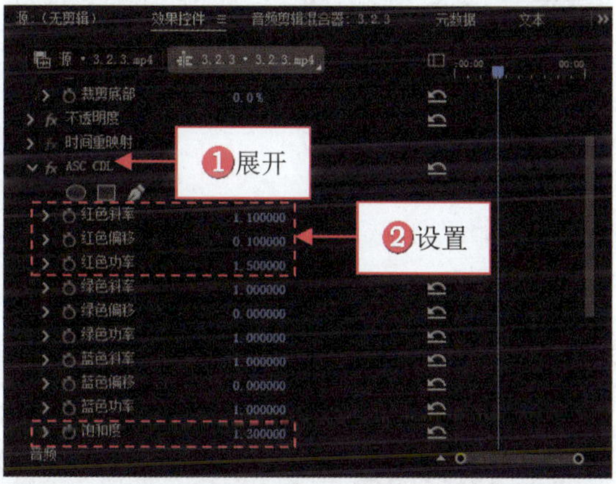

图 3-49　设置各项参数

▶ 专家指点

使用 ASC CDL 视频效果精确控制色彩，其相关作用如下。

- **斜率**：调整原色通道的增益，影响原色通道的亮度。斜率大于 1 时，增加通道的亮度；斜率小于 1 时，减少通道的亮度。
- **偏移**：调整原色通道的偏移量，影响图像的整体亮度和色偏。偏移值大于 0 时，增强该颜色的强度；偏移值小于 0 时，降低该颜色的强度。
- **功率**：使用指数函数来非线性调整原色通道的亮度，尤其是中间调区域。功率值大于 1 时，非线性降低该颜色的强度；功率值小于 1 时，非线性增加该颜色的强度。
- **饱和度**：用于提升和降低图像整体的色彩鲜艳程度。值为 0 时，图像变为灰度图像。

3.3 智能校正色彩

AI 的引入让色彩校正变得更加智能和高效。Adobe Premiere Pro 2025 中的一些智能校正功能可以帮助用户快速实现专业的色彩调整，特别适用于那些没有深厚色彩调整经验的用户，或者需要快速处理大量素材的场景。

3.3.1 自动调整视频色调

自动调整视频色调

在 Adobe Premiere Pro 2025 中，打开“Lumetri 颜色”面板，使用“自动”功能可以自动调整视频色调。原图与效果对比如图 3-50 所示。

图 3-50 原图与效果对比

下面介绍自动调整视频色调的操作方法。

Step 01 打开一个项目文件，在“时间轴”面板中，选择视频素材，如图 3-51 所示。

Step 02 打开“Lumetri 颜色”面板，❶展开“基本校正”选项；❷单击“自动”按钮，如图 3-52 所示。

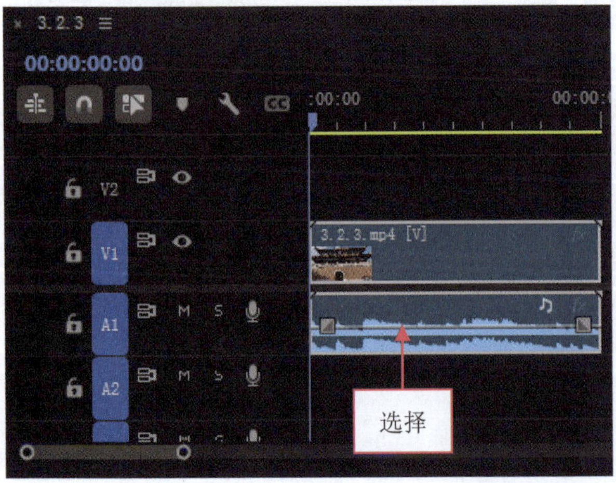

图 3-51 选择视频素材

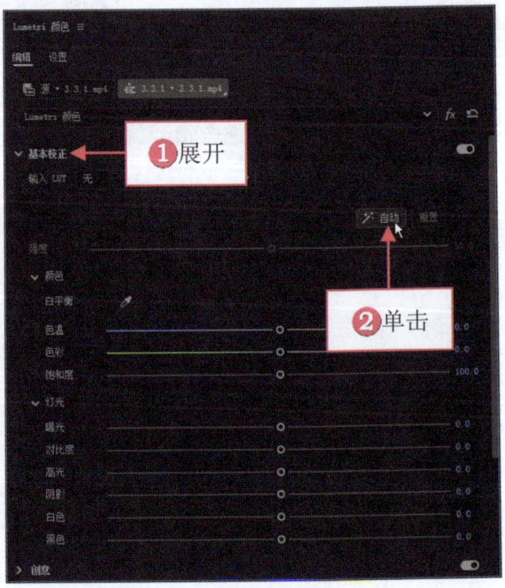

图 3-52 单击“自动”按钮

Step 03 执行操作后，即可自动调整各项参数，如图 3-53 所示。

Step 04 需要注意的是，“自动”功能调整的只是微调效果，如果用户想加强调色效果，①可以将“强度”参数调到最大值；②或者适当提升“饱和度”参数，如图 3-54 所示，使画面色彩更加浓郁一些。至此，完成调色操作。

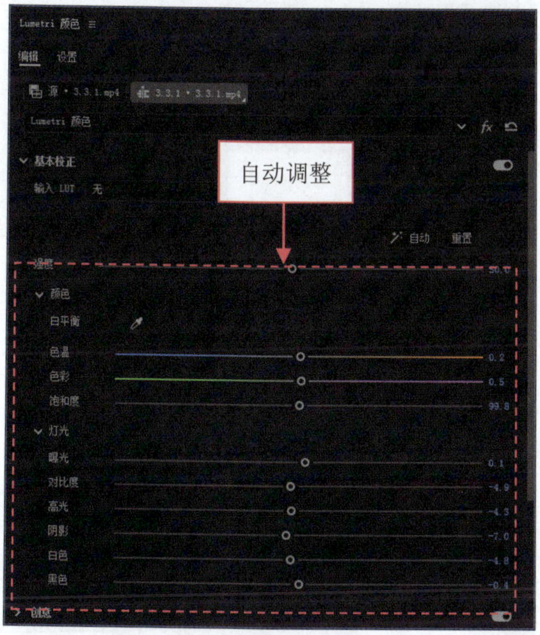

图 3-53　自动调整各项参数

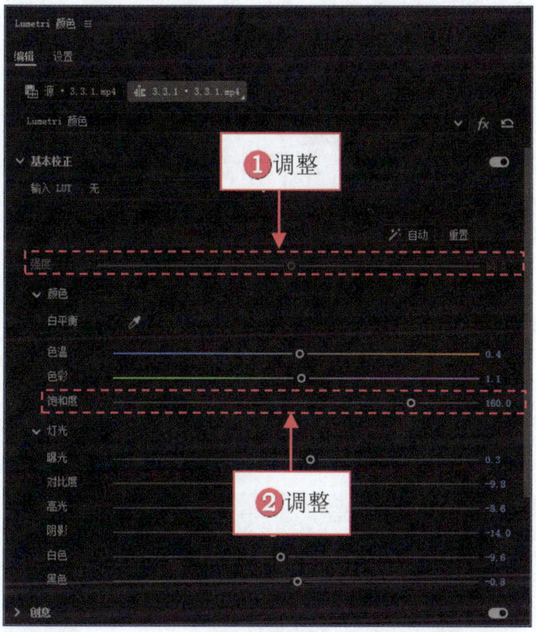

图 3-54　调整“强度”或“饱和度”参数

3.3.2　智能转换灰度图像

智能转换灰度图像

将彩色图像转换为灰度图像常用于创作黑白效果。在 Adobe Premiere Pro 2025 中，使用“黑白”视频效果，可以智能判断图像中的重要元素并自动进行色彩剖析，将彩色转为灰度图像，制作出黑白效果。原图与效果对比如图 3-55 所示。

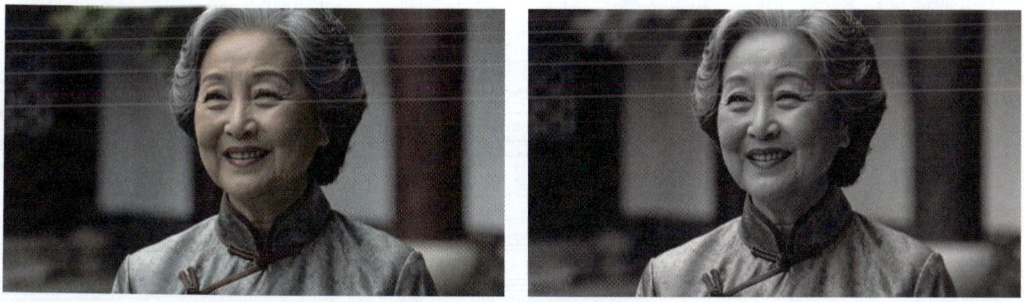

图 3-55　原图与效果对比

下面介绍智能转换灰度图像的操作方法。

Step 01 打开一个项目文件，在“时间轴”面板中，选择视频素材，如图 3-56 所示。

Step 02 在“效果”面板中，①展开“视频效果”|“图像控制”选项；②选择“黑白”视频效果，如图 3-57 所示。

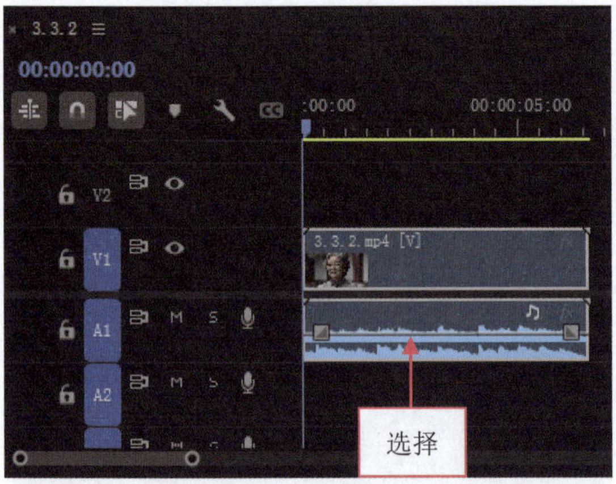

图 3-56　选择视频素材

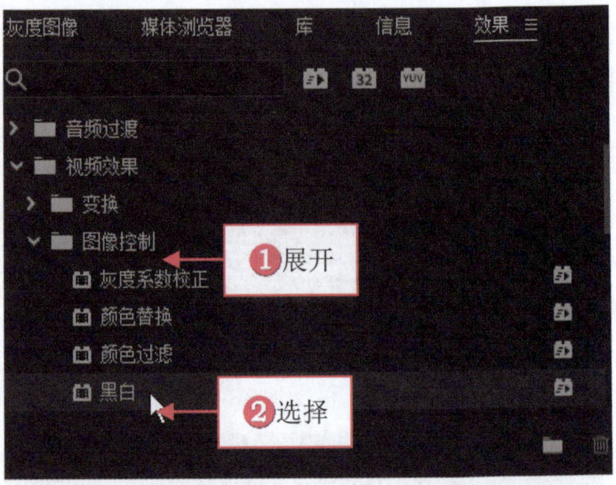

图 3-57　选择“黑白”视频效果

Step 03　按住鼠标左键并拖曳“黑白”视频效果至“时间轴”面板中的素材文件上，如图 3-58 所示，释放鼠标即可添加视频效果。

Step 04　选择 V1 轨道上的素材，在“效果控件”面板中，可以查看添加的“黑白”视频效果，在其中保持默认设置即可，如图 3-59 所示。至此，完成调色操作。

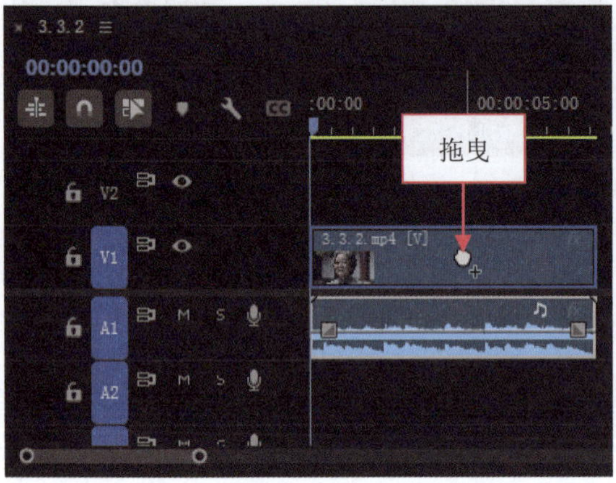

图 3-58　拖曳“黑白”视频效果

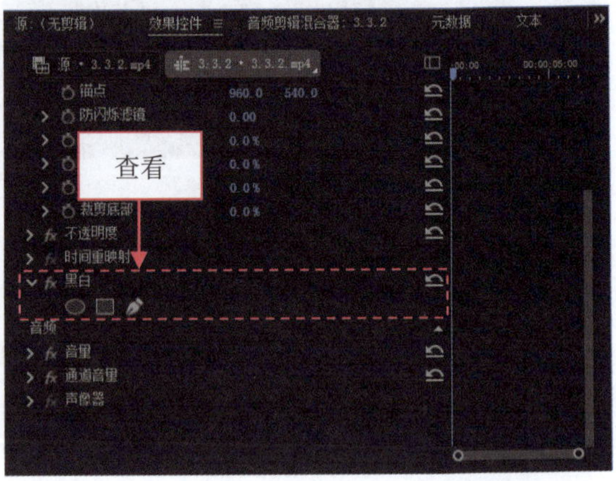

图 3-59　查看添加的“黑白”视频效果

3.3.3　智能过滤指定颜色

在 Adobe Premiere Pro 2025 中，使用“颜色过滤”视频效果可以智能过滤视频中的某些特定颜色，例如过滤背景中的绿色或蓝色，使人物或其他元素更加突出。原图与效果对比如图 3-60 所示。

智能过滤指定颜色

下面介绍智能过滤指定颜色的操作方法。

Step 01　打开一个项目文件，在“时间轴”面板中，选择第 2 段视频素材，如图 3-61 所示。

Step 02　在“效果”面板中，❶展开“视频效果”|“图像控制”选项；❷选择“颜色过滤”视频效果，如图 3-62 所示。

Step 03　按住鼠标左键并拖曳“颜色过滤”视频效果至“时间轴”面板中的第 2 段视频素材上，如图 3-63 所示，释放鼠标即可添加视频效果。

图 3-60　原图与效果对比

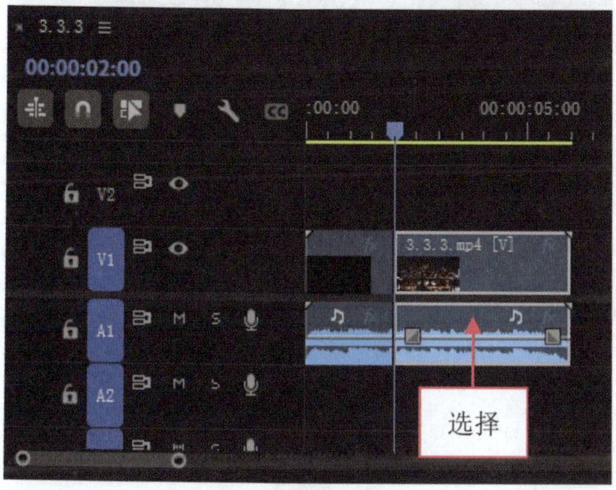

图 3-61　选择第 2 段视频素材

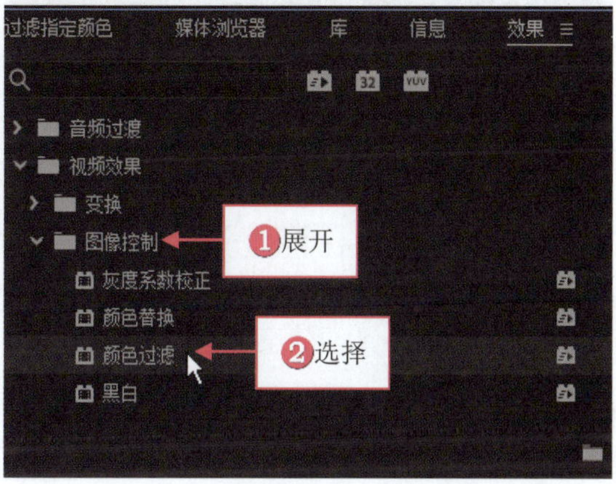

图 3-62　选择“颜色过滤”视频效果

Step 04　选择添加效果后的素材，在“效果控件”面板中，❶展开“颜色过滤”选项；❷单击“颜色”右侧的吸管图标，如图 3-64 所示。

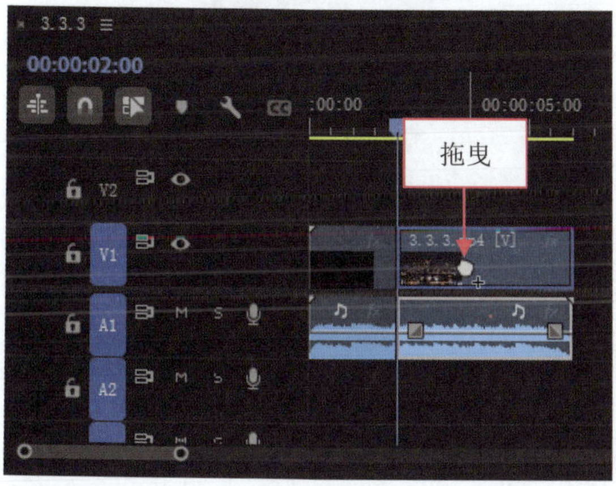

图 3-63　拖曳“黑白”视频效果

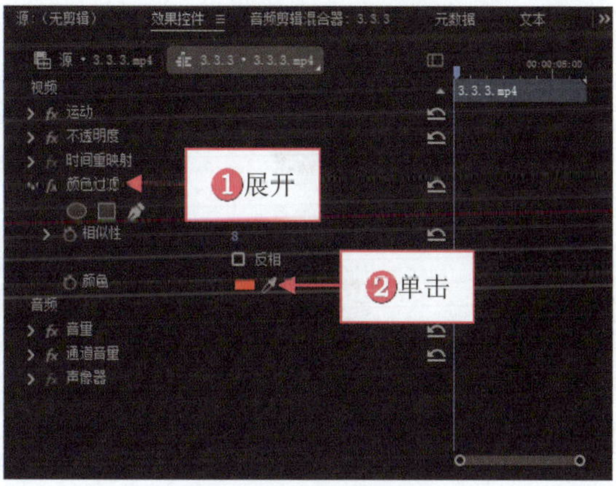

图 3-64　单击吸管图标

Step 05　在“节目监视器”面板中，单击画面中的蓝色部分进行取色，如图 3-65 所示。

Step 06　返回“效果控件”面板，❶设置“相似性”为 50.0，调整取色范围；❷选中“反相”复选框，表示过滤选取的蓝色，如图 3-66 所示。至此，完成调色操作。

图 3-65　进行取色

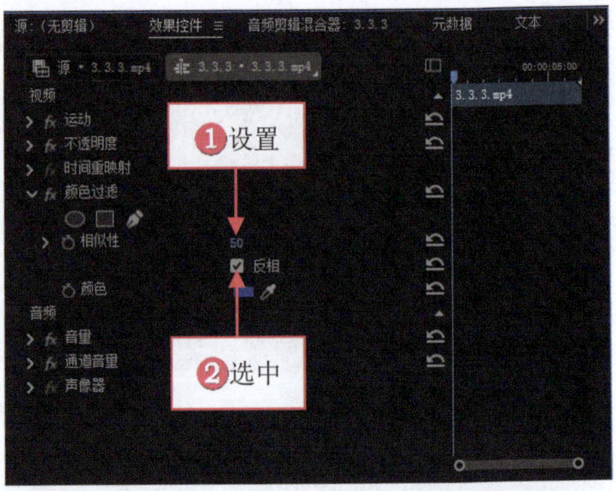

图 3-66　选中“反相”复选框

3.3.4　智能替换指定颜色

智能替换指定颜色

在 Adobe Premiere Pro 2025 中，使用“颜色替换”视频效果可以将视频中的某些颜色智能替换为用户指定的颜色，方便进行创意化色彩调整或修正不合适的颜色。原图与效果对比如图 3-67 所示。

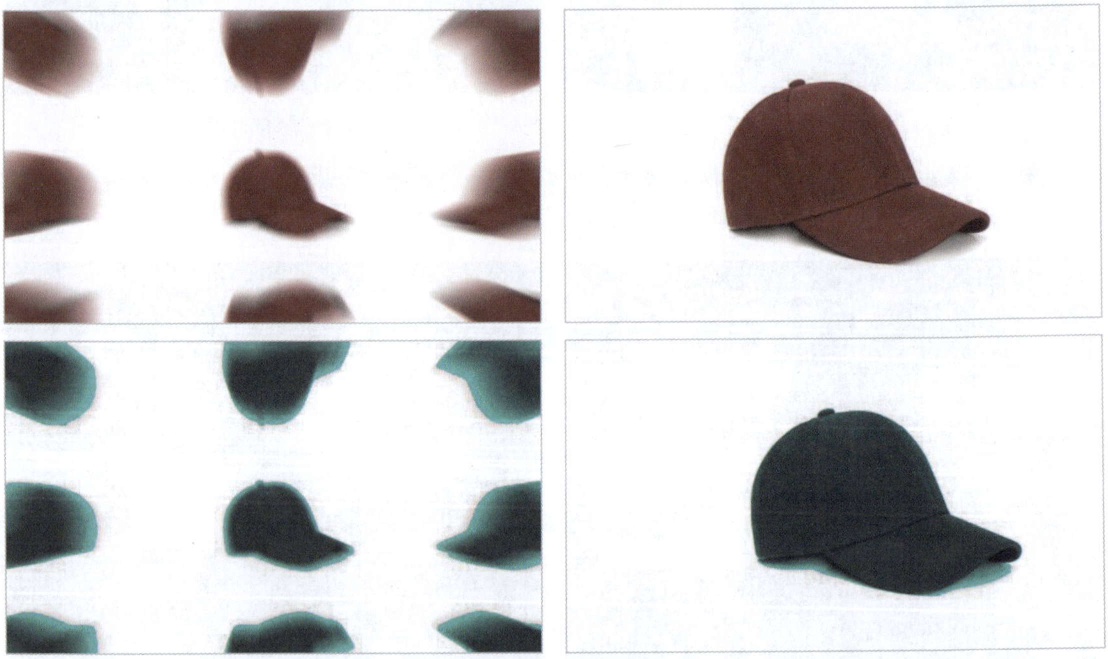

图 3-67　原图与效果对比

下面介绍智能过滤指定颜色的操作方法。

Step 01　打开一个项目文件，在“时间轴”面板中，选择视频素材，如图 3-68 所示。

Step 02　在“效果”面板中，❶展开“视频效果”|“图像控制”选项；❷选择“颜色替换”视频效果，如图 3-69 所示。

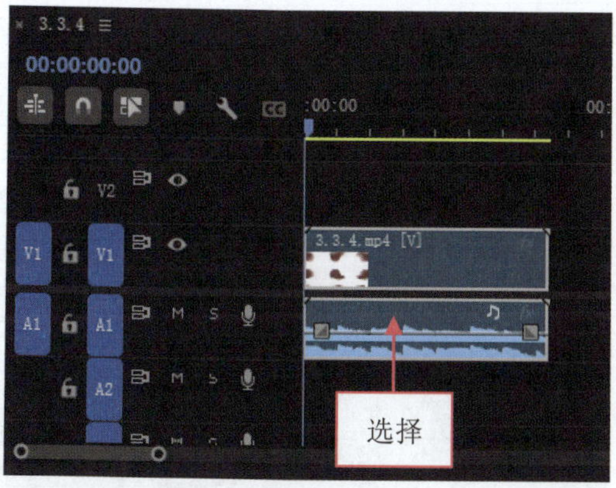

图 3-68 选择视频素材

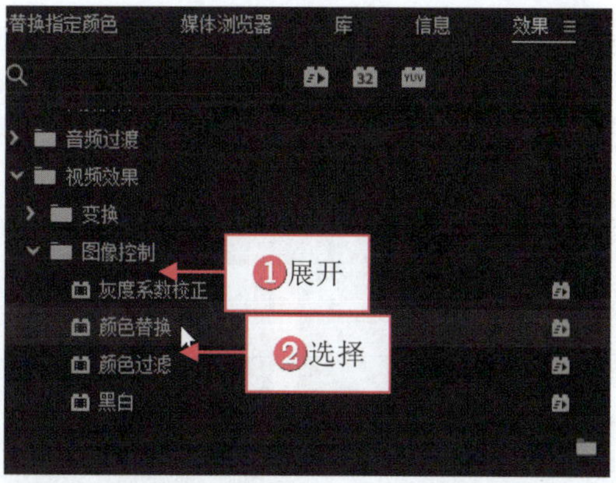

图 3-69 选择“颜色替换”视频效果

Step 03 按住鼠标左键并拖曳“颜色替换”视频效果至“时间轴”面板中的素材文件上，如图 3-70 所示，释放鼠标即可添加视频效果。

Step 04 选择 V1 轨道上的素材，在“效果控件”面板中，❶展开“颜色替换”选项；❷单击“目标颜色”右侧的吸管图标，如图 3-71 所示。

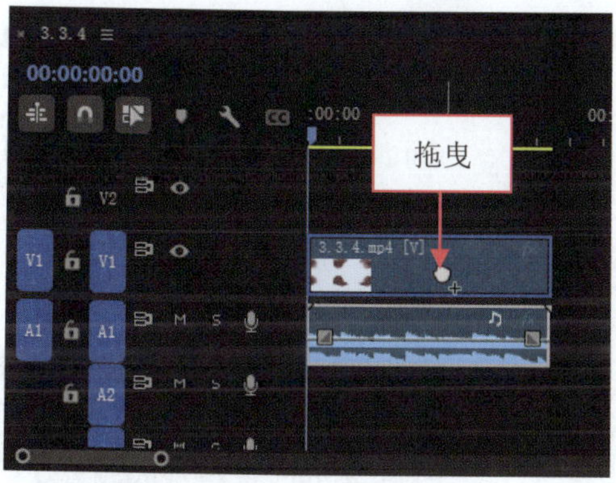

图 3-70 拖曳“黑白”视频效果

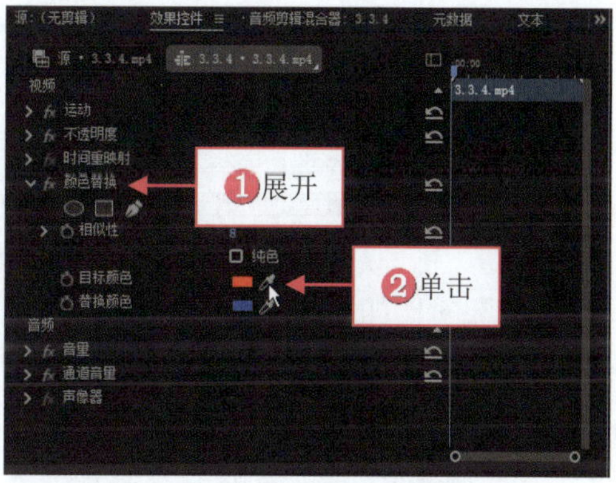

图 3-71 单击吸管图标

Step 05 在“节目监视器”面板中，单击画面中的红色帽子进行取色，如图 3-72 所示。

Step 06 返回“效果控件”面板，❶设置“相似性”为 70.0，调整取色范围；❷单击“替换颜色”右侧的颜色色块，如图 3-73 所示。

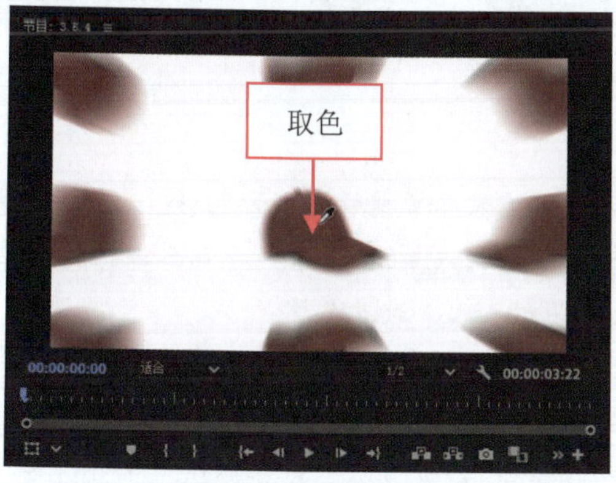

图 3-72 进行取色

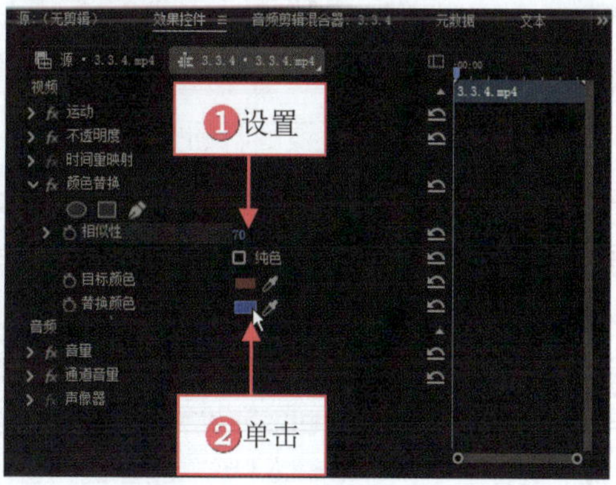

图 3-73 单击颜色色块

Step07 弹出“拾色器”对话框，拖曳色条上的滑块，至需要的颜色位置处释放鼠标左键，如图 3-74 所示。

Step08 单击“确定”按钮，即可设置替换颜色，如图 3-75 所示。至此，完成调色操作。

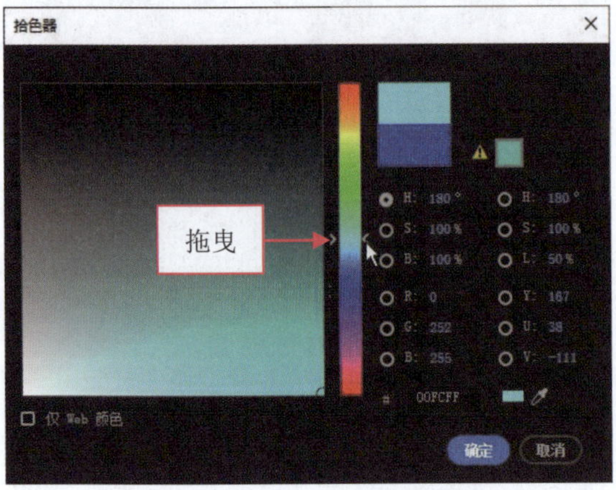

图 3-74　拖曳色条上的滑块

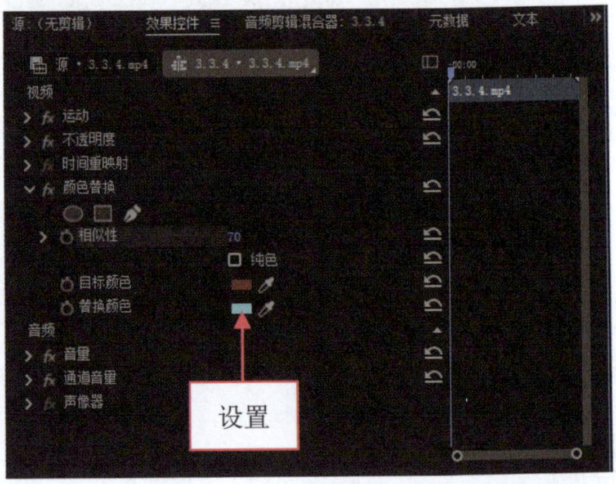

图 3-75　设置替换颜色

3.3.5　智能匹配视频色彩

智能匹配视频色彩

当两段需要剪辑的视频色彩色调不统一时，在 Adobe Premiere Pro 2025 的“Lumetri 颜色”面板中，使用“颜色匹配”功能，AI 将智能分析并调整需要剪辑的视频颜色，使其与参考视频的颜色风格相匹配，保持统一的色彩风格。原图与效果对比如图 3-76 所示。

图 3-76　原图与效果对比

下面介绍智能匹配视频色彩的操作方法。

Step01 打开一个项目文件，在“节目监视器”面板中，查看参考视频的画面色彩，如图 3-77 所示。

Step02 在“时间轴”面板中，❶选择需要调色的视频素材；❷拖曳播放指示器至该视频素材的任意位置，以便在“节目监视器”面板中查看调色效果，如图 3-78 所示。

Step03 打开“Lumetri 颜色”面板，❶展开“色轮和匹配”选项；❷单击“颜色匹配”右侧的“比较视图”按钮，如图 3-79 所示。

Step04 执行上述操作后，在“节目监视器”面板中，即可为参考与当前视频开启分屏对比视图，如图 3-80 所示。

图 3-77　查看参考视频的画面色彩

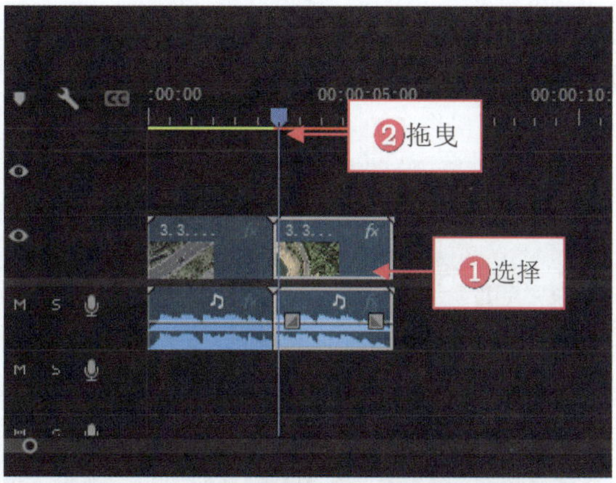

图 3-78　拖曳播放指示器的位置

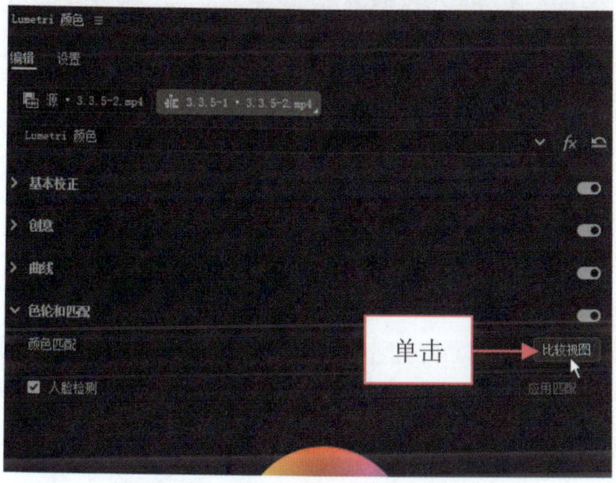

图 3-79　单击“比较视图”按钮

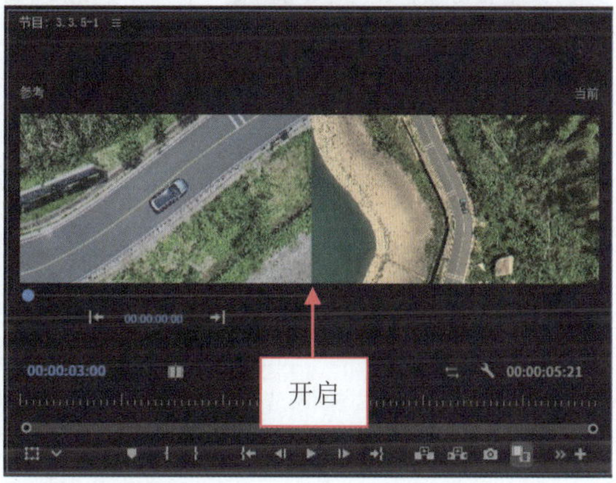

图 3-80　开启分屏对比视图

Step 05　在参考分屏下方，拖曳圆形的播放指示器至需要参考调色的位置，如图 3-81 所示，以便 AI 分析参考视频的画面色彩。

Step 06　返回“Lumetri 颜色”面板，单击“应用匹配”按钮，如图 3-81 所示，即可智能匹配参考视频的画面色彩。

图 3-81　拖曳圆形的播放指示器

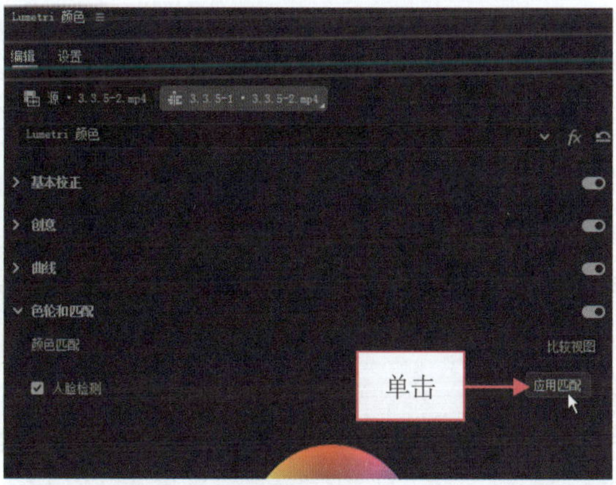

图 3-82　单击“应用匹配”按钮

Step 07 在“节目监视器”面板中，可以对比查看颜色匹配效果，如图 3-83 所示。

Step 08 返回“Lumetri 颜色”面板，再次单击“比较视图”按钮，如图 3-84 所示，关闭分屏对比视图。至此，完成调色操作。

图 3-83　对比查看颜色匹配效果

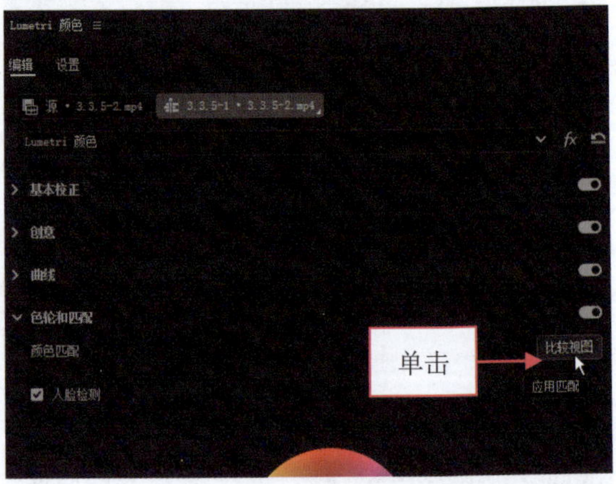

图 3-84　再次单击“比较视图”按钮

本章小结

本章主要讲述了在 Adobe Premiere Pro 2025 中进行调色的各个方面。首先介绍了色彩的基本调整操作，包括调整曝光度、对比度、饱和度、色温、阴影及高光等；其次介绍了色彩风格化调整的 3 个案例，包括调出视频的翠绿色调、日系风人像色调及古建筑橙红色调等；最后介绍了智能校正色彩的一些 AI 调色功能。通过本章的学习，读者能够更加高效地进行色彩调整，不仅提高了工作效率，还能实现更为精细的视觉效果。

课后实训

课后实训

鉴于本章知识的重要性，为了使读者更好地掌握所学知识，将通过课后实训帮助读者进行简单的知识回顾和补充。

实训任务：打开一个项目文件，为视频色彩进行基本校正。原图与效果对比如图 3-85 所示。

图 3-85　原图与效果对比

下面介绍相关的操作方法。

Step 01 打开一个项目文件，在“时间轴”面板中，选择视频素材，如图 3-86 所示。

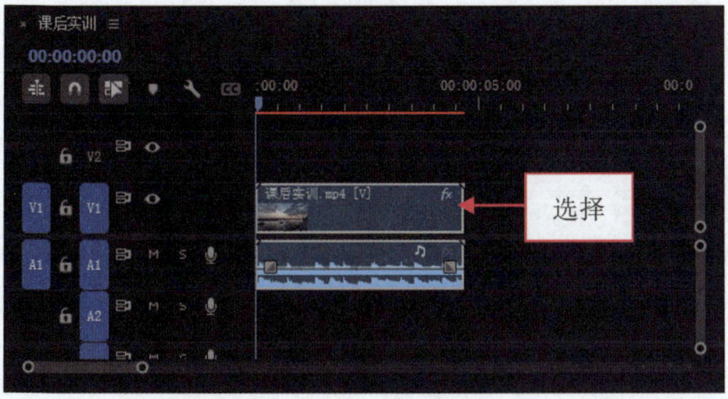

图 3-86　选择视频素材

Step 02 打开“Lumetri 颜色”面板，❶展开“基本校正”选项；❷设置“色温”为 35.0（增强画面中的暖色调）、“色彩”为 10.0（加深画面中的橙红色）、“饱和度”为 150.0（使色彩更浓）、“对比度”为 20.0（增强明暗对比度），如图 3-87 所示，优化画面中的色彩。至此，完成调色操作。

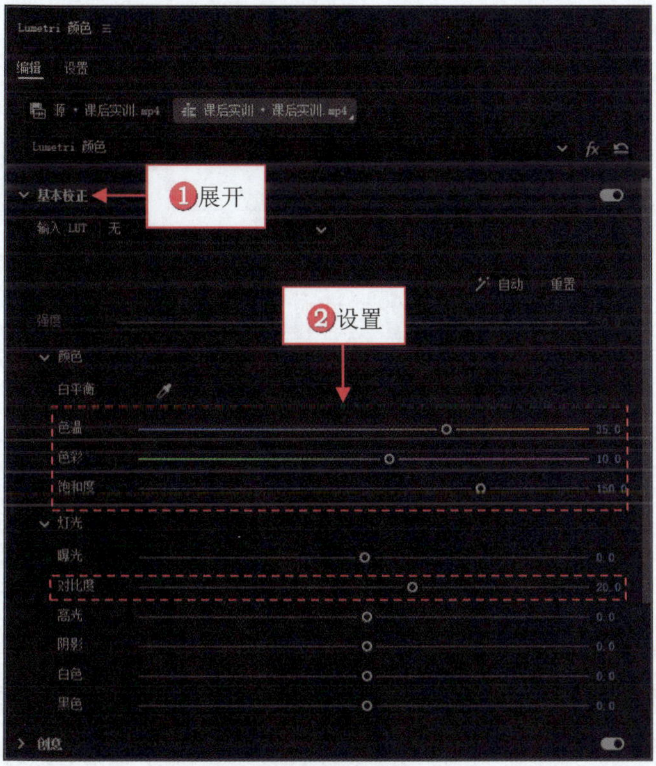

图 3-87　设置各项参数

第 4 章 视频转场过渡效果

4

转场效果在视频编辑中起到至关重要的作用，能够在镜头与镜头之间创建流畅的过渡，提升整体视觉效果。在 Adobe Premiere Pro 2025 中，合理地运用转场效果可以制作出让人赏心悦目的影视片段。本章将详细介绍添加转场效果、设置转场属性及使用 AI 智能推荐转场的操作方法。

本章重点

- 掌握添加转场效果的方法
- 熟悉设置转场属性的方法
- 熟知智能推荐转场的方法

素质目标

- 培养读者对新技术的好奇心和探索精神
- 培养读者的观察力和创造力，能够从生活中获取灵感并运用到动画制作中

4.1　添加转场效果

视频影片是由镜头与镜头之间的连接组建起来的，镜头与镜头的切换过程，难免会显得过于生硬，所以需要选择不同的转场来达到过渡效果。转场除了平滑两个镜头的过渡外，还能起到画面和视角之间的切换作用。本节将主要介绍添加转场效果的操作方法。

添加视频过渡效果

4.1.1　添加视频过渡效果

在 Adobe Premiere Pro 2025 中，转场效果被放置在“效果”面板的“视频过渡”文件夹中，用户只需将转场效果拖入视频轨道中即可。视频效果如图 4-1 所示。

图 4-1　视频效果

下面介绍添加视频过渡效果的操作方法。

Step 01　打开一个项目文件，如图 4-2 所示。

Step 02　在“效果”面板中，展开“视频过渡”选项，如图 4-3 所示，其中显示了转场类型文件夹。

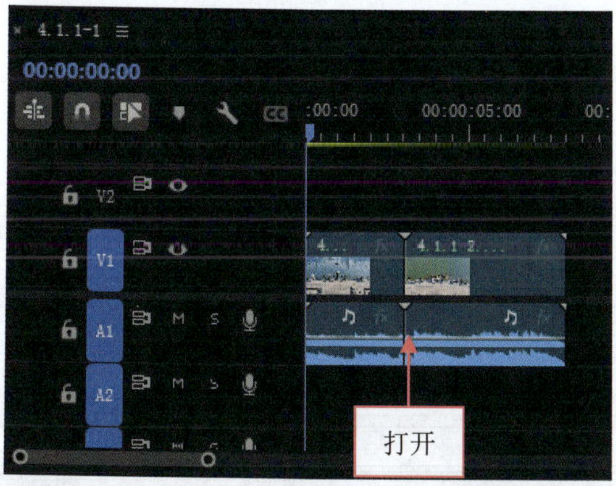

图 4-2　打开一个项目文件

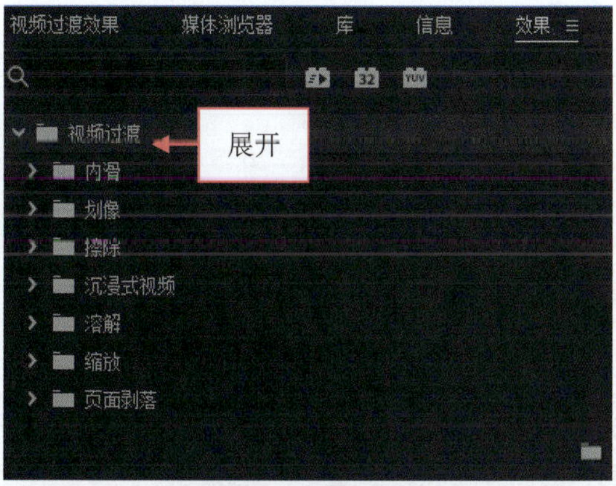

图 4-3　展开“视频过渡”选项

Step 03　❶在其中展开“内滑”选项；❷选择“内滑”效果，如图 4-4 所示。

Step 04　按住鼠标左键并将“内滑”效果拖曳至 V1 轨道的两个素材之间，如图 4-5 所示。

Step 05　当视频素材时长较短时，释放鼠标左键将弹出“过渡”提示框，单击“确定”按钮，如图 4-6 所示。

Step 06 执行操作后，即可在两个素材之间成功添加视频过渡效果，如图 4-7 所示。至此，完成视频转场的添加操作。

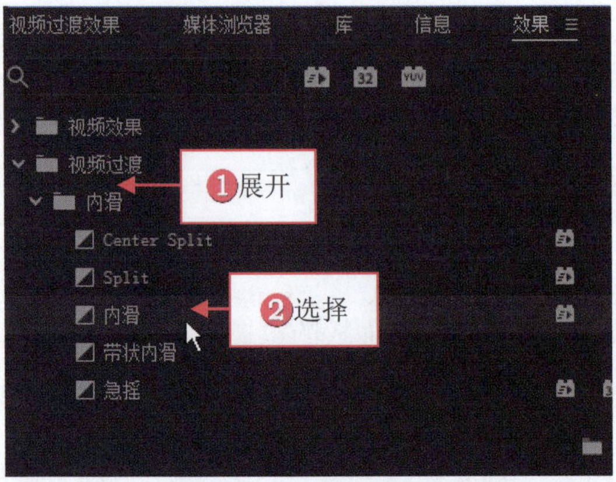

图 4-4　选择“内滑”效果

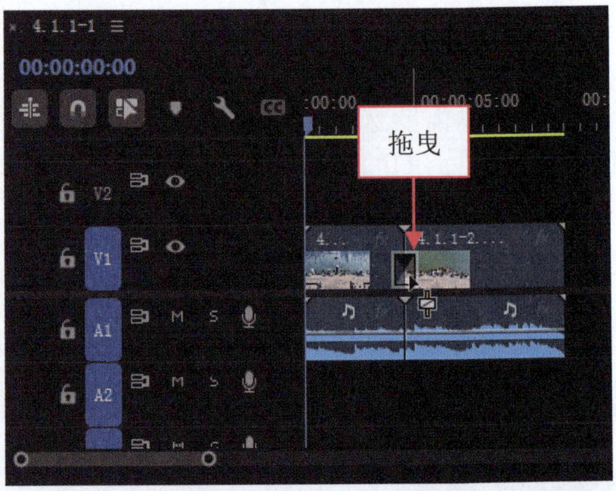

图 4-5　拖曳“内滑”效果

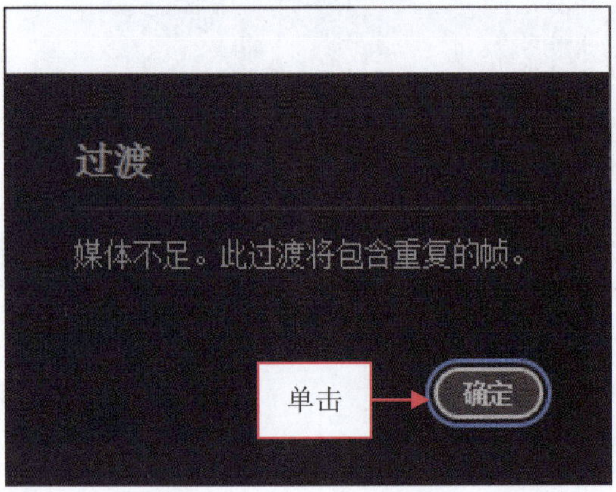

图 4-6　单击“确定”按钮

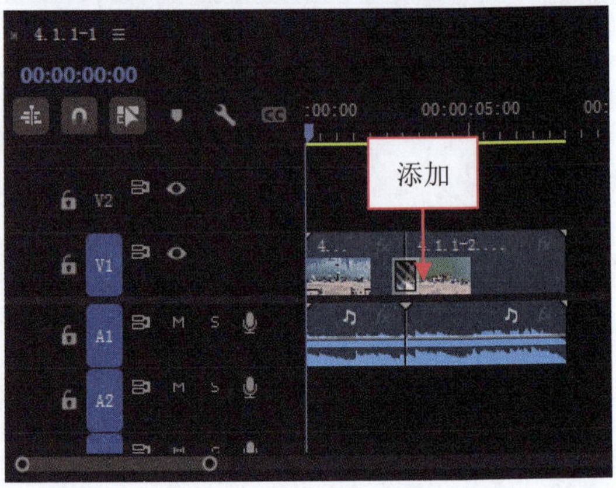

图 4-7　添加视频过渡效果

4.1.2　添加轨道转场效果

添加轨道转场效果

在 Adobe Premiere Pro 2025 中，不仅可以在同一个轨道中添加转场效果，还可以在不同的轨道中添加转场效果。视频效果如图 4-8 所示。

图 4-8　视频效果

下面介绍为不同的轨道添加转场效果的操作方法。

Step 01 打开一个项目文件，如图 4-9 所示。

Step 02 将“项目”面板中的两个素材拖曳至“时间轴”面板的 V1 轨道和 V2 轨道上，并使素材与素材之间有合适的交叉，如图 4-10 所示。

图 4-9　打开一个项目文件

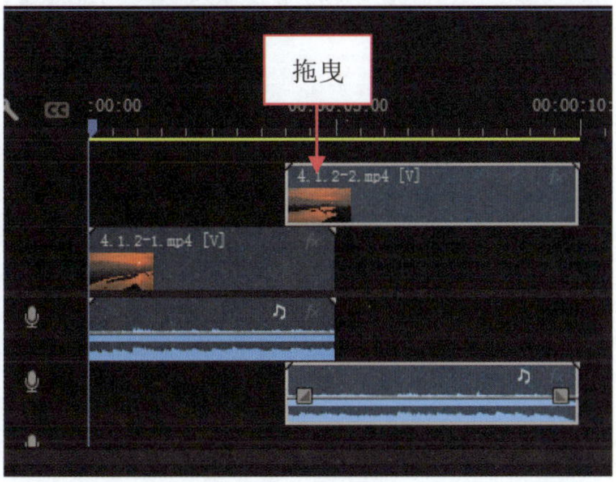

图 4-10　拖曳素材

Step 03 在“效果”面板中，❶展开“视频过渡”|“内滑”选项；❷选择“带状内滑”效果，如图 4-11 所示。

Step 04 按住鼠标左键并将“带状内滑”效果拖曳至 V2 轨道的素材上，释放鼠标左键即可添加视频过渡效果，如图 4-12 所示。

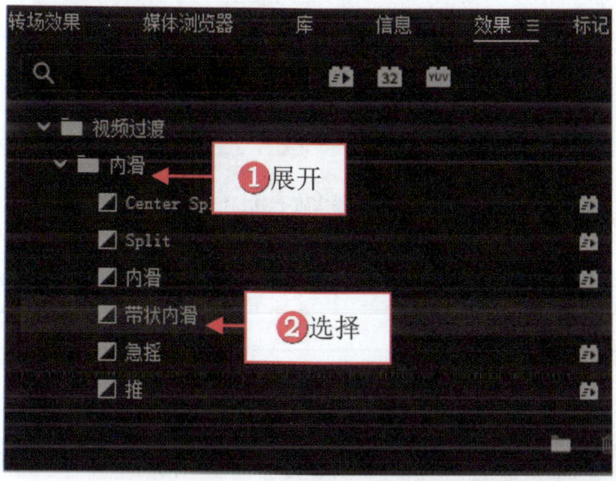

图 4-11　选择“带状内滑”效果

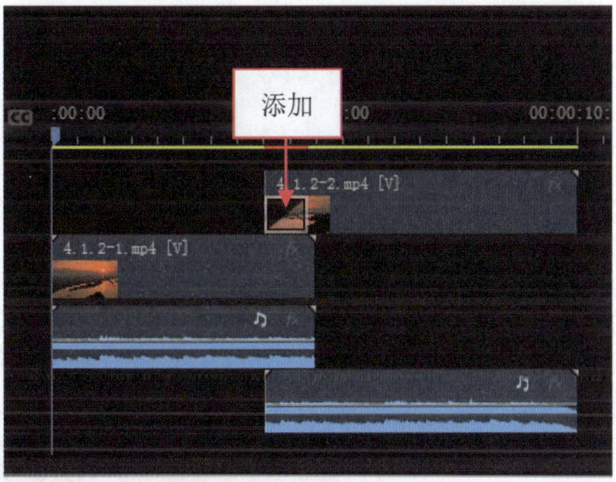

图 4-12　添加视频过渡效果

> **▶ 专家指点**
>
> 注意，这里视频过渡效果需要添加到 V2 轨道的素材上，不能加在 V1 轨道的素材上，否则播放视频时将无法显示转场画面。

Step 05 由于两段视频素材都是自带背景音乐的，为了使两段视频交叉过渡时，背景音乐也能自然过渡，在“效果”面板中，❶展开“音频过渡”|“交叉淡化”选项；❷选择“指数淡化”效果，如图 4-13 所示。

Step 06 按住鼠标左键并将“指数淡化”效果分别添加至 A1 和 A2 轨道的音频上，释放鼠标左键即可添加音频过渡效果，如图 4-14 所示。至此，完成视频转场的添加操作。

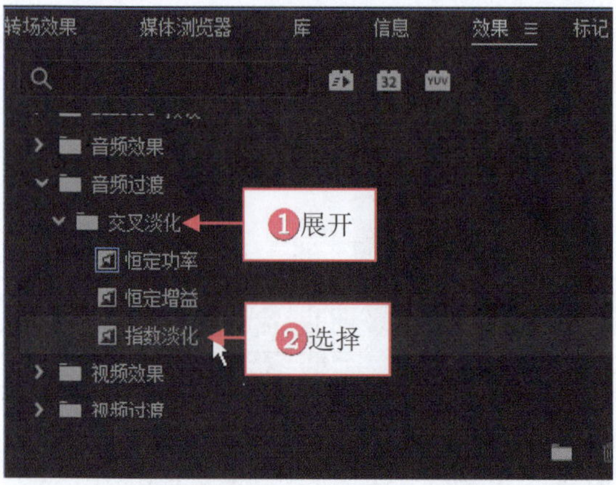

图 4-13　选择“指数淡化”效果

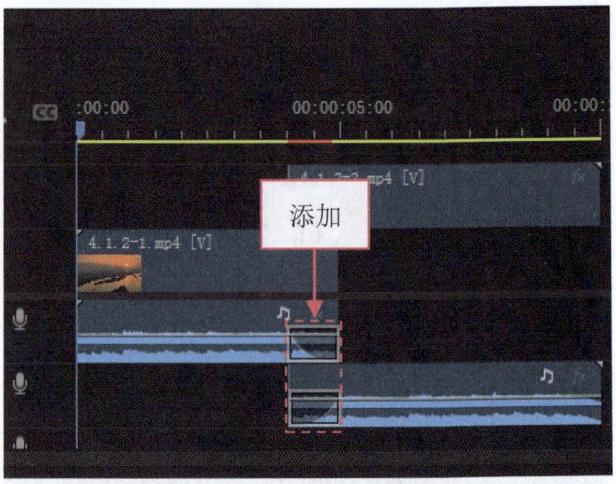

图 4-14　添加音频过渡效果

4.1.3　添加叠加溶解效果

添加叠加溶解效果

在 Adobe Premiere Pro 2025 中，“叠加溶解”效果通常用于将一个画面逐渐过渡到另一个画面，画面之间的边界变得模糊，产生柔和的视觉效果，非常适合表现情感渐变或需要缓慢过渡的镜头转换。视频效果如图 4-15 所示。

图 4-15　视频效果

下面介绍为视频添加叠加溶解效果的操作方法。

Step 01　打开一个项目文件，如图 4-16 所示。

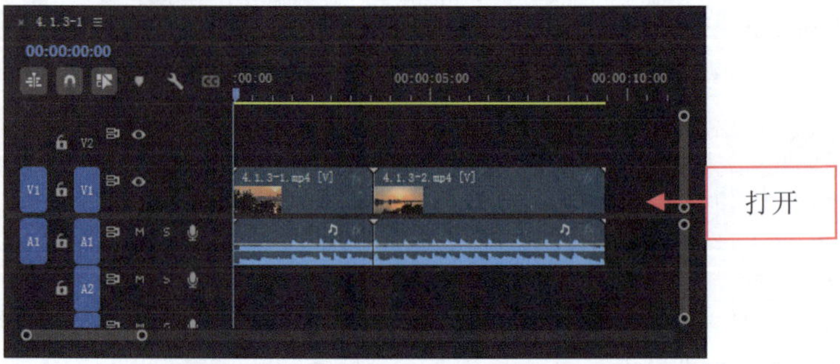

图 4-16　打开一个项目文件

Step 02　在“效果”面板中，❶展开“视频过渡”|“溶解”选项；❷选择“叠加溶解”效果，如图 4-17 所示。

Step 03　按住鼠标左键并将“叠加溶解”效果拖曳至 V1 轨道的两个素材之间，释放鼠标左键即可添加视频过渡效果，如图 4-18 所示。至此，完成视频转场的添加操作。

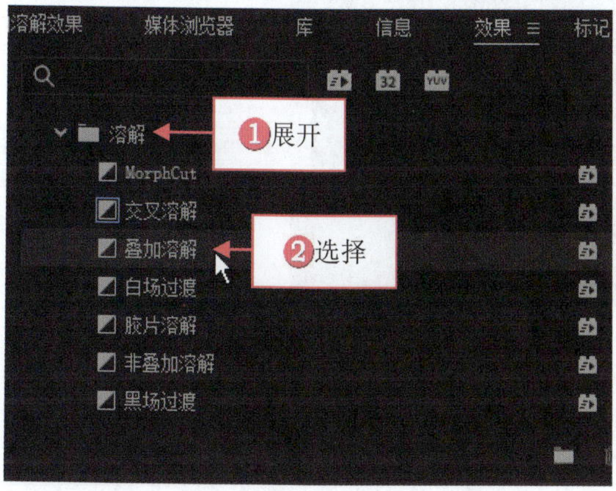

图 4-17　选择“叠加溶解”效果

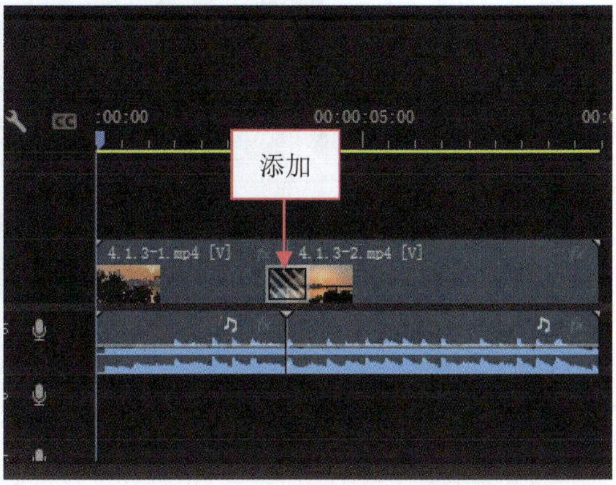

图 4-18　添加视频过渡效果

4.1.4　添加划出擦除效果

添加划出擦除效果

在 Adobe Premiere Pro 2025 中，“划出”擦除效果是指从一个镜头画面的一侧划入，显示另一个镜头画面，并从另一个镜头的另一侧逐渐划出，实现两个镜头画面之间的平滑转场。非常适用于同一个场景展现不同时间段的变化，或用于调色前后对比。视频效果如图 4-19 所示。

图 4-19　视频效果

下面介绍为视频添加叠加溶解效果的操作方法。

Step 01 打开一个项目文件，如图 4-20 所示。

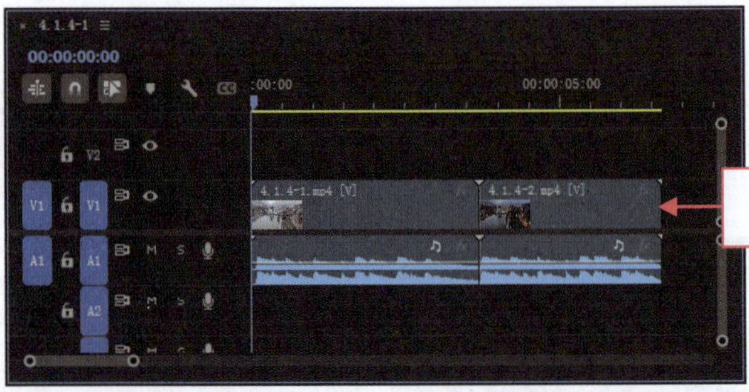

图 4-20　打开一个项目文件

Step 02 在“效果”面板中，❶展开“视频过渡”|“擦除”选项；❷选择“划出”效果，如图 4-21 所示。

Step 03 按住鼠标左键并将“划出”效果拖曳至 V1 轨道的两个素材之间，释放鼠标左键即可添加视频过渡效果，如图 4-22 所示。至此，完成视频转场的添加操作。

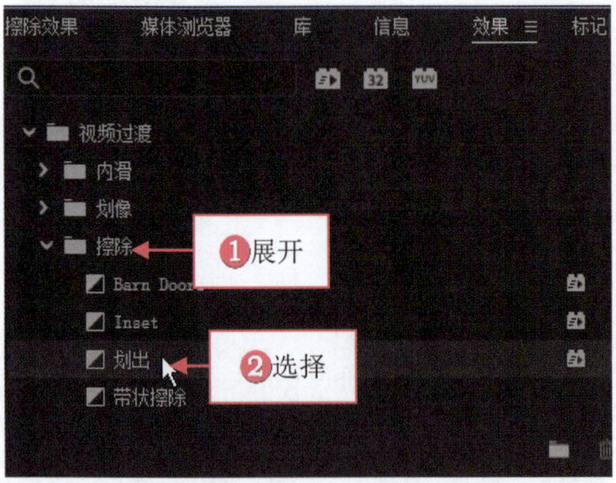

图 4-21　选择“划出”效果

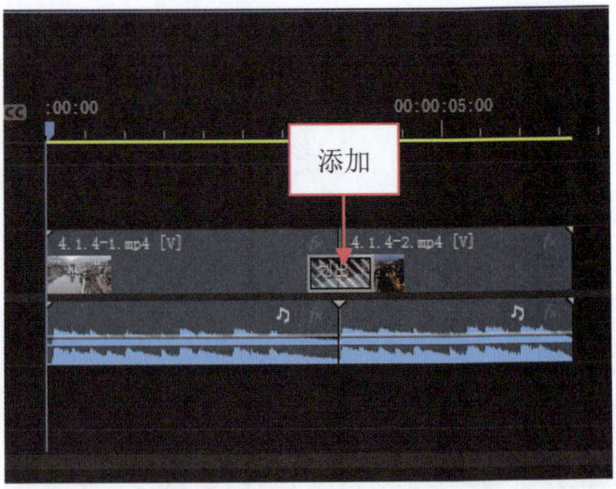

图 4-22　添加视频过渡效果

4.1.5　添加翻页转场效果

在 Adobe Premiere Pro 2025 中，“翻页”效果是将前一个镜头以翻页的形式从一角卷起，显示后一个镜头画面。视频效果如图 4-23 所示。

添加翻页转场效果

图 4-23　视频效果

下面介绍为视频添加翻页转场效果的操作方法。

Step 01 打开一个项目文件，如图 4-24 所示。

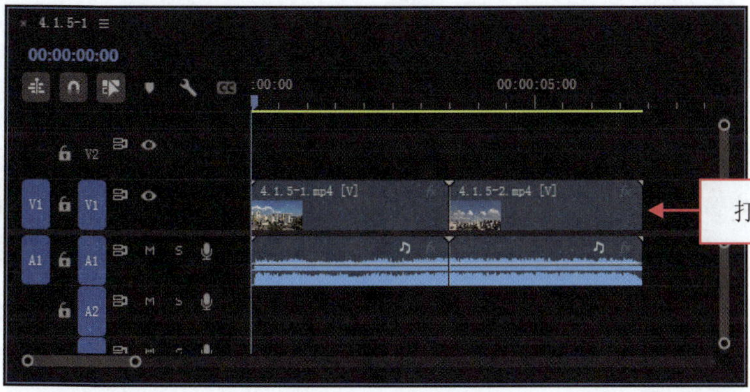

图 4-24 打开一个项目文件

Step 02 在“效果”面板中，❶展开“视频过渡”|“页面剥落”选项；❷选择“翻页”效果，如图 4-25 所示。

Step 03 按住鼠标左键并将“翻页”效果拖曳至 V1 轨道的两个素材之间，释放鼠标左键即可添加视频过渡效果，如图 4-26 所示。至此，完成视频转场的添加操作。

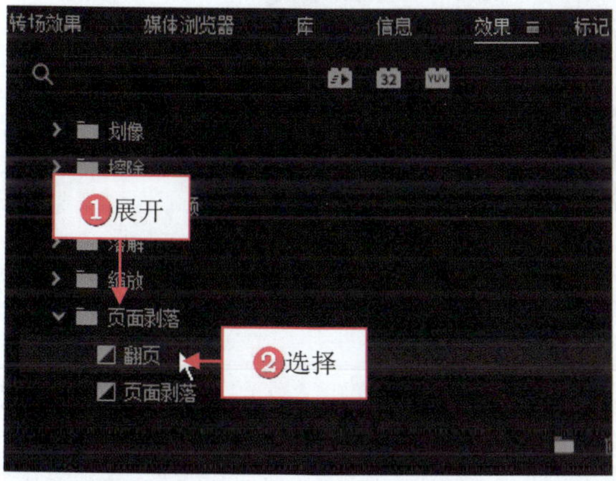

图 4-25 选择“翻页”效果

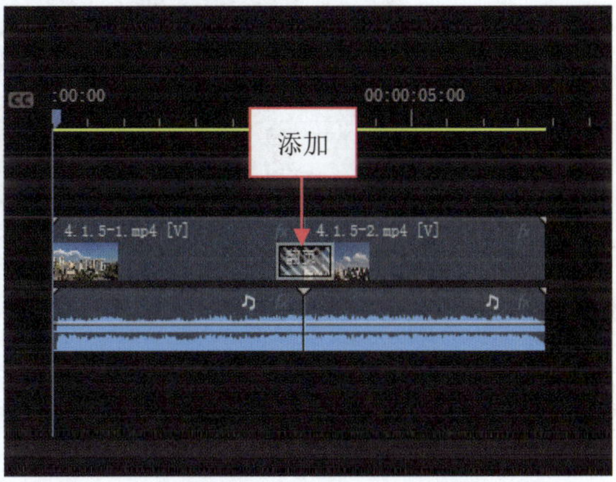

图 4-26 添加视频过渡效果

4.2 设置转场属性

在 Adobe Premiere Pro 2025 中，可以对添加后的视频过渡效果进行相应设置，从而达到美化转场的目的。本节主要介绍设置转场属性的方法。

4.2.1 替换和删除转场效果

在 Adobe Premiere Pro 2025 中，当用户发现添加的转场效果并不满意

替换和删除转场效果

时，可以替换或删除转场效果。原图与效果对比如图 4-27 所示。

图 4-27 原图与效果对比

下面介绍替换和删除转场效果的操作方法。

Step 01 打开一个项目文件，如图 4-28 所示。

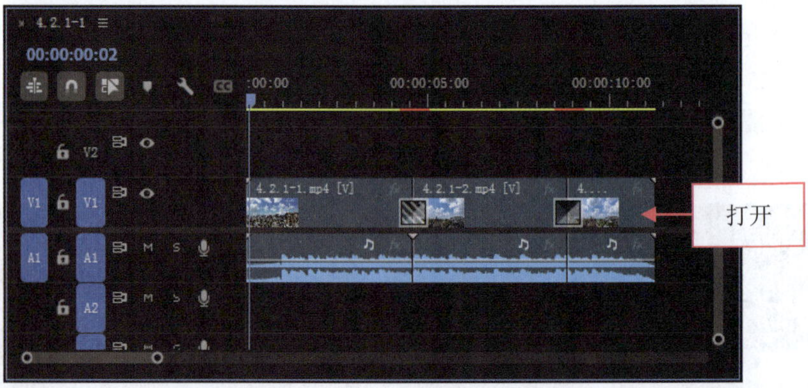

图 4-28 打开一个项目文件

Step 02 在“效果”面板中，❶展开“视频过渡”|“划像”选项；❷选择“圆划像”效果，如图 4-29 所示。

Step 03 按住鼠标左键并将“圆划像”效果拖曳至 V1 轨道的第 1 个转场上，如图 4-30 所示，释放鼠标左键即可替换转场效果。

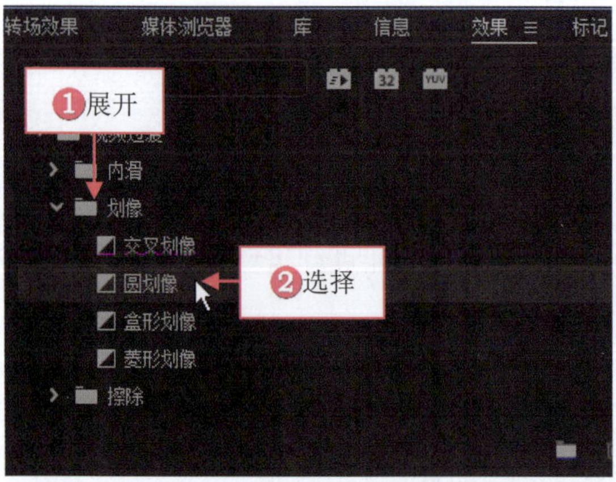

图 4-29 选择“圆划像”效果

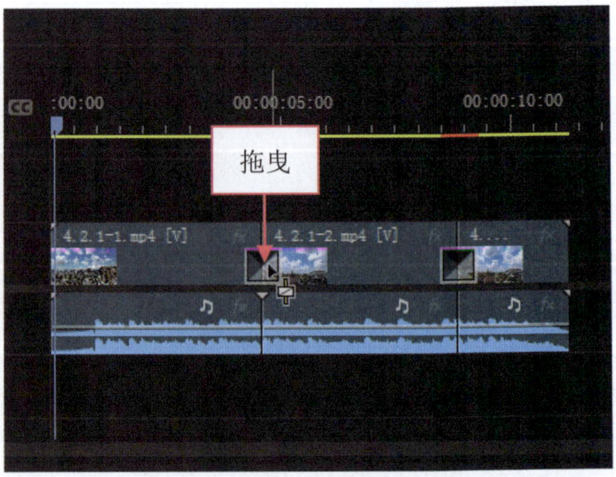

图 4-30 拖曳“圆划像”效果

Step 04　在第 2 个转场上，单击鼠标右键，在弹出的快捷菜单中选择“清除”选项，如图 4-31 所示。

Step 05　执行操作后，即可删除第 2 个转场效果，如图 4-32 所示。

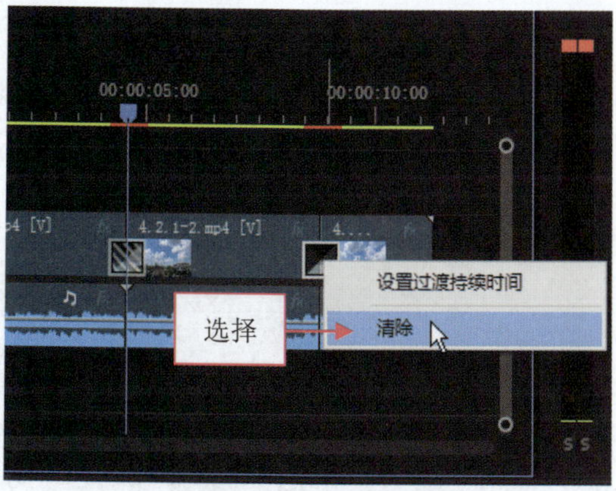

图 4-31　选择“清除”选项

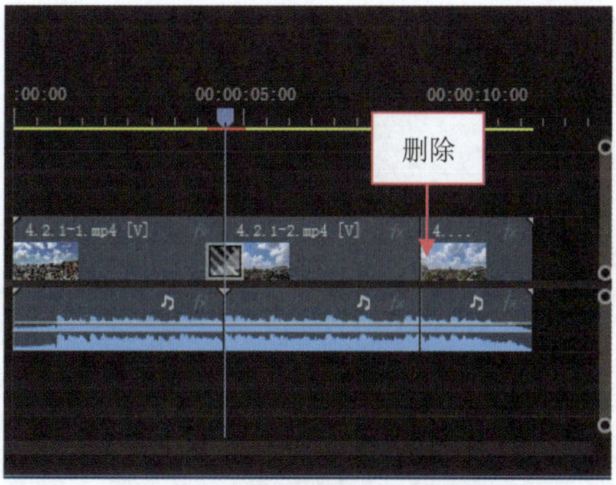

图 4-32　删除第 2 个转场效果

4.2.2　设置转场的播放时间

设置转场的播放时间

在 Adobe Premiere Pro 2025 中，如果用户觉得转场时间过短或过长，可以在“效果控件”面板中根据需要设置转场的播放时间。视频效果如图 4-33 所示。

图 4-33　视频效果

下面介绍设置转场播放时间的操作方法。

Step 01　打开一个项目文件，选择转场，如图 4-34 所示。

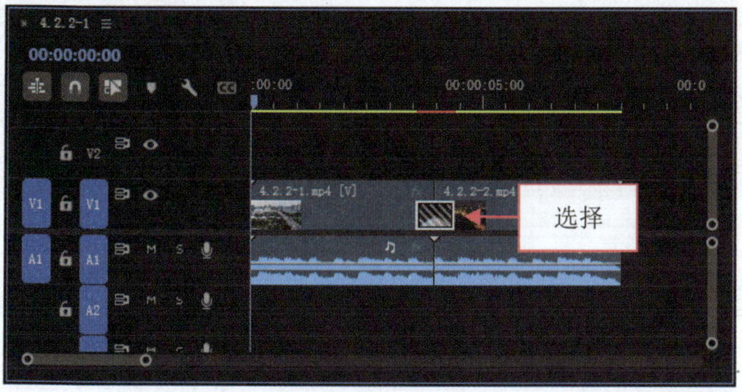

图 4-34　选择转场

Step 02 在“效果控件”面板中，设置“持续时间”为 00:00:02:00，如图 4-35 所示。

Step 03 执行操作后，即可加长转场的播放时间，如图 4-36 所示。

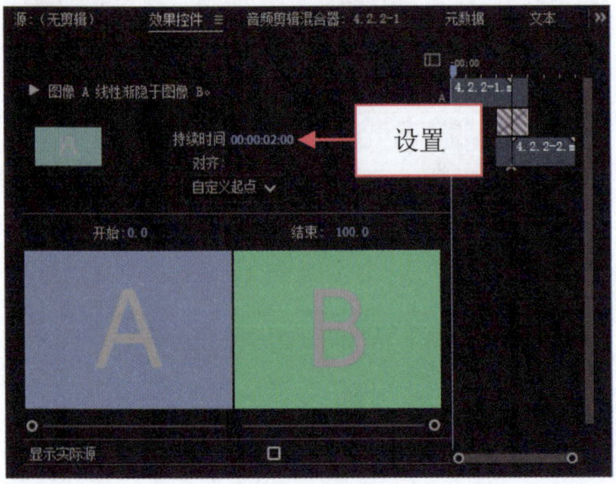

图 4-35　设置“持续时间”参数

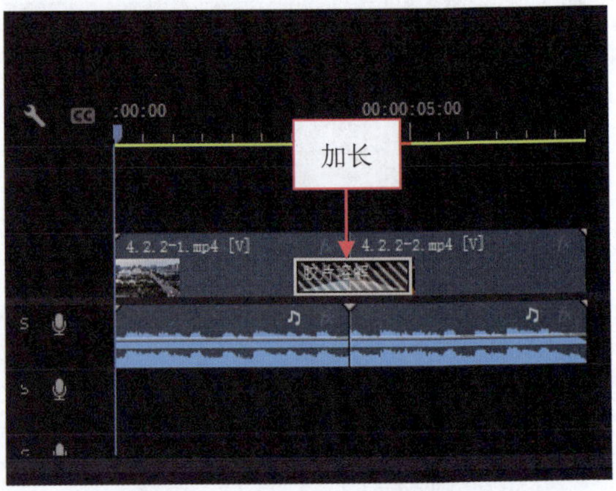

图 4-36　加长转场的播放时间

4.2.3　设置反向转场效果

设置反向转场效果

在 Adobe Premiere Pro 2025 中，反向转场效果是指将已有的转场效果反向应用，能够创造出不同的视觉效果。原图与效果对比如图 4-37 所示。

图 4-37　原图与效果对比

下面介绍设置反向转场效果的操作方法。

Step 01 打开一个项目文件，选择转场，如图 4-38 所示。

Step 02 在“效果控件”面板中，选中“反向”复选框，如图 4-39 所示，即可反向播放转场。

图 4-38　选择转场

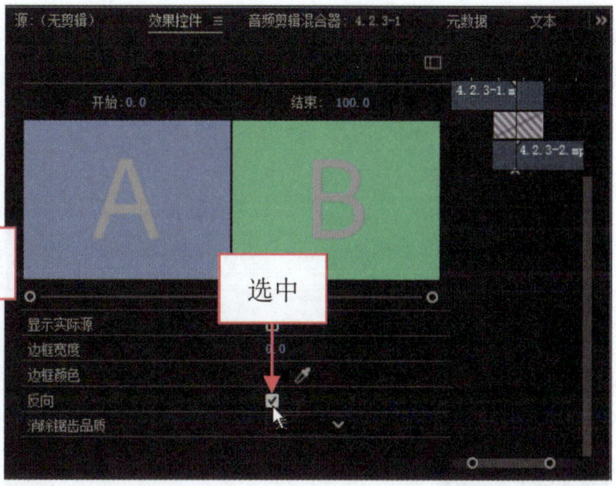

图 4-39　选中“反向”复选框

4.3　智能推荐转场

智能推荐转场

AI 技术的支持，使得转场效果不仅仅是由用户手动选择。在 Adobe Premiere Pro 2025 中，用户可以通过“应用视频过渡”功能的智能性，让 AI 根据视频的内容和情感自动推荐合适的转场效果。视频效果如图 4-40 所示。

图 4-40　视频效果

下面介绍智能推荐转场的操作方法。

Step 01　打开一个项目文件，拖曳播放指示器至两个素材之间，如图 4-41 所示。

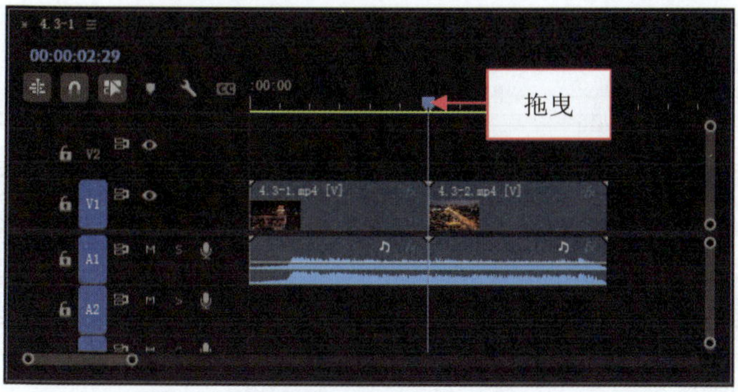

图 4-41　拖曳播放指示器至两个素材之间

Step 02 在菜单栏中，单击“序列”|“应用视频过渡”命令，如图 4-42 所示。

Step 03 执行操作后，即可在两个素材之间自动添加 AI 推荐的转场效果，如图 4-43 所示。

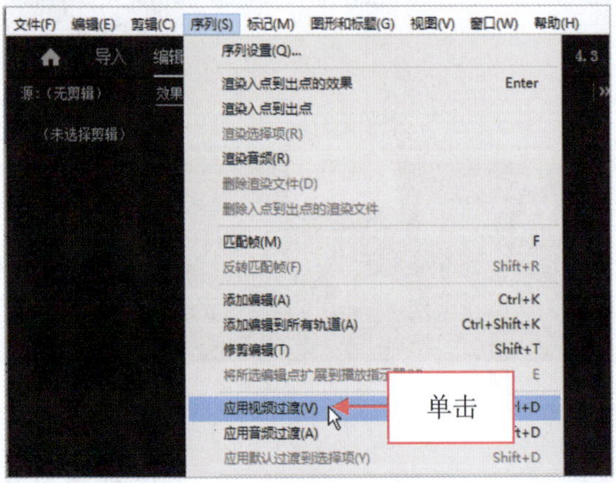

图 4-42 单击“应用视频过渡”命令

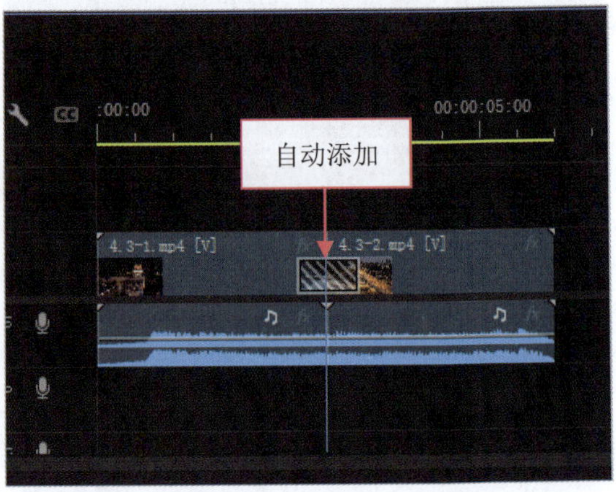

图 4-43 自动添加 AI 推荐的转场效果

本章小结

本章主要讲述了如何使用 Adobe Premiere Pro 2025 中的视频过渡效果，为视频添加转场的相关操作。首先介绍了添加转场效果的操作方法；其次介绍了设置转场属性的操作方法；最后介绍了智能推荐转场的操作方法。通过本章的学习，读者可以使视频镜头之间的过渡更加自然、流畅，并为视频作品增添创意和专业感。

课后实训

课后实训

鉴于本章知识的重要性，为了使读者更好地掌握所学知识，将通过课后实训帮助读者进行简单的知识回顾和补充。

实训任务：打开一个项目文件，在“效果控件”面板中，为已添加的转场效果设置边框。原图与效果对比如图 4-44 所示。

图 4-44 原图与效果对比

下面介绍相关的操作方法。

Step 01 打开一个项目文件，选择转场，如图 4-45 所示。

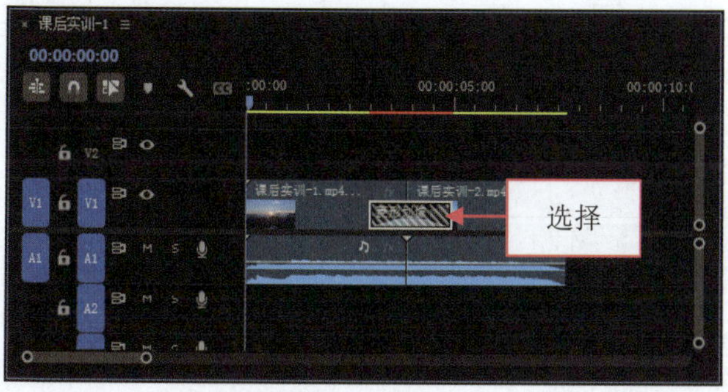

图 4-45　选择转场

Step 02 在“效果控件”面板中，①设置“边框宽度”为 10.0，使转场边框显示出来；②单击“边框颜色”右侧的颜色色块，如图 4-46 所示。

Step 03 弹出“拾色器”对话框，将圆形取色器拖曳至左下角，设置颜色为白色，如图 4-47 所示。

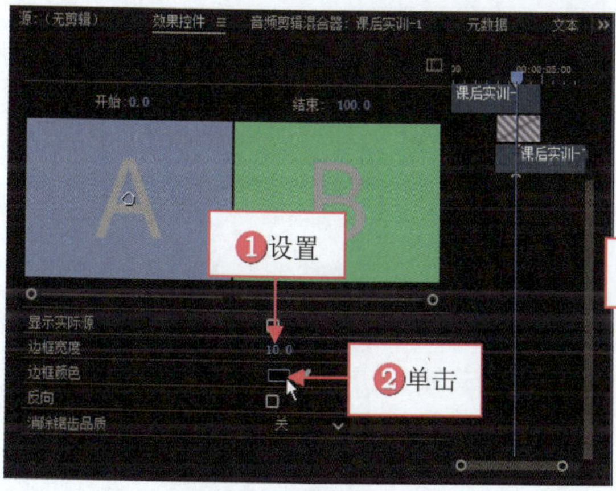

图 4-46　单击颜色色块

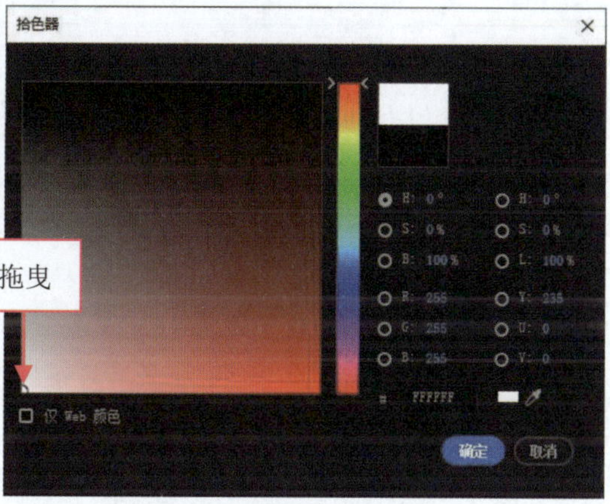

图 4-47　加长转场时间

Step 04 单击“确定”按钮，即可设置转场的边框颜色为白色，如图 4-48 所示。

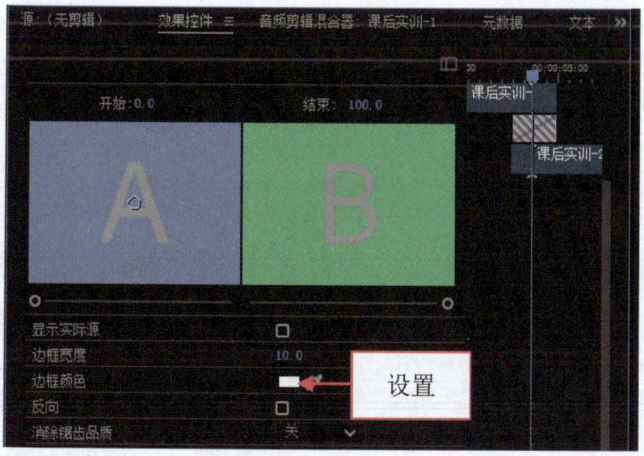

图 4-48　设置转场的边框颜色为白色

第 5 章 创造炫酷的视觉特效

5

在视频制作过程中，特效的使用能够大幅提升作品的视觉表现力。本章将详细介绍利用 Adobe Premiere Pro 2025 的 AI 技术和视频效果，创作各种炫酷的视觉特效。无论是基础的视频效果应用，还是更具创意的视频特效制作，掌握这些技能可以帮助读者提升创作效率和创意。

本章重点

- 掌握编辑视频效果的方法
- 掌握制作视频特效的方法

素质目标

- 培养读者熟练运用 AI 视觉特效工具的能力，提升创作效率
- 提升读者运用数字技术手段增强视频作品视觉表现力的创作能力

5.1　编辑视频效果

本节将重点介绍如何在 Adobe Premiere Pro 2025 中添加、编辑视频效果，例如添加单个或多个视频效果的操作方法，以及如何复制、删除、关闭视频效果的操作方法，以帮助读者轻松实现各种视觉效果，增强视频的表现力。

5.1.1　添加单个视频效果

添加单个视频效果

在 Adobe Premiere Pro 2025 中为视频添加视频效果，可以帮助用户对视频素材进行美化、修饰或产生特殊的视觉特效。原图与效果对比如图 5-1 所示。

图 5-1　原图与效果对比

下面介绍添加单个视频效果的操作方法。

Step 01　打开一个项目文件，选择视频素材，如图 5-2 所示。

Step 02　在“效果”面板中，❶展开“视频效果”|“调整”选项；❷双击“提取”效果，如图 5-3 所示。

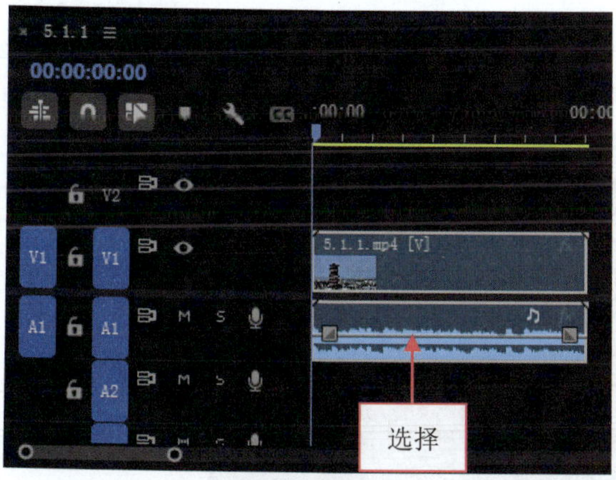

图 5-2　选择视频素材

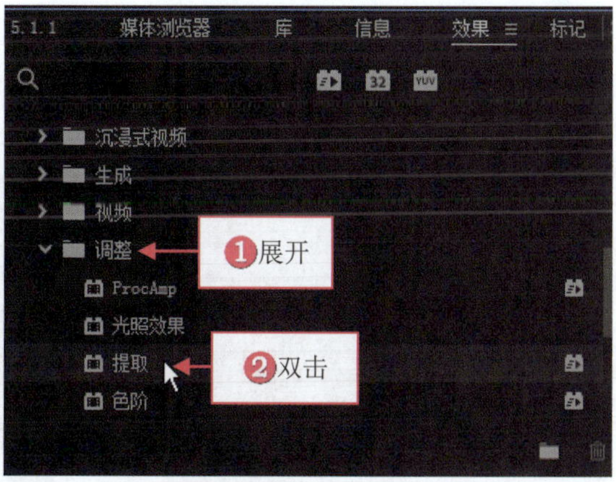

图 5-3　双击“提取”效果

Step 03　执行操作后，视频素材上的fx图标即可被点亮，表示已为视频添加“提取”效果，如图 5-4 所示。应用“提取”效果后，将通过 AI 技术智能分析视频画面，将视频中的彩色去除，留下黑白两色，制作出线性素描特效。

Step 04　在“效果控件”面板中，也可以查看到添加的单个视频效果，如图 5-5 所示。

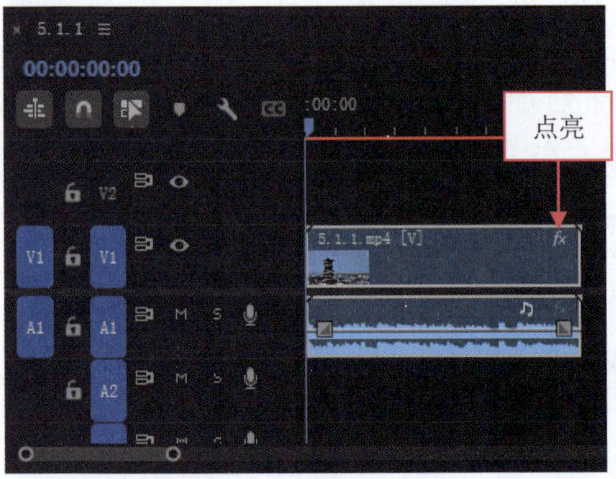

图 5-4　点亮fx图标

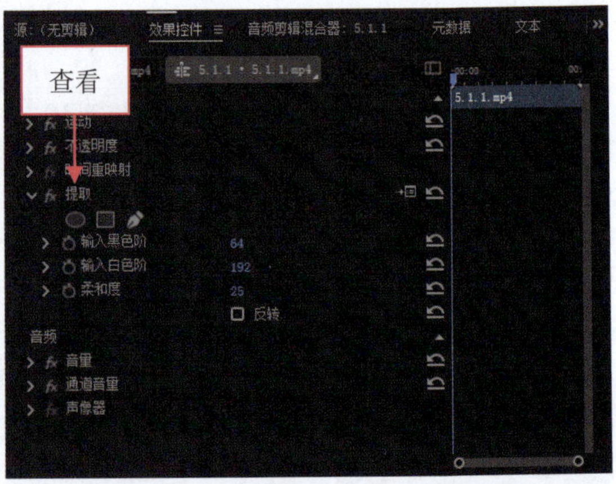

图 5-5　查看到添加的单个视频效果

▶ 专家指点

添加到“时间轴”面板的每个视频都会预先应用或内置固定效果。固定效果可控制剪辑的固有属性，用户可以在“效果控件”面板中调整所有的固定效果属性来激活它们。固定效果包括以下内容。

- **运动：** 包括多种属性，用于旋转和缩放视频，调整视频的防闪烁属性，或将这些视频与其他视频进行合成。
- **不透明度：** 允许降低视频的不透明度，用于实现叠加、淡化和溶解之类的效果。
- **时间重映射：** 允许针对视频的任何部分减速、加速、倒放或者将帧冻结。
- **音量：** 控制视频中的音频音量。

5.1.2　添加多个视频效果

在 Adobe Premiere Pro 2025 中，用户可以用上一例中介绍的操作方法，或直接将视频效果拖曳至“时间轴”面板的视频素材上，为视频添加多个视频效果，添加的视频效果将会依次显示在“效果控件”面板中，如图 5-6 所示。

添加多个视频效果

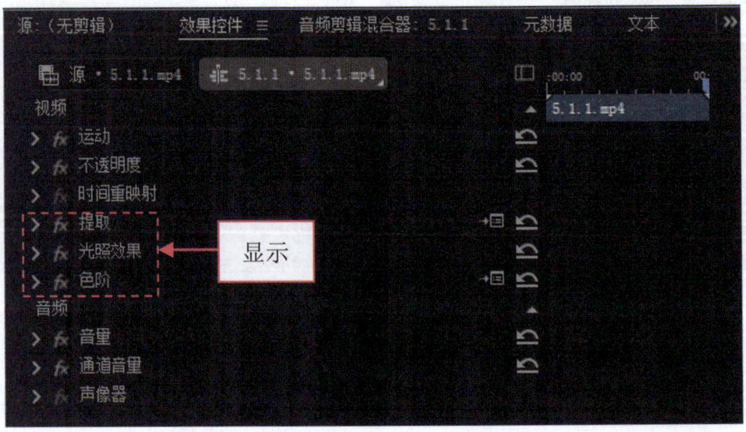

图 5-6　显示添加的多个视频效果

5.1.3　复制效果

复制效果

在 Adobe Premiere Pro 2025 中，复制效果能够帮助用户将同样的视觉效果快速应用到多个素材上，节省时间并保持一致性。原图与效果对比如图 5-7 所示。

图 5-7　原图与效果对比

下面介绍复制效果的操作方法。

Step 01　打开一个项目文件，选择第 1 段视频素材，如图 5-8 所示。

Step 02　在“效果”面板中，❶展开“视频效果”|“调整”选项；❷双击 ProcAmp（基本信号控制）效果，如图 5-9 所示，为第 1 段视频素材添加视频效果。

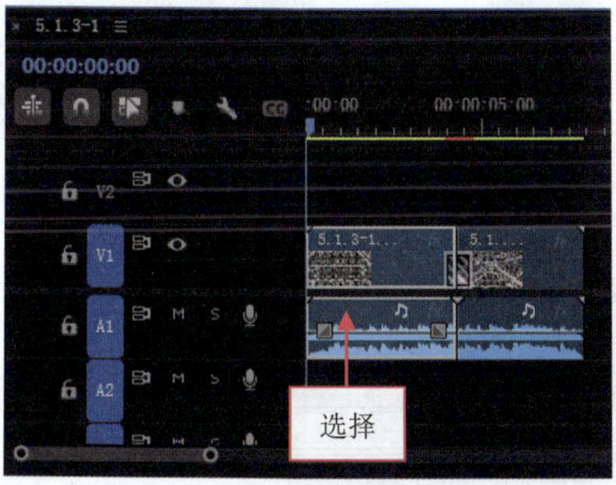

图 5-8　选择第 1 段视频素材

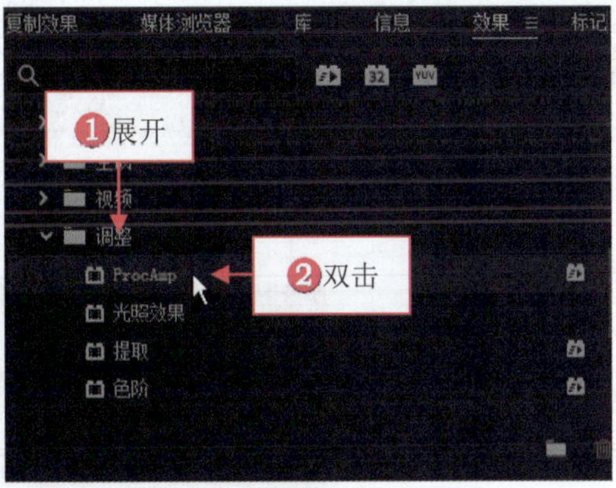

图 5-9　双击 ProcAmp 效果

Step 03　在“效果控件”面板中，设置“亮度”为 10.0（提升画面亮度）、“对比度”为 108.0（增加明暗对比度）、“饱和度”为 180.0（增加画面颜色浓度），优化画面色彩，如图 5-10 所示。

Step 04 在 ProcAmp（基本信号控制）选项上单击鼠标右键，在弹出的快捷菜单中选择“复制”选项，如图 5-11 所示。

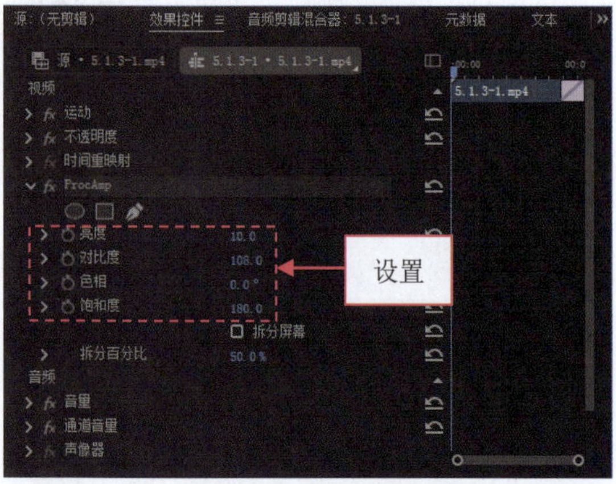

图 5-10　设置各参数

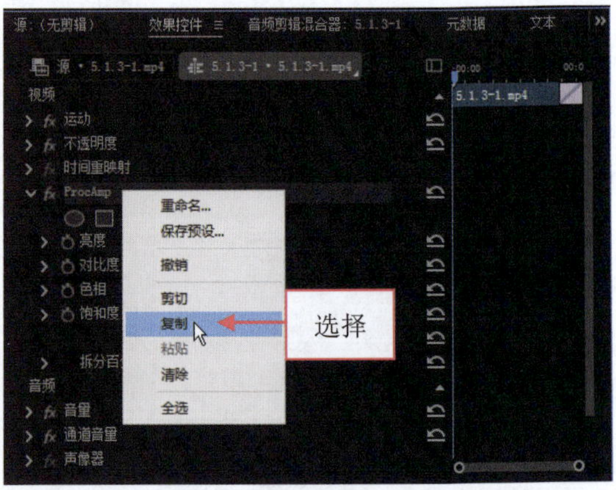

图 5-11　选择“复制”选项

Step 05 在“时间轴”面板中，选择第 2 个视频素材，如图 5-12 所示。

Step 06 在“效果控件”面板中的空白位置处，单击鼠标右键，在弹出的快捷菜单中选择“粘贴”选项，如图 5-13 所示。

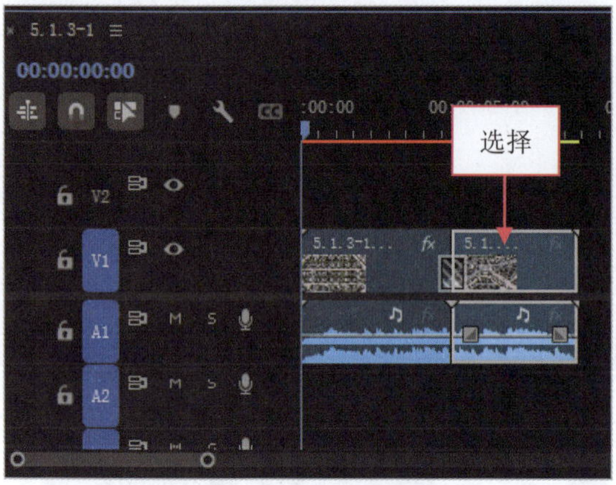

图 5-12　选择第 2 个视频素材

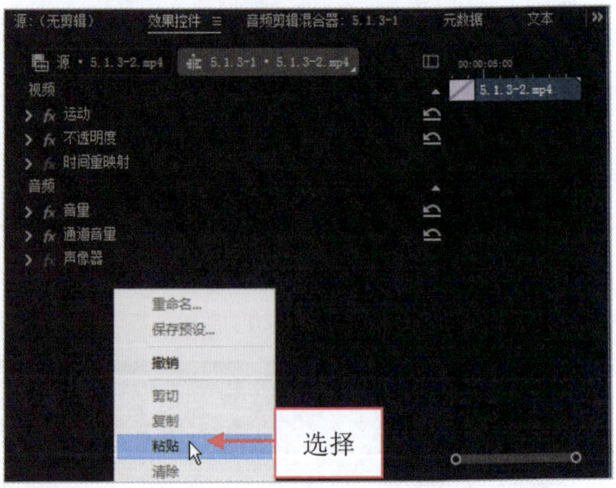

图 5-13　选择“粘贴”选项

Step 07 执行操作后，即可将复制的视频效果粘贴到第 2 个视频素材中，如图 5-14 所示。

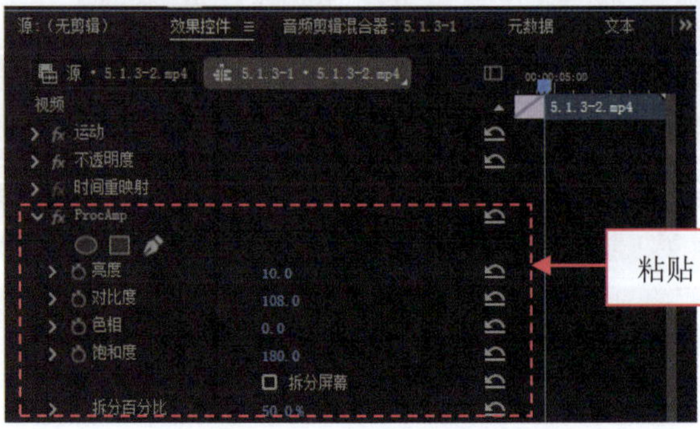

图 5-14　粘贴复制的视频效果

5.1.4　删除效果

在 Adobe Premiere Pro 2025 中，用户在进行视频效果添加的过程中，如果对添加的视频效果不满意时，可以通过“清除”功能来删除效果。原图与效果对比如图 5-15 所示。

删除效果

图 5-15　原图与效果对比

下面介绍删除效果的操作方法。

Step 01 打开一个项目文件，选择视频素材，如图 5-16 所示。

Step 02 在“效果控件”面板的“波形变形”选项上单击鼠标右键，在弹出的快捷菜单中选择“清除”选项，如图 5-17 所示，即可删除“波形变形”视频效果。

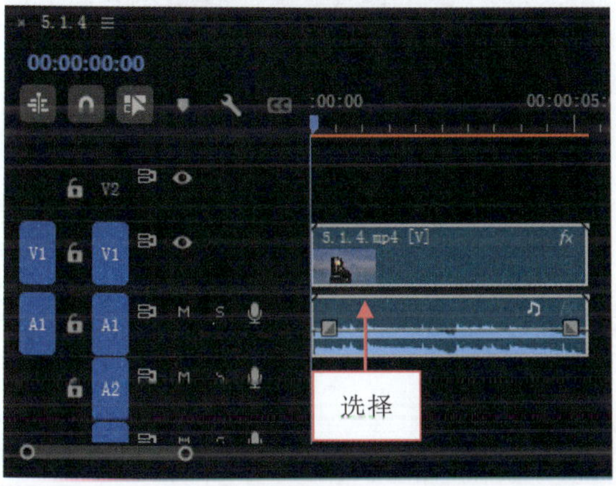

图 5-16　选择视频素材

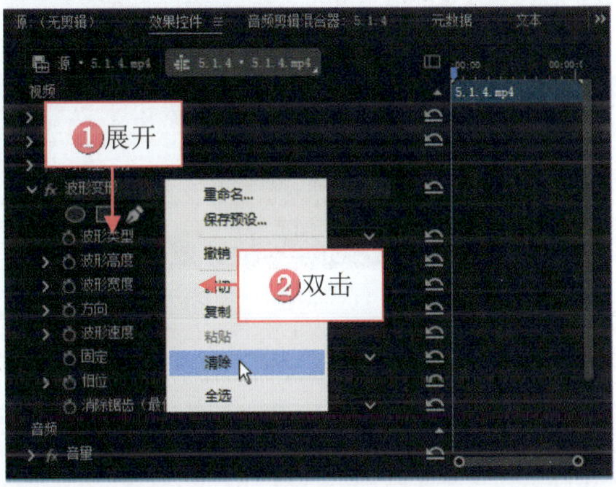

图 5-17　选择“清除”选项

> **▶ 专家指点**
>
> 除了通过快捷菜单中的“清除”选项删除视频效果外，用户还可以按【Delete】键删除视频效果。

5.1.5　关闭效果

关闭视频效果是指将已添加的视频效果暂时隐藏，如果需要再次显示该效果，用户可以重新启用，而无需再次添加。在 Adobe Premiere Pro 2025 中，用户可以单击“效果控件”面板中的“切换效果开关”按钮，来关闭素材中的视频

关闭效果

效果；再次单击该按钮，即可重新启用视频效果。原图与效果对比如图 5-18 所示。

图 5-18　原图与效果对比

下面介绍关闭效果的操作方法。

Step 01　打开一个项目文件，选择视频素材，如图 5-19 所示。

Step 02　在“效果控件”面板的“彩色浮雕”选项左侧，单击“切换效果开关”按钮，如图 5-20 所示，即可关闭“彩色浮雕”视频效果。

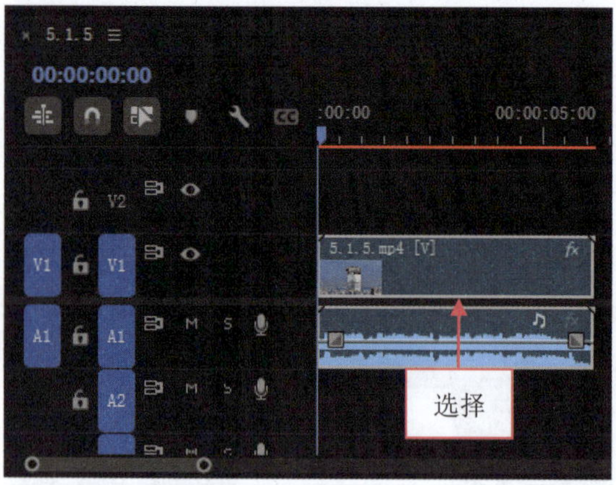

图 5-19　选择视频素材

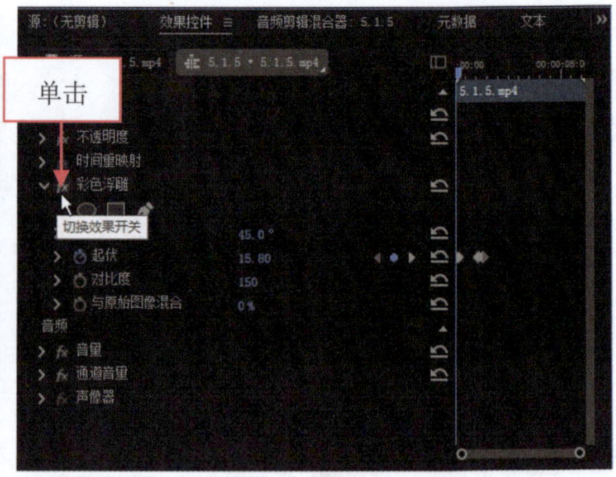

图 5-20　单击“切换效果开关”按钮

5.2　制作视频特效

视频特效是提升视频创意和视觉吸引力的关键所在。在视频制作领域，一个引人入胜的视频往往离不开精心设计的特效。这些特效不仅能够增强故事的叙述，还能为观众带来全新的视觉体验。本节将介绍应用 Adobe Premiere Pro 2025 提供的视频效果来制作各种视频特效的操作方法，包括常见的智能垂直翻转、智能水平翻转、高斯模糊等效果。

5.2.1　AI 键控抠图特效

AI 键控抠图特效

在 Adobe Premiere Pro 2025 中，“键控”选项中的视频效果主要依赖于利用 AI 技术，对视频中特定的颜色或背景进行透明处理，常用于合成视频或实现抠图特效，例如绿色屏幕合成、虚拟场景合成、人物抠像等。本例将使用“键控”选项中的“颜色键”视频效果，对绿幕素材进行智能抠图。原图与效果对比如图 5-21 所示。

图 5-21　原图与效果对比

下面介绍添加键控视频效果的操作方法。

Step01　打开一个项目文件，选择 V2 轨道中的绿幕素材，如图 5-22 所示。

Step02　在“效果”面板中，❶展开“视频效果”|“键控”选项；❷双击“颜色键”效果，如图 5-23 所示。

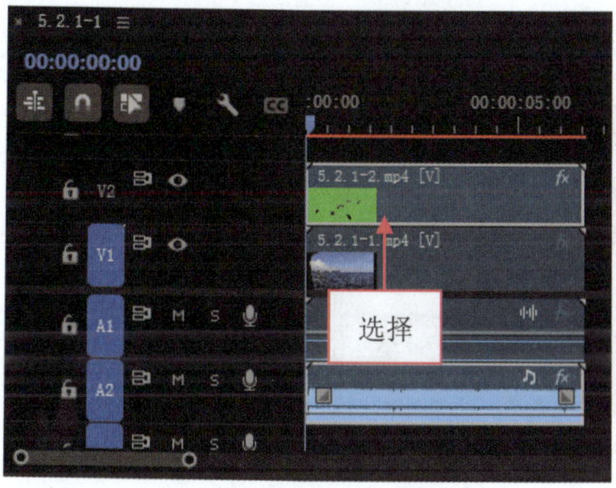

图 5-22　选择绿幕素材

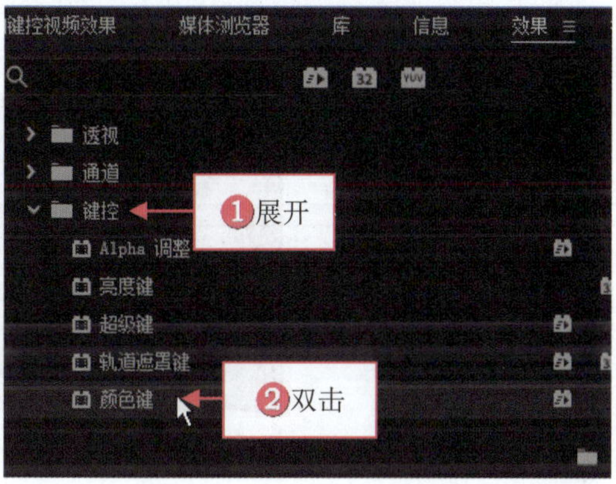

图 5-23　双击“提取”效果

Step03　执行操作后，即可为绿幕素材添加“颜色键”效果，如图 5-24 所示。

Step04　在“效果控件”面板中，❶展开“颜色键”选项；❷设置“主要颜色”为绿色、“颜色容差”为 170，如图 5-25 所示，即可将绿幕素材中的绿色去除，完成绿幕素材的抠图操作。

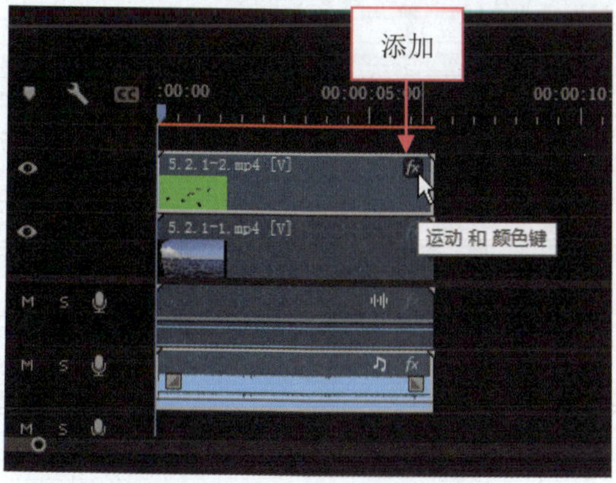

图 5-24　添加“颜色键”效果

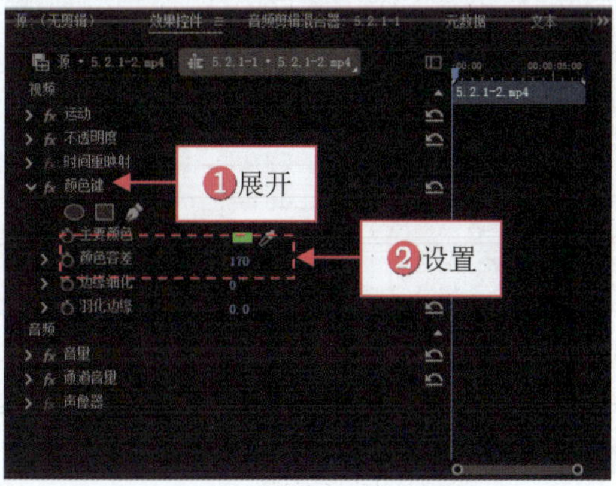

图 5-25　设置各参数

5.2.2　智能垂直翻转特效

智能垂直翻转特效

在 Adobe Premiere Pro 2025 中，“垂直翻转”视频效果主要通过 AI 技术智能分析视频画面，并通过自动化功能将视频上下垂直翻转。原图与效果对比如图 5-26 所示。

图 5-26　原图与效果对比

下面介绍智能垂直翻转特效的制作方法。

Step 01 打开一个项目文件，选择视频素材，如图 5-27 所示。

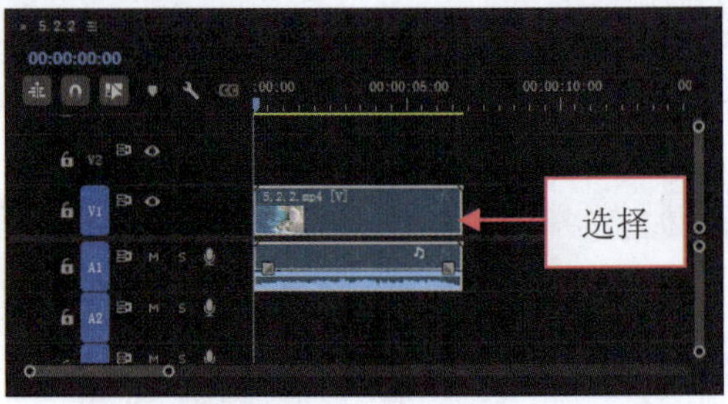

图 5-27　选择视频素材

Step 02 在“效果”面板中，❶展开“视频效果”|“变换”选项；❷选择“垂直翻转”效果，如图 5-28 所示。

Step 03 按住鼠标左键并拖曳，将“垂直翻转”效果拖曳至“时间轴”面板中的视频素材上，如图 5-29 所示，释放鼠标左键，即可完成智能垂直翻转特效的制作。

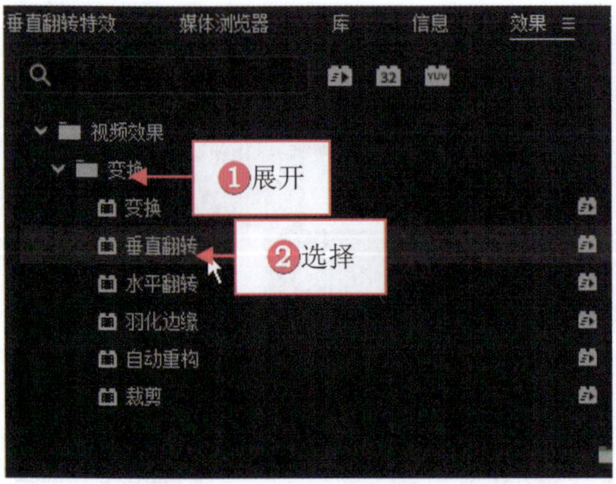

图 5-28　选择“垂直翻转”效果

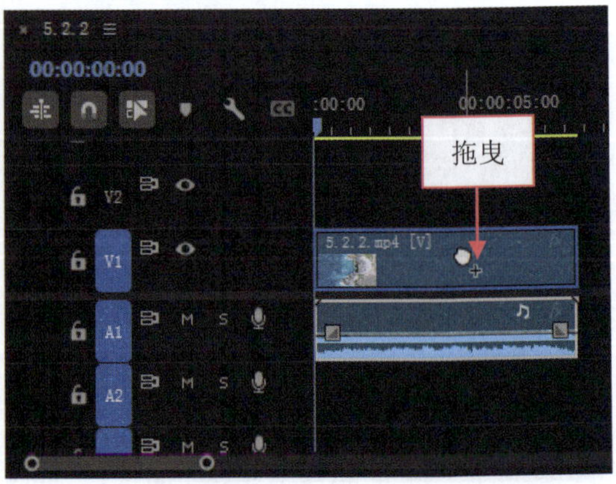

图 5-29　拖曳“垂直翻转”效果至视频素材上

5.2.3　智能水平翻转特效

智能水平翻转特效

在 Adobe Premiere Pro 2025 中，“水平翻转”视频效果主要通过 AI 技术智能分析视频画面，并通过自动化功能将视频左右水平翻转。原图与效果对比如图 5-30 所示。

图 5-30　原图与效果对比

下面介绍智能水平翻转特效的制作方法。

Step 01　打开一个项目文件，选择视频素材，如图 5-31 所示。

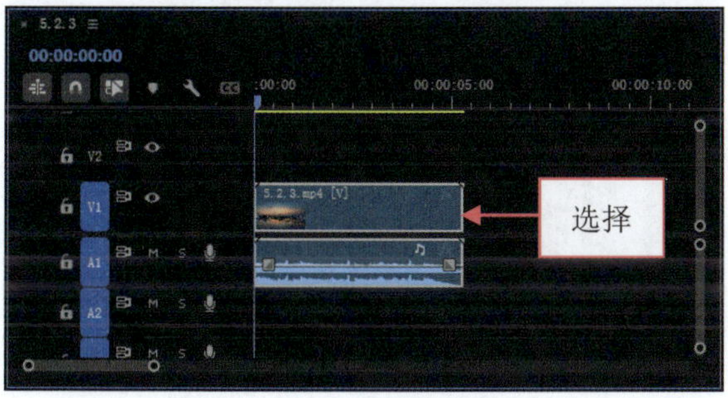

图 5-31　选择视频素材

Step 02　在“效果”面板中，❶展开“视频效果”|“变换”选项；❷选择“水平翻转”效果，如图 5-32 所示。

Step 03　按住鼠标左键并拖曳，将“水平翻转”效果拖曳至“时间轴”面板中的视频素材上，如图 5-33 所示，释放鼠标左键，即可完成智能水平翻转特效的制作。

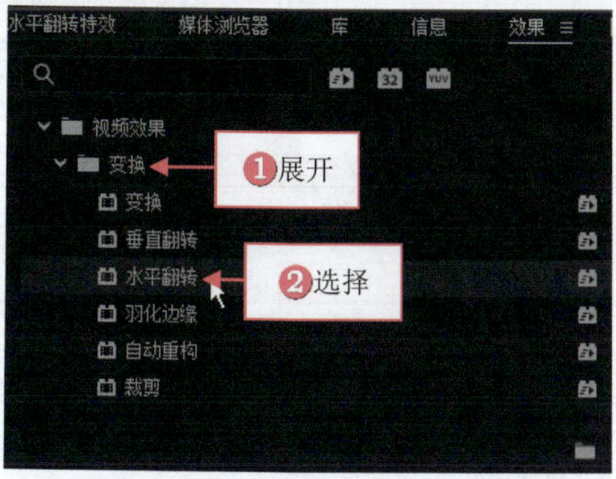

图 5-32　选择“水平翻转”效果

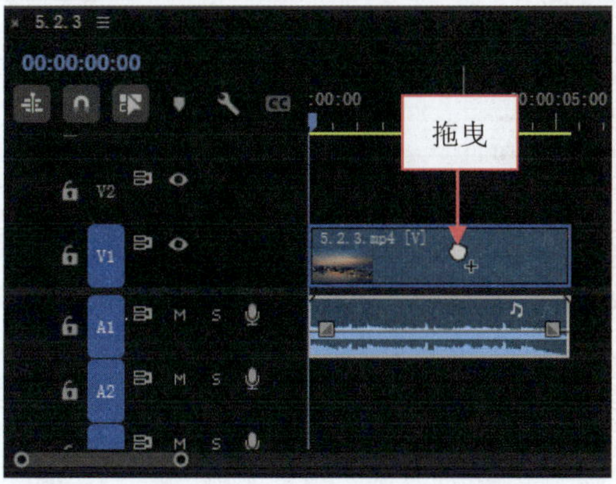

图 5-33　拖曳“水平翻转”效果至视频素材上

5.2.4 制作高斯模糊特效

制作高斯模糊特效

在 Adobe Premiere Pro 2025 中，“高斯模糊”效果用于修改明暗分界点的差值，以产生模糊效果。用户可以用“高斯模糊”效果制作模糊开场的片头特效。视频效果如图 5-34 所示。

图 5-34 视频效果

下面介绍制作高斯模糊特效的操作方法。

Step 01 打开一个项目文件，选择被分割的前半段视频素材，如图 5-35 所示。

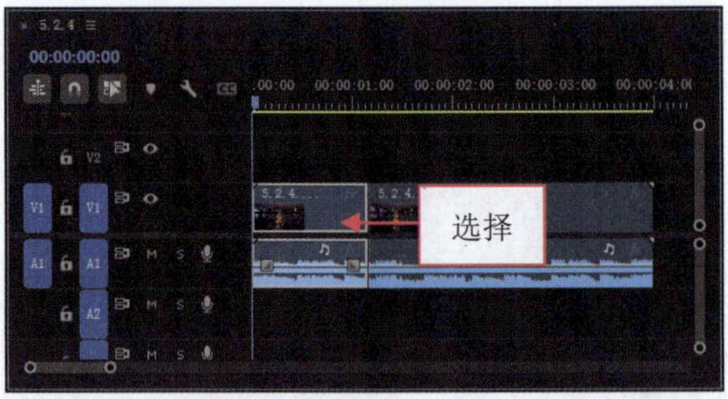

图 5-35 选择被分割的前半段视频素材

Step 02 在“效果”面板中，❶展开“视频效果”|“模糊与锐化”选项；❷双击“高斯模糊”效果，如图 5-36 所示，即可应用“高斯模糊”效果。

Step 03 在“效果控件”面板中，设置“模糊度”为 50.0，如图 5-37 所示，调整视频模糊程度。至此，完成高斯模糊特效的制作。

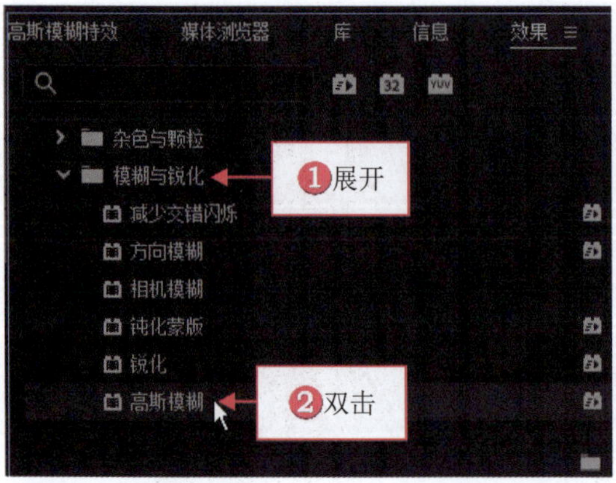

图 5-36 双击“水平翻转”效果

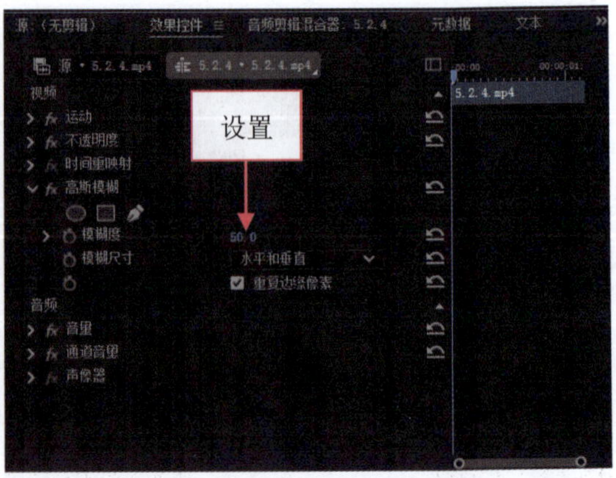

图 5-37 设置“模糊度”参数

本章小结

本章主要讲述了如何使用 Adobe Premiere Pro 2025 中的视频效果和 AI 技术，制作各种炫酷特效的相关操作。首先介绍了编辑视频效果的操作方法；其次介绍了制作视频特效的操作方法。通过本章的学习，读者能够能为创建的项目增添创意和艺术感，提升作品的表现力。

课后实训

课后实训

鉴于本章知识的重要性，为了使读者更好地掌握所学知识，将通过课后实训帮助读者进行简单的知识回顾和补充。

实训任务：打开一个项目文件，在“效果”面板中，为视频添加“镜头光晕”效果，制作阳光照射的光晕特效。原图与效果对比如图 5-38 所示。

图 5-38　原图与效果对比

下面介绍相关的操作方法。

Step 01　打开一个项目文件，选择视频素材，如图 5-39 所示。

Step 02　在“效果”面板中，❶展开“视频效果”|“生成”选项；❷双击“镜头光晕”效果，如图 5-40 所示，即可应用“镜头光晕”效果，用户可以在“效果控件”面板中根据需要调整光晕的位置。

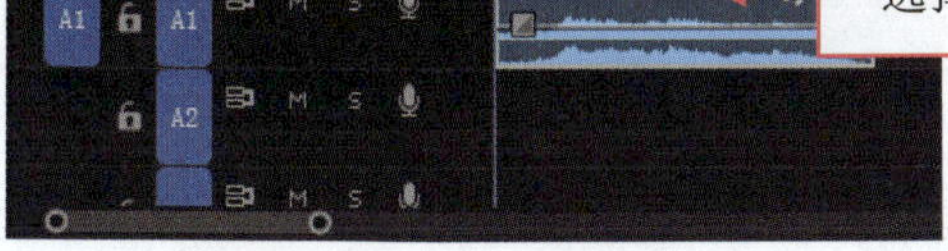

图 5-39　选择视频素材

图 5-40　双击“镜头光晕”效果

第 6 章 文本的创建与编辑

6

字幕作为视频内容的重要组成部分，能够有效增强观众的理解力与参与感。本章将介绍利用 Adobe Premiere Pro 2025 中的 AI 技术和文字工具进行高效的字幕创建、编辑及动画制作等操作。通过掌握字幕制作与编辑技巧，用户可以在视频制作过程中提高字幕的美观度和实用性，同时节省大量的时间。

本章重点

- 掌握创建与导出字幕的方法
- 熟悉编辑字幕属性的方法
- 掌握如何使用蒙版效果
- 熟知制作字幕动画效果的方法
- 掌握智能字幕生成的方法

素质目标

- 提升读者的审美水平，学会如何选择字体、颜色和动画效果
- 通过实践练习和案例分析，提升读者的审美素养和视觉表达能力

6.1　创建与导出字幕

字幕是以各种字体、样式和动画等形式出现在画面中的文字总称。精美的字幕不仅可以起到为影片增色的目的，还能够很好地向观众传递视频信息或制作理念。在 Adobe Premiere Pro 2025 中，为用户提供了便捷的字幕编辑功能。本节将重点介绍如何创建与导出字幕，帮助用户在短时间内制作出字幕。

6.1.1　创建水平字幕效果

创建水平字幕效果

水平字幕效果是指沿水平方向进行分布的文字，是常见的字幕形式之一。在 Adobe Premiere Pro 2025 中，用户可以在工具箱中选取文字工具T来创建水平字幕。视频效果如图 6-1 所示。

图 6-1　视频效果

下面介绍创建水平字幕效果的操作方法。

Step 01　打开一个项目文件，在工具箱中选取文字工具T，如图 6-2 所示。

Step 02　在“节目监视器”面板中单击鼠标左键，即可创建一个图形文本框，如图 6-3 所示。

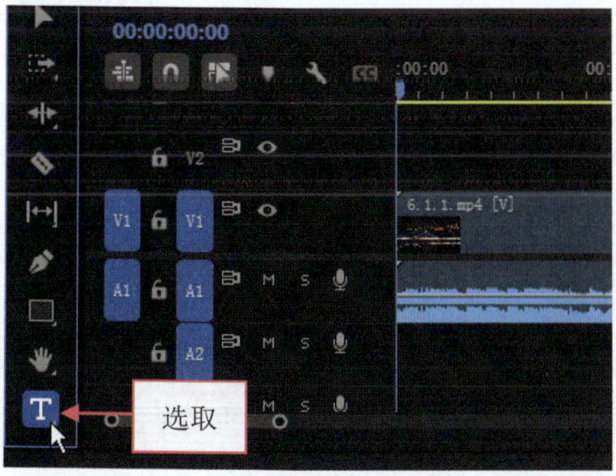

图 6-2　选取文字工具

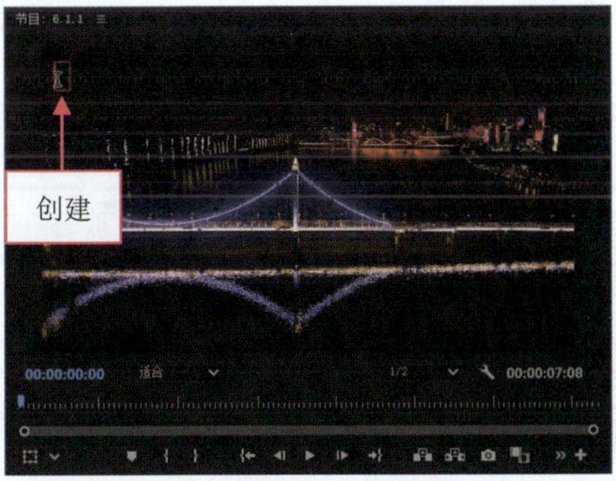

图 6-3　创建一个图形文本框

Step 03　在文本框中输入文字“跨江大桥”，如图 6-4 所示。

Step 04　在“效果控件”面板中，❶展开“文本（跨江大桥）”选项；❷设置“字体”为“隶书”、“字号”参数为 160，将文字调大，如图 6-5 所示。

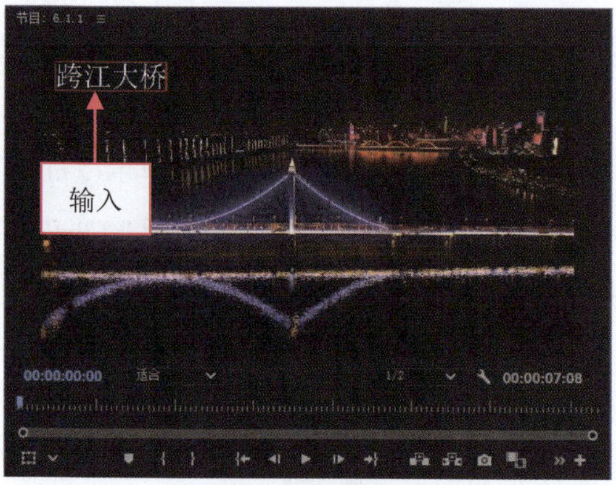

图 6-4　输入文字

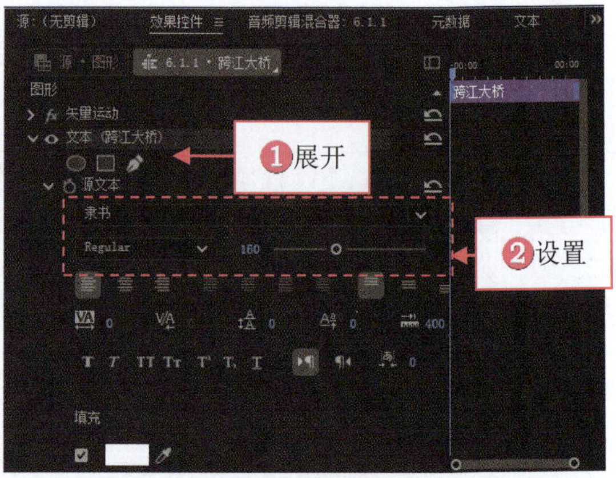

图 6-5　设置“字体”和“字号”属性

Step 05 在“时间轴”面板中，调整 V2 轨道中的文本时长与视频时长一致，如图 6-6 所示。

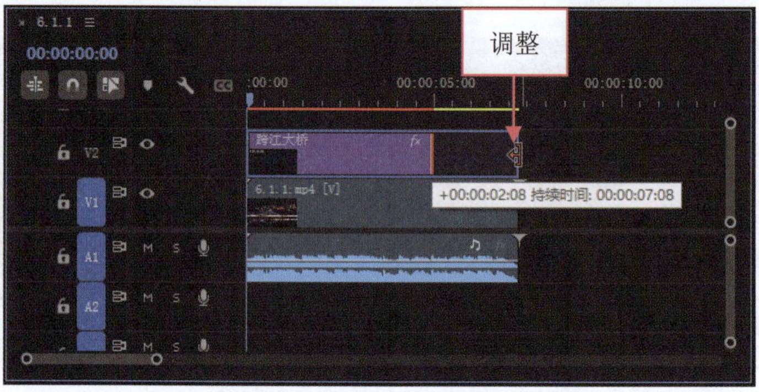

图 6-6　调整文本时长与视频时长一致

6.1.2　创建垂直字幕效果

创建垂直字幕效果

用户在了解如何创建水平文本字幕后，创建垂直文本字幕的方法就变得十分简单了，只需要通过选取垂直文字工具来创建即可。视频效果如图 6-7 所示。

图 6-7　视频效果

下面介绍创建垂直字幕效果的操作方法。

Step 01 打开一个项目文件，①在工具箱中长按文字工具；②在弹出的列表框中选择“垂直文字工具”选项，如图 6-8 所示。

Step 02　在“节目监视器”面板中单击鼠标左键，即可创建垂直图形文本框，如图 6-9 所示。

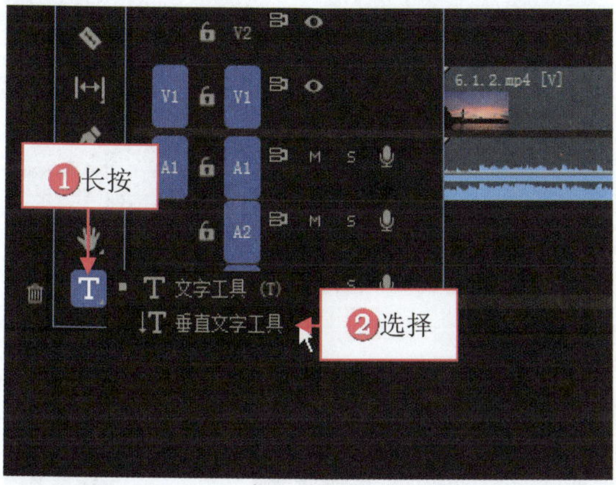

图 6-8　选择“垂直文字工具”选项

图 6-9　创建垂直图形文本框

Step 03　在文本框中输入文字“五彩霞光”，如图 6-10 所示。

Step 04　在“效果控件”面板中，1展开“文本（五彩霞光）”选项；2设置“字体”为“楷体”、“字号”参数为 140，调整文字大小，如图 6-11 所示。至此，完成垂直字幕效果的制作。

图 6-10　输入文字

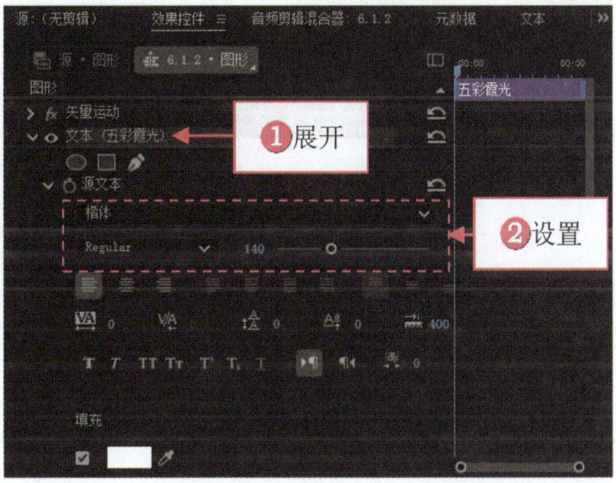

图 6-11　设置“字体”和“字号”属性

6.1.3　导出创建的字幕

导出创建的字幕

为了让用户更加方便地使用字幕，Adobe Premiere Pro 2025 允许用户将制作好的字幕文本导出成字幕文件，以方便用户随时调用这些字幕。项目效果如图 6-12 所示。

下面介绍如何导出创建的字幕。

Step 01　打开一个项目文件，选择 C1 轨道上的字幕文本，如图 6-13 所示。

Step 02　在“文本”面板的“字幕”选项卡中，1单击按钮；2在弹出的列表框中选择“导出”|“导出到 SRT 文件”选项，如图 6-14 所示。

Step 03　弹出“另存为”对话框，1设置文件名和保存路径；2单击“保存”按钮，如图 6-15 所示，即可导出字幕文件。

图 6-12　项目效果

图 6-13　选择 C1 轨道上的字幕文本

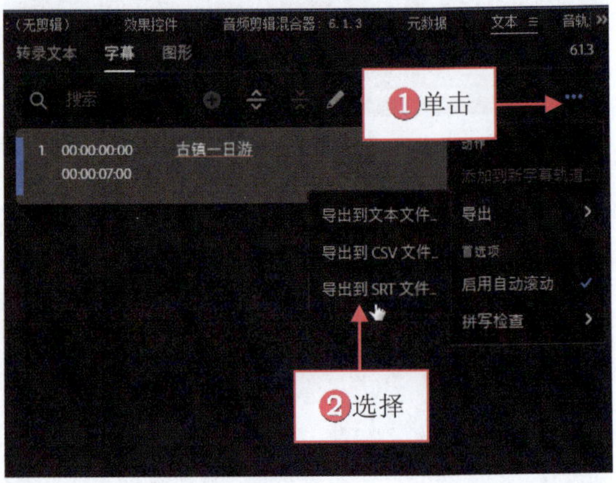

图 6-14　选择“导出到 SRT 文件”选项

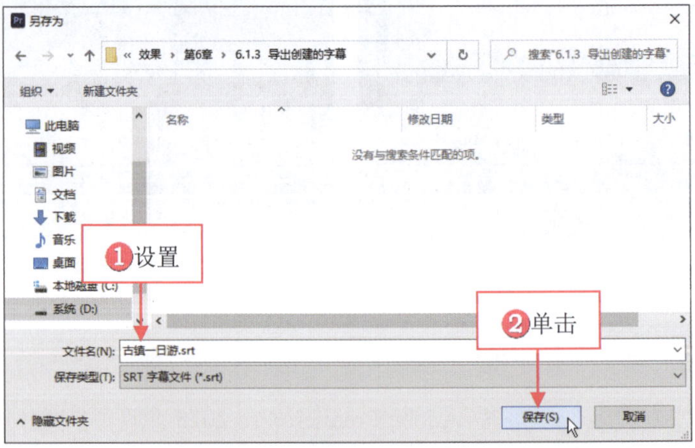

图 6-15　单击“保存”按钮

6.2　编辑字幕属性

编辑字幕的属性能够帮助用户定制不同的字幕风格，提升视觉效果的多样性。字幕的属性可以在“效果控件”面板中进行编辑，如图 6-16 所示；也可以在“属性”面板中进行编辑，如图 6-17 所示。本节将对字幕属性的编辑操作进行详细介绍。

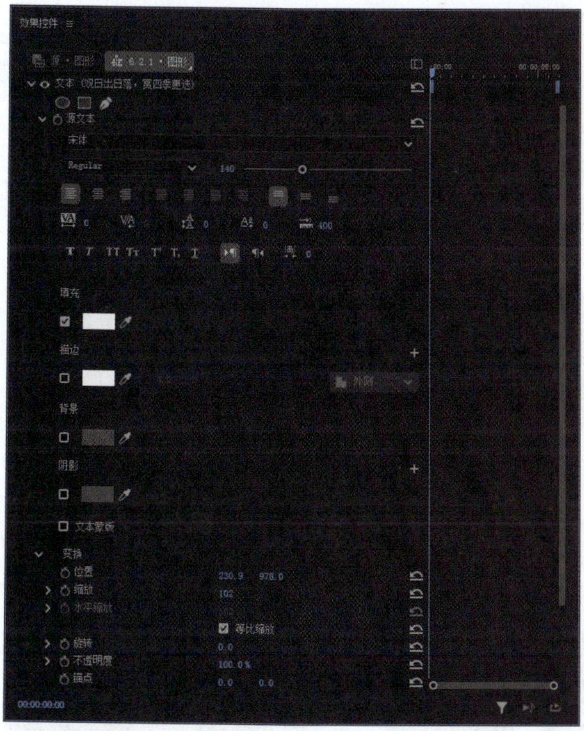

图 6-16 “效果控件”面板

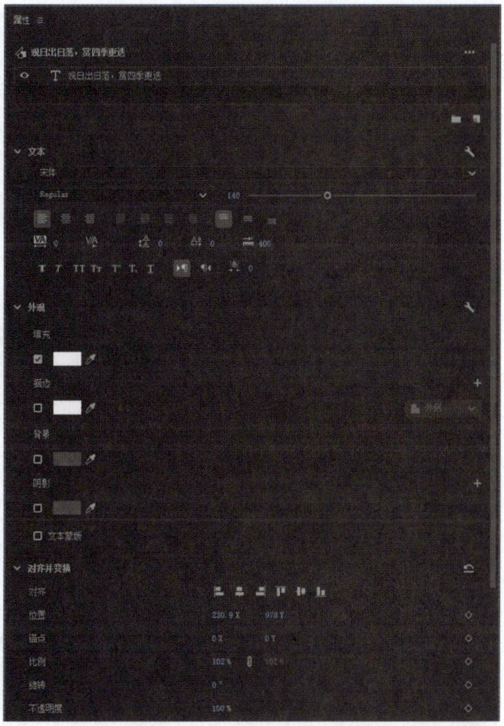

图 6-17 “属性”面板

6.2.1 编辑字幕基本属性

编辑字幕基本属性

字幕的基本属性包括字体、字号、字距、颜色、对齐方式及位置等，调整字幕的基本属性能有效提高字幕的可读性和美观性。原图与效果对比如图 6-18 所示。

图 6-18 原图与效果对比

下面介绍编辑字幕基本属性的操作方法。

Step 01 打开一个项目文件，双击字幕文本，如图 6-19 所示。

Step 02 弹出“属性”面板，❶设置“字体”为“楷体”；❷设置“字号”为 90，将文字调小一点；❸单击“左对齐文本”按钮，设置对齐方式；❹设置“字距调整”为 20，将字间距调宽一点；❺单击“仿粗体”按钮，将文本加粗，如图 6-20 所示。

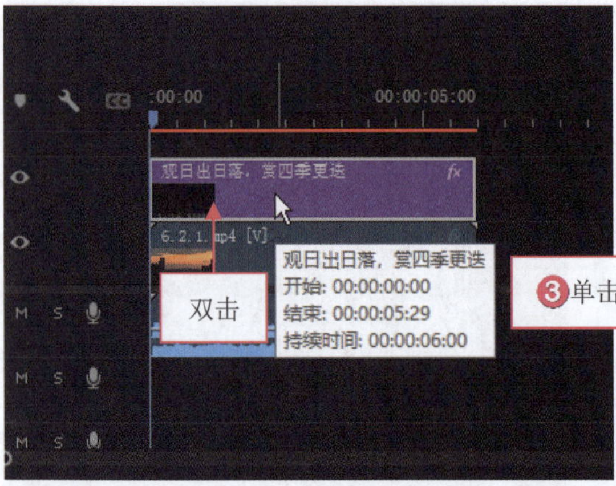

图 6-19　双击字幕文本

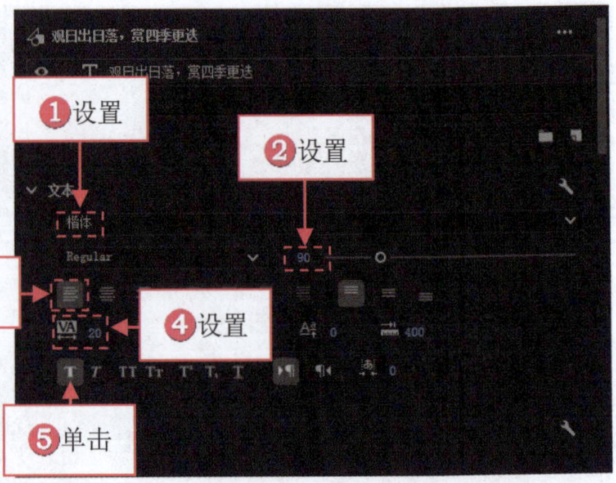

图 6-20　设置各属性

Step 03　在“外观”选项下方，单击“填充”颜色色块，如图 6-21 所示。

Step 04　弹出“拾色器”面板，❶拖曳色条上的滑块至橙色区域；❷拖曳圆形取色器至右下角选取颜色，如图 6-22 所示。

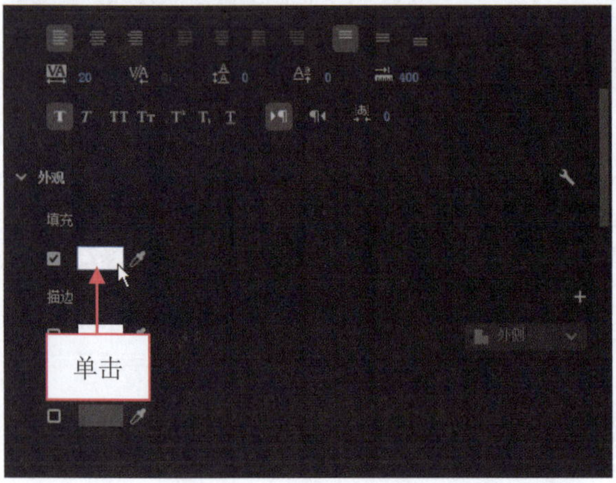

图 6-21　单击“填充”颜色色块

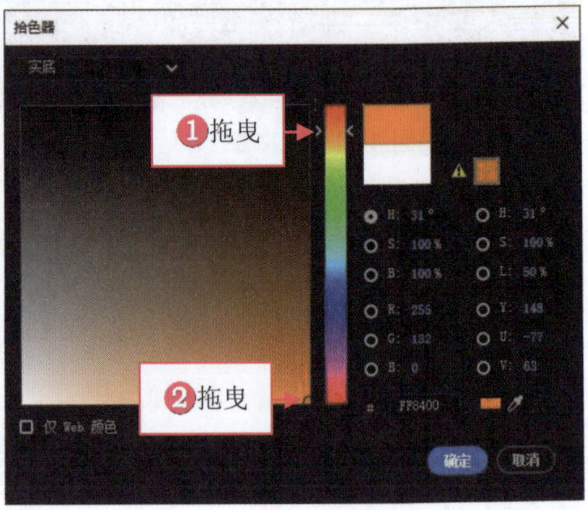

图 6-22　选取颜色

Step 05　单击“确定”按钮，即可设置字幕的颜色，在“节目监视器”面板中，选择字幕文本，通过拖曳的方式调整其位置，如图 6-23 所示。

图 6-23　调整字幕文本的位置

6.2.2　设置字幕颜色渐变

设置字幕颜色渐变

字幕颜色渐变是指从一种颜色逐渐向另一种颜色过渡的一种颜色填充方式，可以增强如广告、宣传片等视频的视觉吸引力。视频效果如图 6-24 所示。

图 6-24　视频效果

下面介绍设置字幕颜色渐变的操作方法。

Step 01 打开一个项目文件，在“节目监视器”面板中可以预览项目效果，如图 6-25 所示。

Step 02 在“时间轴”面板中，双击字幕文本，如图 6-26 所示。

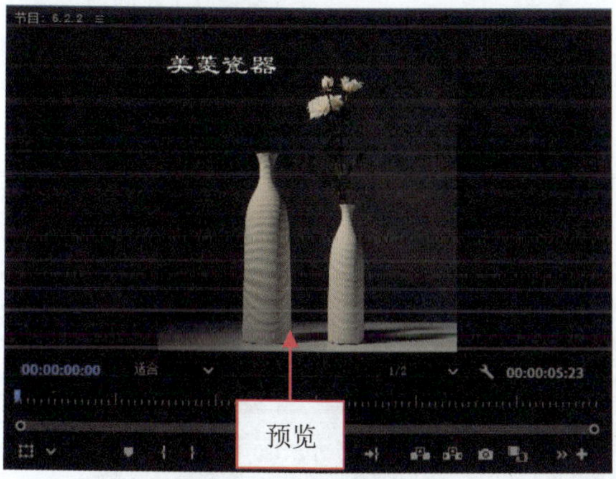

图 6-25　预览项目效果

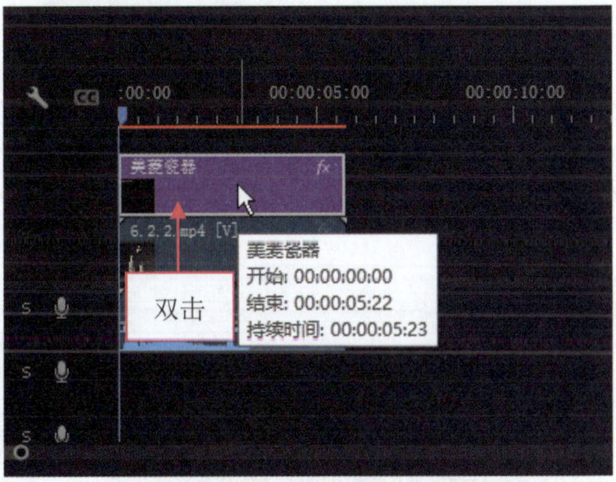

图 6-26　双击字幕文本

Step 03 弹出“属性”面板，在“外观”选项下方，单击“填充”颜色色块，如图 6-27 所示。

Step 04 弹出“拾色器”面板，❶展开“填充选项”列表框；❷选择“线性渐变”选项，如图 6-28 所示。

Step 05 ❶单击第 1 个“色标”按钮；❷设置颜色的 RGB 参数值分别为（240，180，20），如图 6-29 所示，设置颜色为黄色调。

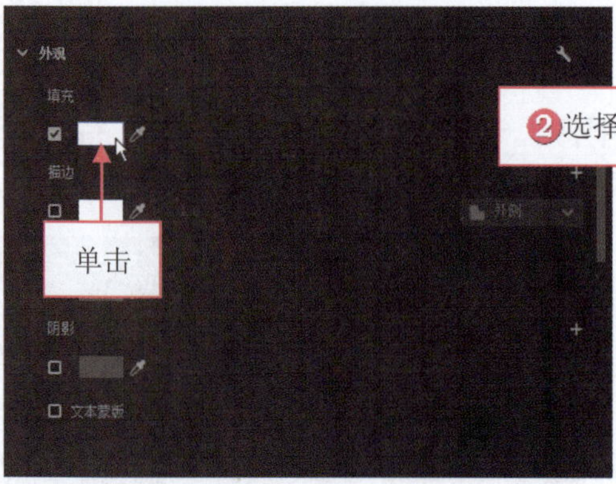

图 6-27　单击“填充”颜色色块

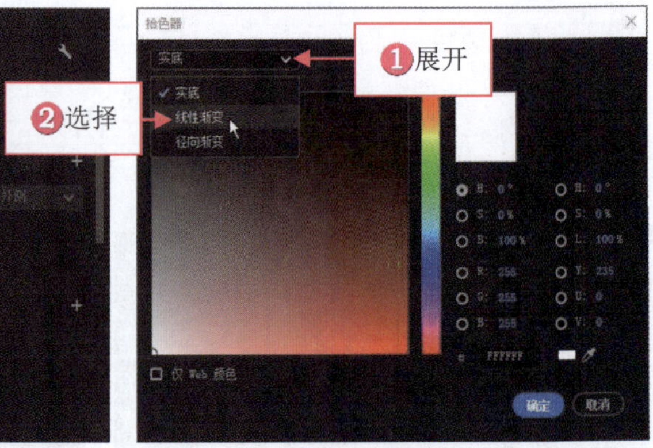

图 6-28　选择“线性渐变”选项

Step 06　❶单击第 2 个“色标”按钮；❷设置颜色的 RGB 参数值分别为（205，60，25），如图 6-30 所示，设置颜色为红色调。

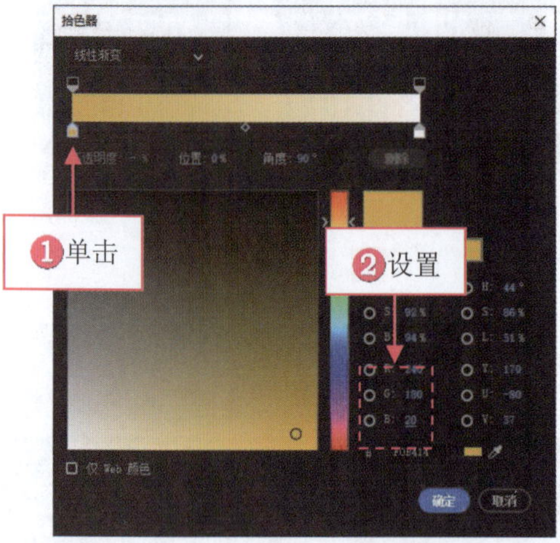

图 6-29　设置 RGB 参数（1）

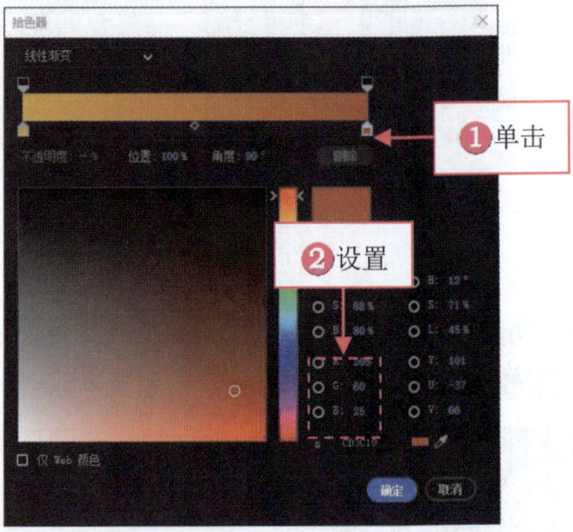

图 6-30　设置 RGB 参数（2）

Step 07　❶单击“颜色中点”按钮；❷设置“位置”为 70%，如图 6-31 所示，调整颜色的渐变范围。

Step 08　单击“确定”按钮，即可设置字幕颜色渐变填充，如图 6-32 所示。

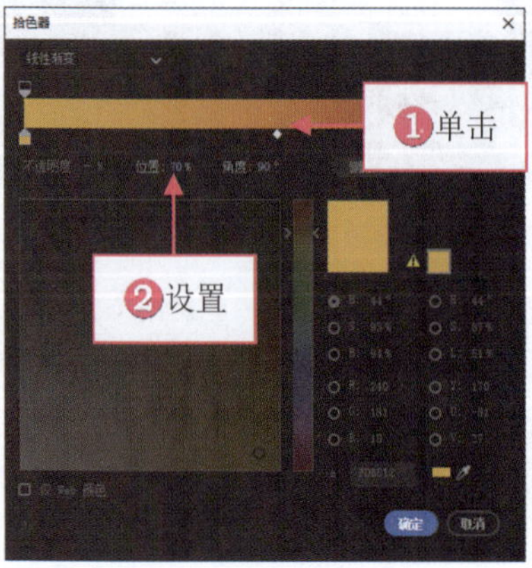

图 6-31　设置“位置”参数

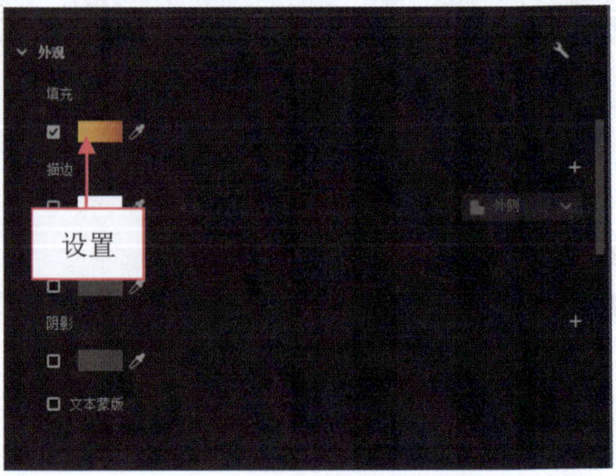

图 6-32　设置字幕颜色渐变填充

6.2.3　设置字幕描边与阴影

设置字幕描边与阴影

在 Adobe Premiere Pro 2025 中，为字幕设置描边与阴影，主要是为了让字幕效果更加突出、醒目。视频效果如图 6-33 所示。

图 6-33　视频效果

下面介绍设置字幕描边与阴影的操作方法。

Step 01　打开一个项目文件，在“节目监视器”面板中可以预览项目效果，如图 6-34 所示。

Step 02　在“时间轴”面板中，双击字幕文本，如图 6-35 所示。

图 6-34　预览项目效果

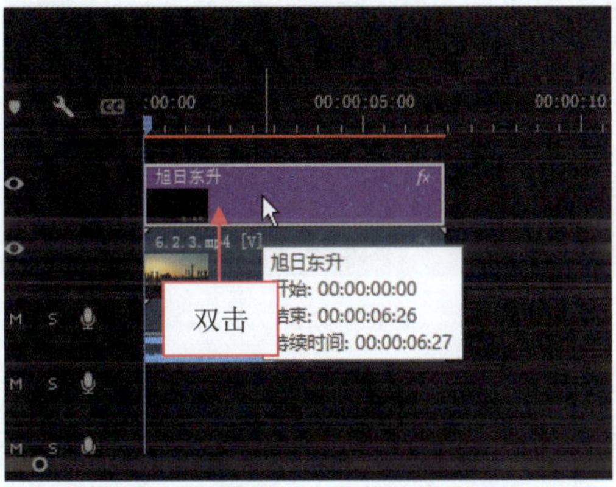

图 6-35　双击字幕文本

Step 03　弹出“属性”面板，在“外观”选项下方，❶选中“描边”复选框；❷单击颜色色块，如图 6-36 所示。

Step 04　弹出“拾色器”面板，设置颜色的 RGB 参数值分别为（126，54，54），如图 6-37 所示，设置颜色为红褐色。

Step 05　单击“确定”按钮，返回“属性”面板，设置“描边宽度”为 15.0，如图 6-38 所示，使描边更加明显。

Step 06　在“节目监视器”面板中，可以查看描边添加效果，如图 6-39 所示。

Step 07　返回“属性”面板，在“外观”选项下方，❶选中“阴影”复选框；❷单击颜色色块，如图 6-40 所示。

Step 08　弹出“拾色器”面板，设置颜色的 RGB 参数值分别为（234，145，145），如图 6-41 所示，设置颜色为淡粉色，使字幕更加突出、立体。

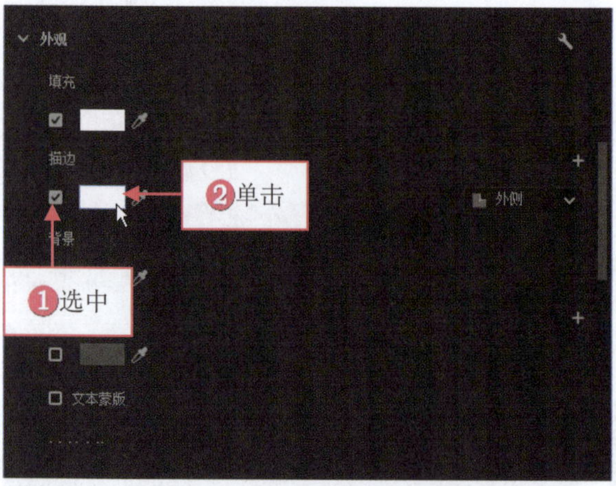

图 6-36　单击颜色色块（1）

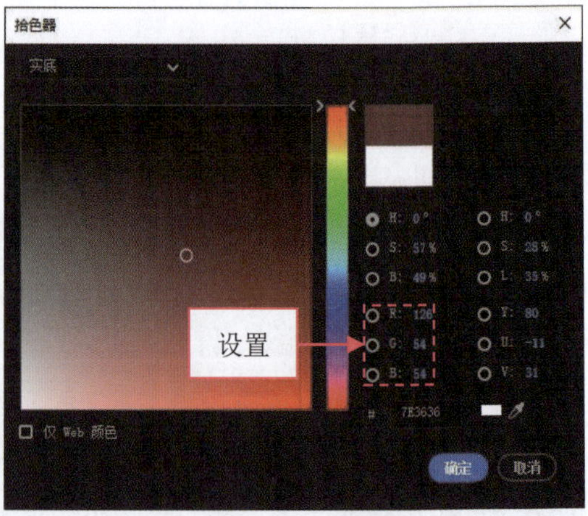

图 6-37　设置 RGB 参数（1）

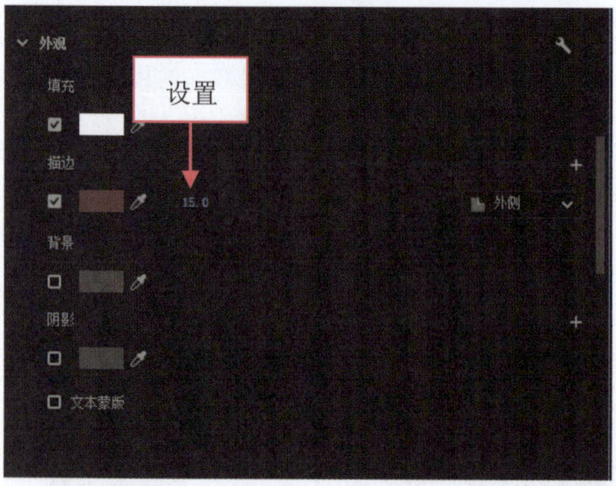

图 6-38　设置“描边宽度”参数

图 6-39　查看描边添加效果

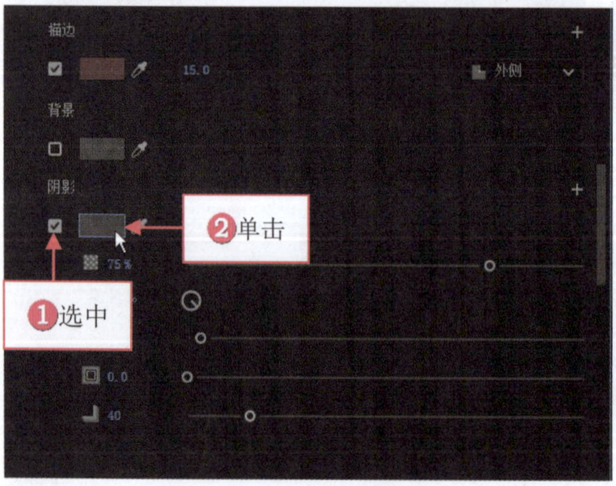

图 6-40　单击颜色色块（2）

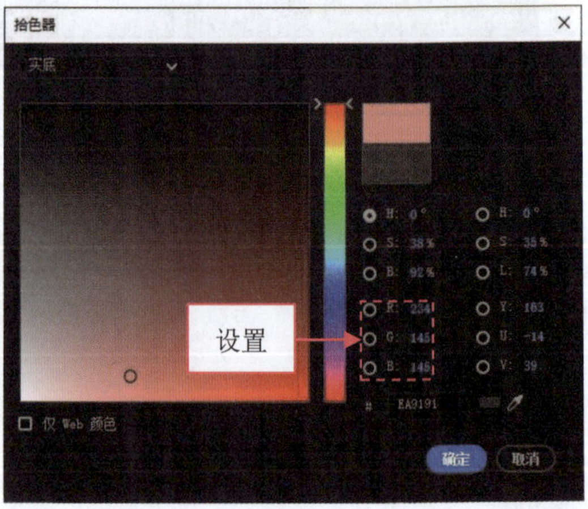

图 6-41　设置 RGB 参数（2）

Step 09　单击“确定”按钮，返回“属性”面板，设置“模糊”为 75.0，如图 6-42 所示，使阴影更加模糊，呈现出光晕的视觉效果。

Step 10　在“节目监视器”面板中，可以查看阴影添加效果，如图 6-43 所示。

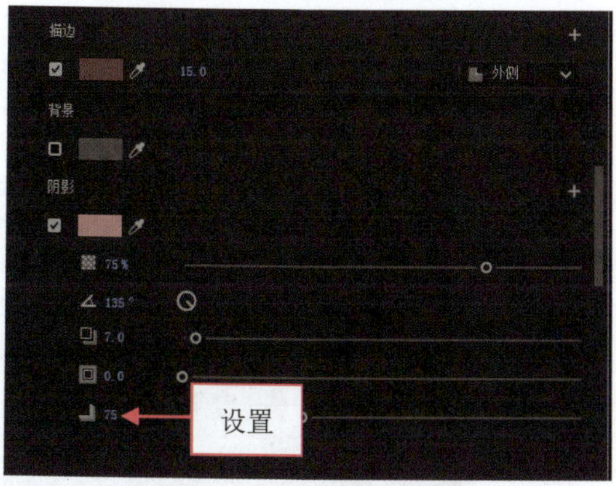

图 6-42　设置“模糊”参数

图 6-43　查看阴影添加效果

6.2.4　设置镂空的字幕效果

设置镂空的字幕效果

镂空字幕是通过将文字的填充设置为透明的一种创意效果，增加视觉层次感。在 Adobe Premiere Pro 2025 中，用户可以利用描边和无颜色填充的方式实现。视频效果如图 6-44 所示。

图 6-44　视频效果

下面介绍设置镂空的字幕效果的操作方法。

Step 01　打开一个项目文件，在“节目监视器”面板中可以预览项目效果，如图 6-45 所示。

Step 02　在“时间轴”面板中，双击字幕文本，如图 6-46 所示。

图 6-45　预览项目效果

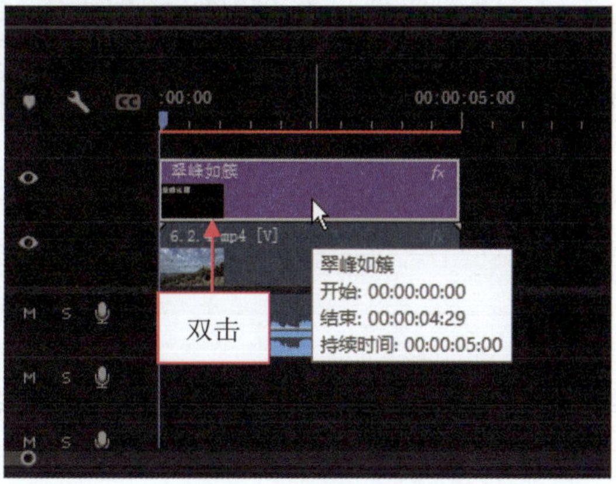

图 6-46　双击字幕文本

Step 03 弹出“属性”面板，在“外观”选项下方，取消选中“填充”复选框，如图 6-47 所示，设置字幕颜色为透明。

Step 04 ❶选中“描边”复选框；❷单击颜色色块，如图 6-48 所示。

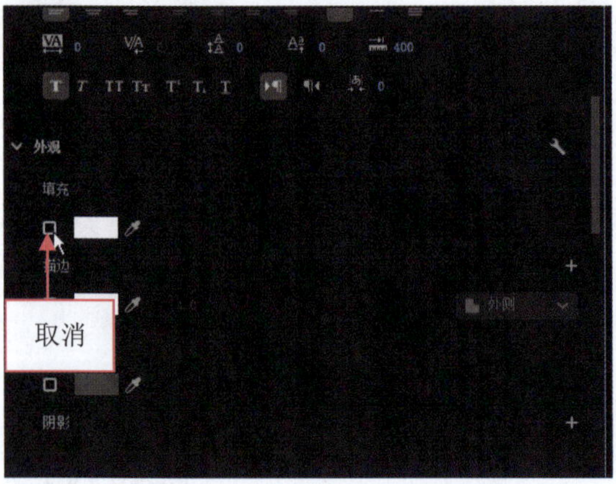

图 6-47 取消选中“填充”复选框

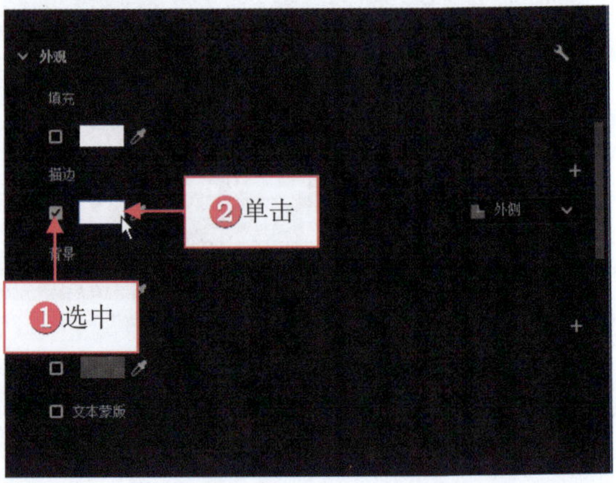

图 6-48 单击颜色色块

Step 05 弹出“拾色器”面板，设置颜色的 RGB 参数值分别为（37，113，84），如图 6-49 所示，设置颜色为绿色。

Step 06 单击“确定”按钮，返回“属性”面板，设置“描边宽度”为 15.0，如图 6-50 所示，将描边加宽。在“节目监视器”面板中，可以单击“播放-停止切换”按钮▶，查看字幕效果。至此，即可完成镂空字幕的设置。

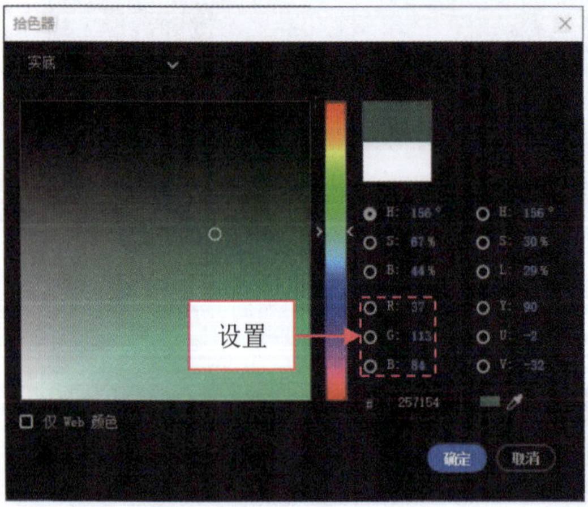

图 6-49 设置 RGB 参数

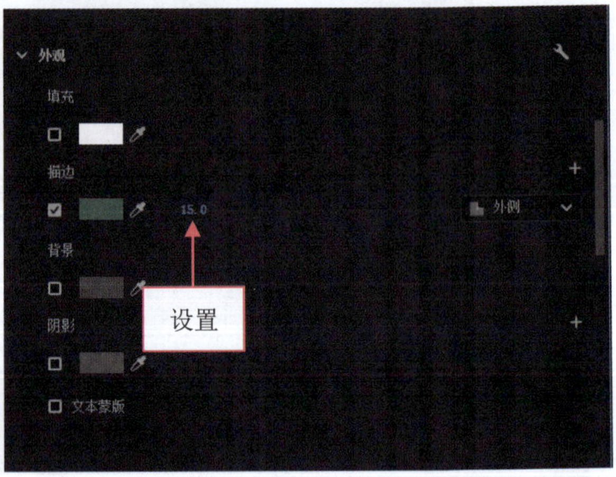

图 6-50 设置“描边宽度”参数

6.3 使用蒙版效果

蒙版效果能够为字幕添加独特的视觉效果，可以用于控制字幕显示范围或创造复杂的视觉效果。本节将介绍在 Adobe Premiere Pro 2025 中使用椭圆形蒙版、4 点多边形蒙版及自由曲线蒙版制作字幕蒙版遮罩动画的操作方法。

6.3.1　使用椭圆形蒙版

使用椭圆形蒙版

在 Adobe Premiere Pro 2025 中，单击“创建椭圆形蒙版”按钮，可以为字幕创建椭圆形遮罩动画效果。视频效果如图 6-51 所示。

图 6-51　视频效果

下面介绍使用椭圆形蒙版制作字幕的操作方法。

Step 01　打开一个项目文件，在“节目监视器”面板中可以预览项目效果，如图 6-52 所示。

Step 02　在“时间轴”面板中，选择字幕文本，如图 6-53 所示。

图 6-52　预览项目效果

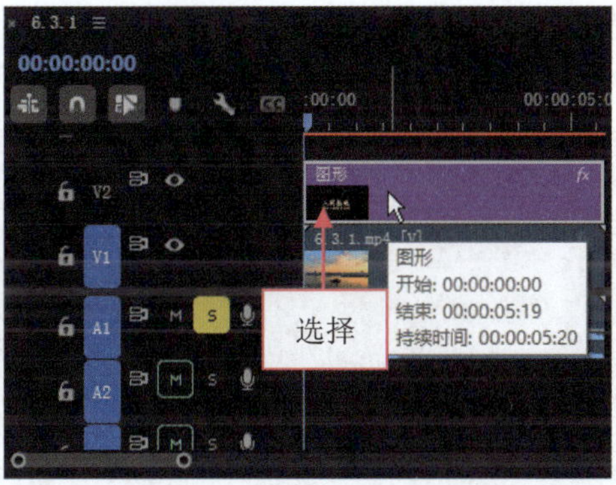

图 6-53　选择字幕文本

Step 03　在“效果控件”面板中，❶展开“文本”选项；❷单击“创建椭圆形蒙版”按钮，如图 6-54 所示。

Step 04　此时，在“节目监视器”面板的字幕上会显示一个椭圆形蒙版，如图 6-55 所示。

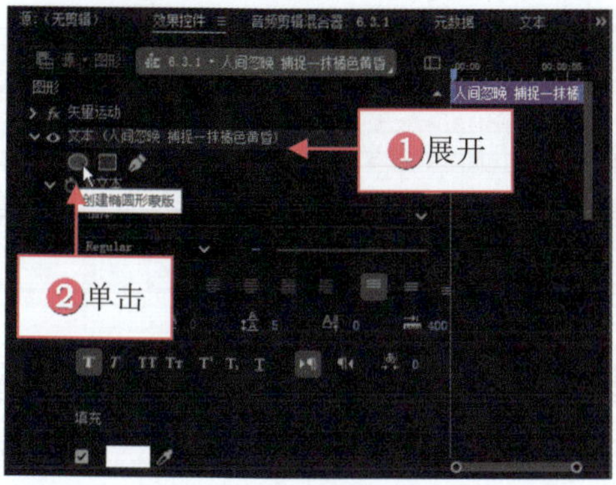

图 6-54　单击“创建椭圆形蒙版”按钮

图 6-55　显示一个椭圆形蒙版

Step 05 在“节目监视器”面板中，按住鼠标左键并拖曳该蒙版至字幕文件居中的位置，如图 6-56 所示。

Step 06 在“效果控件”面板中，单击“蒙版扩展”左侧的“切换动画”按钮，如图 6-57 所示，即可在视频的开始处添加一个关键帧。

图 6-56 拖曳蒙版位置

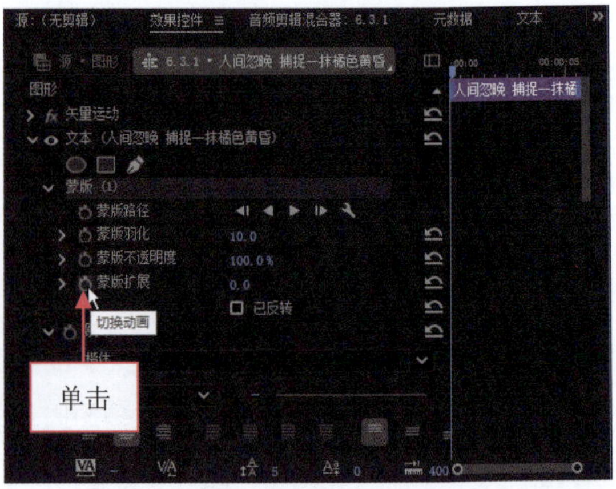

图 6-57 单击“切换动画”按钮

Step 07 在“蒙版扩展”右侧的数值文本框中，❶设置“蒙版扩展”为-250.0，缩小蒙版显示范围；❷将字幕内容全部隐藏，如图 6-58 所示。

图 6-58 将字幕内容全部隐藏

▶ 专家指点

在 Adobe Premiere Pro 2025 中，单击“效果控件”面板中的“切换动画”按钮可以添加关键帧，而运动效果的制作通常通过添加关键帧来实现。关键帧是动画制作中的重要概念，它标记了对象在特定时间点的状态（如位置、缩放、旋转等）。软件会自动计算关键帧之间的过渡，从而生成平滑的动画效果。

为对象指定的关键帧越多，所产生的运动变化就越复杂。例如，在不同的时间点添加缩放、旋转、位置等关键帧，将引导目标对象变大或变小、旋转角度及移动位置等。

Step 08 ❶拖曳播放指示器至 00:00:04:00 的位置；❷设置“蒙版扩展”为 220.0，扩大蒙版显示范围；❸在播放指示器的位置会自动添加一个关键帧；❹在“节目监视器”面板中将看到完全显示的字幕内容，如图 6-59 所示。

图 6-59　完全显示字幕内容

> **▶ 专家指点**
>
> 在 Adobe Premiere Pro 2025 的“效果控件”面板中，添加第 1 个关键帧后，选项右侧将显示 3 个按钮，其含义如下。
>
> - “转到上一关键帧”按钮：单击该按钮，可以切换至上一个关键帧所在的位置。
> - “添加/移除关键帧”按钮：单击该按钮，可以在播放指示器所在位置添加一个关键帧或删除当前所选关键帧。
> - “转到下一关键帧”按钮：单击该按钮，可以切换至下一个关键帧所在的位置。

6.3.2　使用 4 点多边形蒙版

使用 4 点多边形蒙版

在 Adobe Premiere Pro 2025 中，4 点多边形蒙版能创造出矩形或四边形的遮罩效果，适合在矩形区域内显示字幕。视频效果如图 6-60 所示。

图 6-60　视频效果

下面介绍使用 4 点多边形蒙版制作字幕的操作方法。

Step 01 打开一个项目文件，在“节目监视器”面板中可以预览项目效果，如图 6-61 所示。

Step 02 在“时间轴”面板中，选择字幕文本，如图 6-62 所示。

图 6-61　预览项目效果

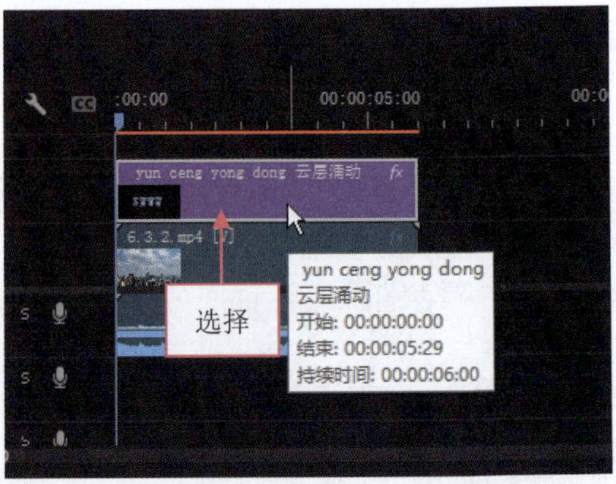

图 6-62　选择字幕文本

Step 03　在“效果控件”面板中，❶展开“文本”选项；❷单击“创建 4 点多边形蒙版”按钮■，如图 6-63 所示。

Step 04　此时，在“节目监视器”面板的字幕上会显示一个矩形蒙版，如图 6-64 所示。

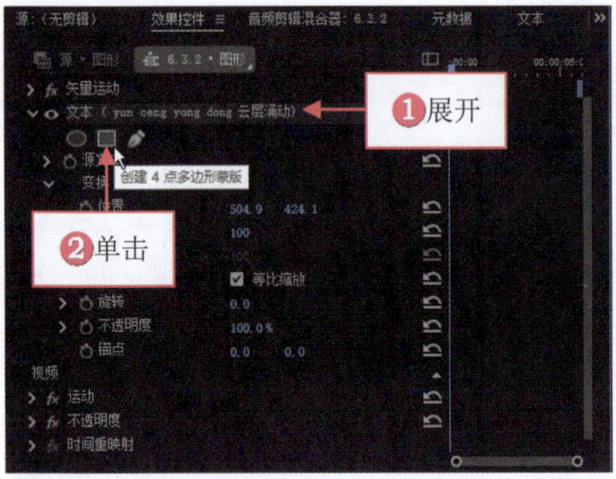

图 6-63　单击“创建 4 点多边形蒙版”按钮

图 6-64　显示一个矩形蒙版

Step 05　在“节目监视器”面板中，按住鼠标左键并拖曳蒙版至字幕居中的位置，如图 6-65 所示。

Step 06　在“效果控件”面板中，单击“蒙版扩展”左侧的“切换动画”按钮⏱，如图 6-66 所示，即可在视频的开始处添加一个关键帧。

图 6-65　拖曳蒙版位置

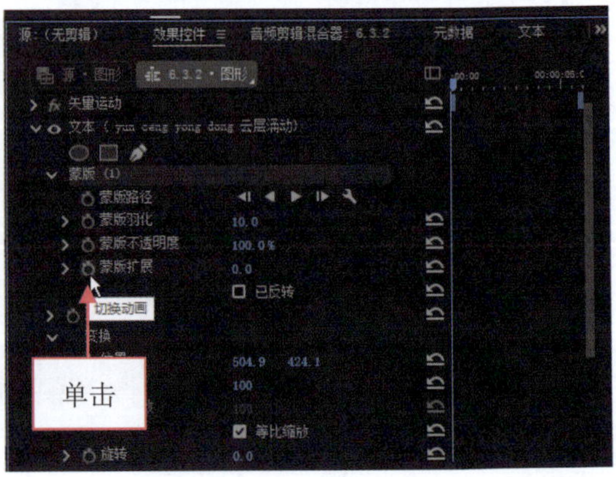

图 6-66　单击“切换动画”按钮

Step07 在“蒙版扩展”右侧的数值文本框中，①设置“蒙版扩展”为-145.0，缩小蒙版显示范围；②将字幕内容全部隐藏，如图 6-67 所示。

图 6-67　将字幕内容全部隐藏

Step08 ①拖曳播放指示器至 00:00:04:00 的位置；②设置“蒙版扩展”为 210.0，扩大蒙版显示范围；③在播放指示器的位置会自动添加一个关键帧◆；④在“节目监视器”面板中将看到完全显示的字幕内容，如图 6-68 所示。

图 6-68　完全显示字幕内容

6.3.3　使用自由曲线蒙版

在 Adobe Premiere Pro 2025 中，自由曲线蒙版适合处理更加自由、形状复杂的字幕遮罩效果，可以增加创意表现力。视频效果如图 6-69 所示。

使用自由曲线蒙版

下面介绍使用自由曲线蒙版制作字幕的操作方法。

Step01 打开一个项目文件，在“节目监视器”面板中可以预览项目效果，如图 6-70 所示。

Step02 在“时间轴”面板中，选择字幕文本，如图 6-71 所示。

Step03 在“效果控件”面板中，①展开“文本”选项；②单击“自由绘制贝塞尔曲线”按钮，如图 6-72 所示。

图 6-69　视频效果

图 6-70　预览项目效果

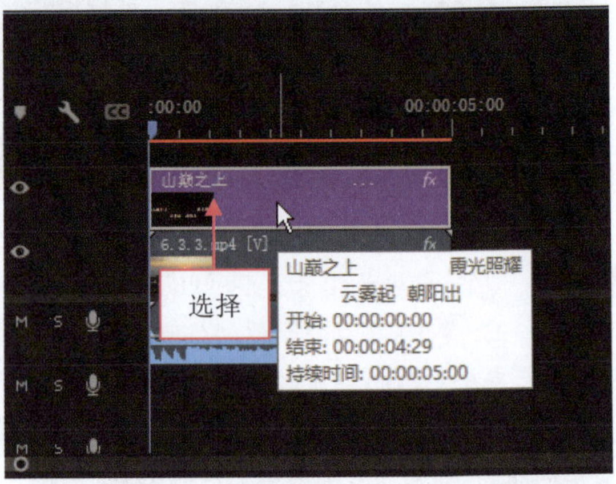

图 6-71　选择字幕文本

Step 04　在“节目监视器”面板中的字幕文件四周单击鼠标左键，绘制点线相连的曲线，如图 6-73 所示。

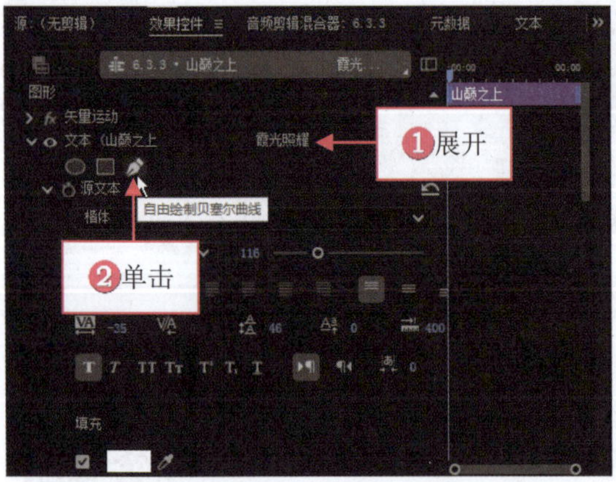

图 6-72　单击“自由绘制贝塞尔曲线”按钮

图 6-73　绘制点线相连的曲线

Step 05　围绕字幕文件四周继续单击鼠标左键，完成自由曲线蒙版的绘制，如图 6-74 所示。

Step 06　在“效果控件”面板中，单击“蒙版扩展”左侧的“切换动画”按钮，如图 6-75 所示，即可在视频的开始处添加一个关键帧。

Step 07　在“蒙版扩展”右侧的数值文本框中，❶设置“蒙版扩展”为 - 140.0，向画面中间缩小蒙版显示范围；❷将字幕内容全部隐藏，如图 6-76 所示。

图 6-74　绘制自由曲线蒙版

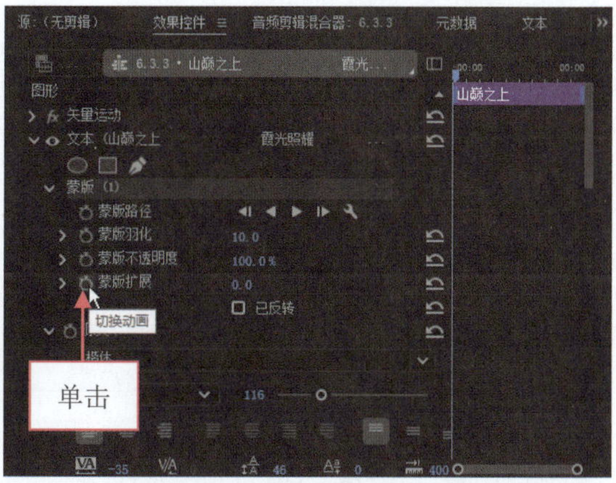

图 6-75　单击“切换动画”按钮

图 6-76　将字幕内容全部隐藏

Step 08　1拖曳播放指示器至 00:00:04:00 的位置；2设置“蒙版扩展”为 0.0，扩大蒙版显示范围；3在播放指示器的位置会自动添加一个关键帧；4在“节目监视器”面板中将看到完全显示的字幕内容，如图 6-77 所示。

图 6-77　完全显示字幕内容

6.4 制作字幕动画效果

在视频制作中，动画效果是提升视觉吸引力和信息传达效果的重要手段之一。动画效果能够让字幕更加生动，吸引观众的注意力，增强观众的观看体验。本节将介绍在 Adobe Premiere Pro 2025 中制作不同的字幕动画效果。

6.4.1 制作水印路径运动

制作水印路径运动

在 Adobe Premiere Pro 2025 中，水印路径运动是指水印文字以平滑的路径在画面中进行运动，常用于品牌标识或防伪、防盗的动态展示。视频效果如图 6-78 所示。

图 6-78 视频效果

下面介绍制作水印路径运动的操作方法。

Step 01 打开一个项目文件，在“节目监视器”面板中可以预览项目效果，如图 6-79 所示。

Step 02 在“时间轴”面板中，选择字幕文本，如图 6-80 所示。

图 6-79 预览项目效果

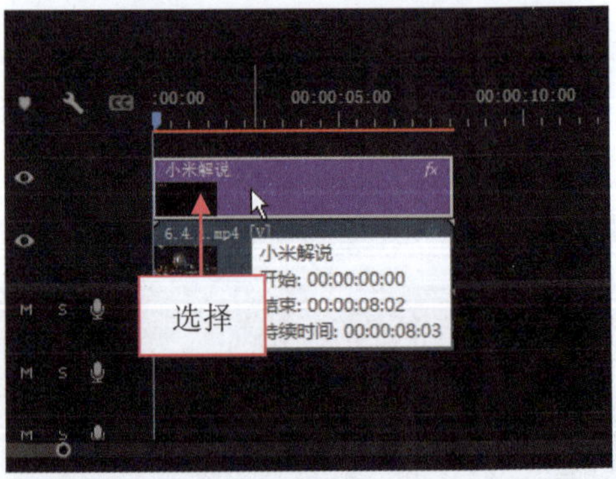

图 6-80 选择字幕文本

Step 03 在“效果控件”面板中，展开“文本”选项，❶在“变换”选项下方单击“位置”和“旋转”左侧的“切换动画”按钮；❷添加第 1 组关键帧，如图 6-81 所示。

Step 04 ❶拖曳播放指示器至 00:00:05:00 的位置；❷设置“位置”为（1510.0，1051.0）、“旋转”为 1x0.0°（即 360°），使水印字幕沿路径旋转运动至画面的右下角；❸添加第 2 组关键帧，如图 6-82 所示。执行操作后，即可完成水印路径运动效果的制作，在“节目监视器”面板中可以预览效果。

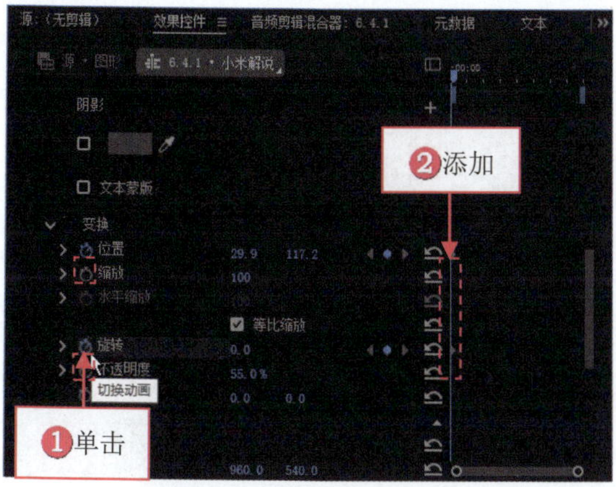

图 6-81　添加第 1 组关键帧

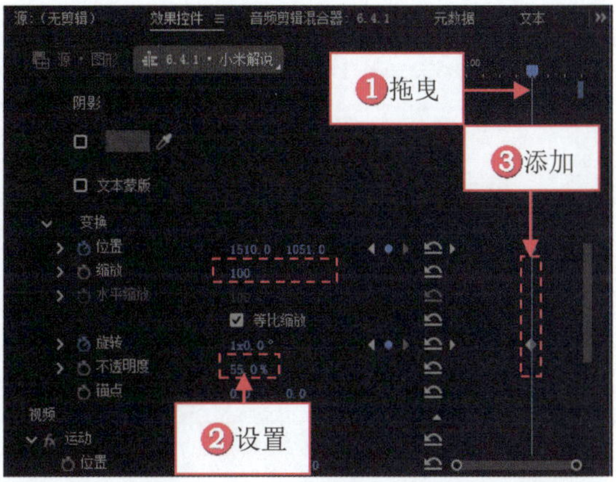

图 6-82　添加第 2 组关键帧

6.4.2　制作字幕缩放特效

制作字幕缩放特效

字幕缩放特效是指字幕在画面中放大或缩小的效果，这种类型的动态字幕常运用在影视或短视频片头中。例如，将字幕放大再缩小至画面中心的位置，以此呈现片头字幕缩小动画。视频效果如图 6-83 所示。

图 6-83　视频效果

下面介绍制作字幕缩放特效的操作方法。

Step 01　打开一个项目文件，在“节目监视器”面板中可以预览项目效果，如图 6-84 所示，可以看到字幕正好在画面中间的位置，大小也正好合适。

Step 02　在“时间轴”面板中，❶选择字幕文本；❷将播放指示器拖曳至 00:00:01:20 的位置，即字幕运动停止的位置，如图 6-85 所示。

Step 03　在“效果控件”面板中，展开“文本”选项，❶在“变换”选项下方单击“位置”和“缩放”左侧的“切换动画”按钮；❷添加第 1 组关键帧，如图 6-86 所示，先固定字幕最后呈现的位置和大小。

Step 04　❶拖曳播放指示器至 00:00:00:00 的位置；❷设置“位置”为（950.0，1073.0）、“缩放”为 850，在视频开始的位置将字幕放大并调整至合适位置；❸添加第 2 组关键帧，如图 6-87 所示。执行操作后，即可完成字幕缩放特效的制作，在“节目监视器”面板中可预览效果。

图 6-84 预览项目效果

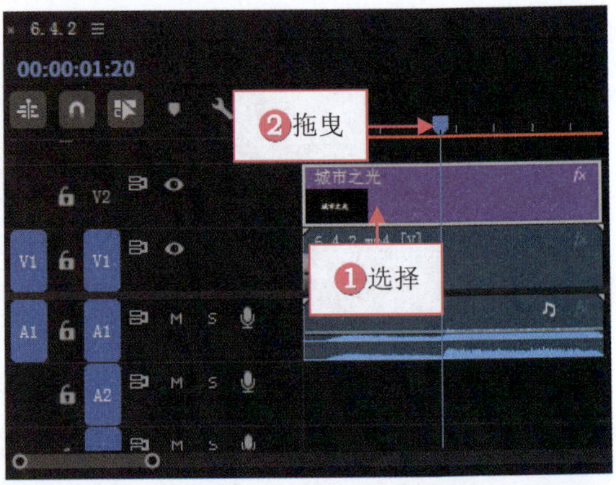

图 6-85 拖曳播放指示器

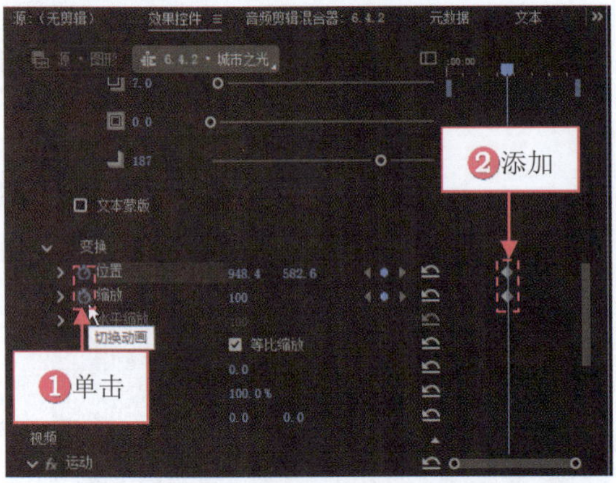

图 6-86 添加第 1 组关键帧

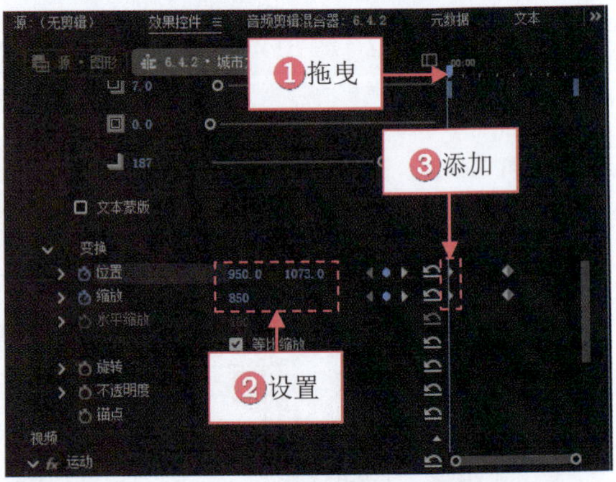

图 6-87 添加第 2 组关键帧

6.4.3 制作字幕淡入淡出

制作字幕淡入淡出

在 Adobe Premiere Pro 2025 中，通过设置“效果控件”面板中的“不透明度”选项参数，可以制作字幕的淡入淡出特效，适用于过渡场景、开头结尾字幕，或需要平滑出现的视频之中。视频效果如图 6-88 所示。

图 6-88 视频效果

下面介绍制作字幕淡入淡出的操作方法。

Step 01　打开一个项目文件，在“节目监视器”面板中，单击“播放-停止切换”按钮▶，可以预览项目效果，如图 6-89 所示。

Step 02　在“时间轴”面板中，选择字幕文本，如图 6-90 所示。

图 6-89　预览项目效果

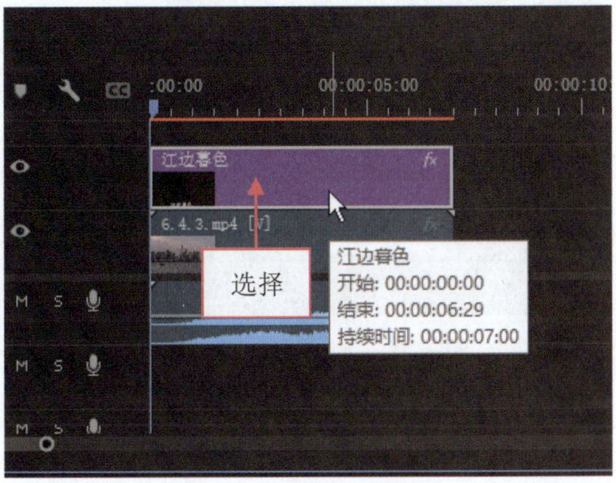

图 6-90　选择字幕文本

Step 03　在“效果控件”面板中，展开“文本”选项，❶在“变换”选项下方单击“不透明度”左侧的“切换动画”按钮；❷设置“不透明度”为 0.0%，将字幕变得透明；❸添加第 1 个关键帧，如图 6-91 所示。

Step 04　❶拖曳播放指示器至 00:00:02:00 的位置；❷设置“不透明度”为 100.0%，使字幕能够完全显示在画面中；❸添加第 2 个关键帧，如图 6-92 所示。执行操作后，即可使字幕逐渐淡入显示在画面中。

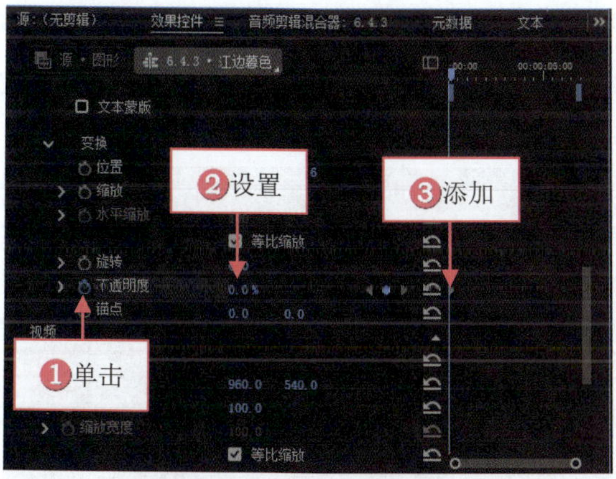

图 6-91　添加第 1 个关键帧

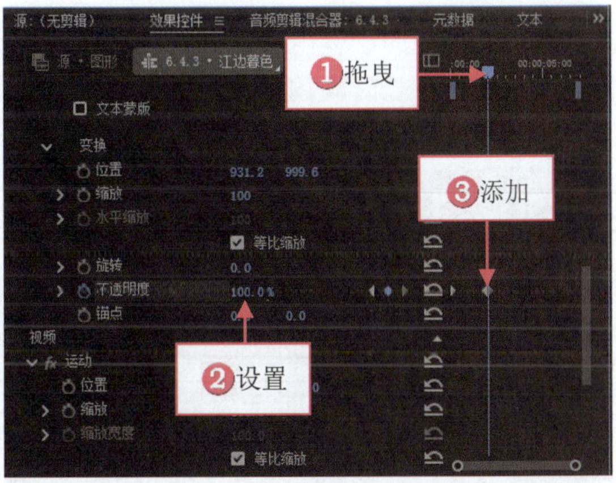

图 6-92　添加第 2 个关键帧

Step 05　❶拖曳播放指示器至 00:00:06:00 的位置；❷设置“不透明度”为 100.0%，维持字幕在画面中完全显示；❸添加第 3 个关键帧，如图 6-93 所示。

Step 06　❶拖曳播放指示器至 00:00:07:00 的位置；❷设置“不透明度”为 0.0%，将字幕再次变得透明；❸添加第 4 个关键帧，如图 6-94 所示。执行操作后，即可使字幕逐渐淡出画面，完成字幕淡入淡出的制作，在“节目监视器”面板中可以预览效果。

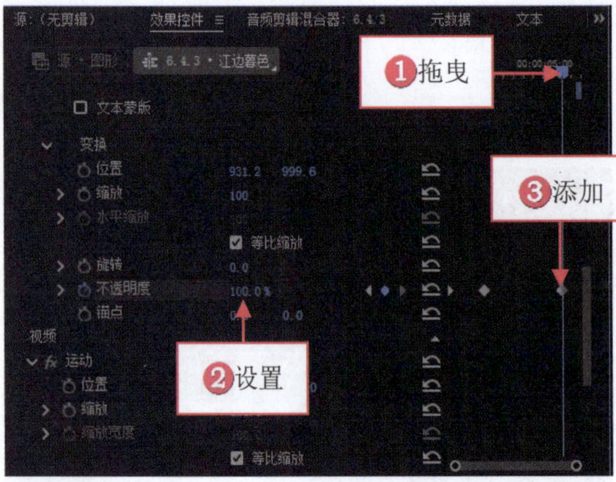

图 6-93　添加第 3 个关键帧

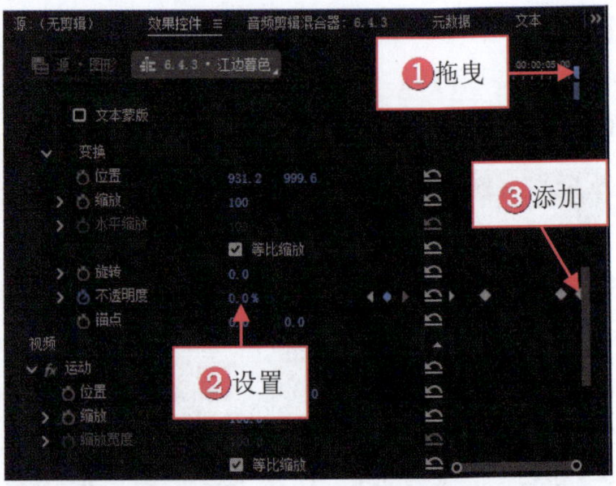

图 6-94　添加第 4 个关键帧

6.5　智能字幕生成

Adobe Premiere Pro 2025 为用户提供了“自动转录”功能，通过 AI 技术可以智能生成字幕，例如将音频中的人声转为文字、自动识别视频中的人声并转录为视频字幕等，大大提高字幕制作效率并减少了人工工作量。本节将介绍智能字幕生成的操作方法。

6.5.1　AI 语音音频转文本

AI 语音音频转文本

在 Adobe Premiere Pro 2025 中，AI 语音音频转文本是通过 AI 语音识别技术，将音频中的语音内容自动转化为文本。这一技术大大提高了视频制作的效率，尤其在长时间的讲座、采访、电台播报、旁白配音及其他语音密集型内容中，能够节省大量手动输入字幕的时间。视频效果如图 6-95 所示。

图 6-95　视频效果

下面介绍 AI 语音音频转文本的操作方法。

Step 01 打开一个项目文件，在“节目监视器”面板中可以预览项目效果，如图 6-96 所示。

Step 02 在菜单栏中，单击“窗口”|“文本”命令，如图 6-97 所示。

Step 03 在“文本”面板中，切换至“转录文本”选项卡，如图 6-98 所示。

Step 04 在“2 个源剪辑尚未转录”右侧，单击“转录”按钮，如图 6-99 所示。

图 6-96　预览项目效果

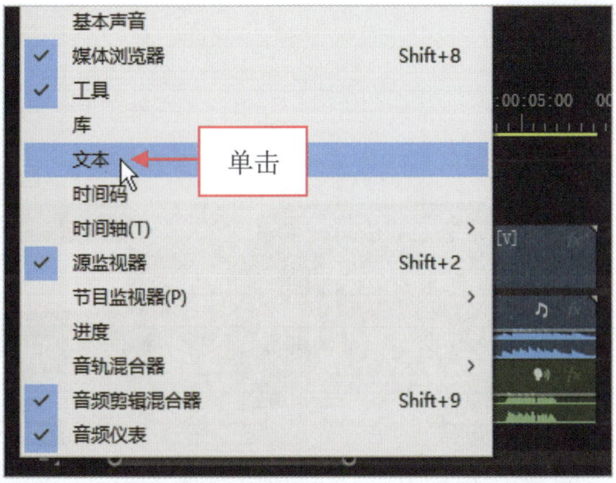

图 6-97　单击“文本”命令

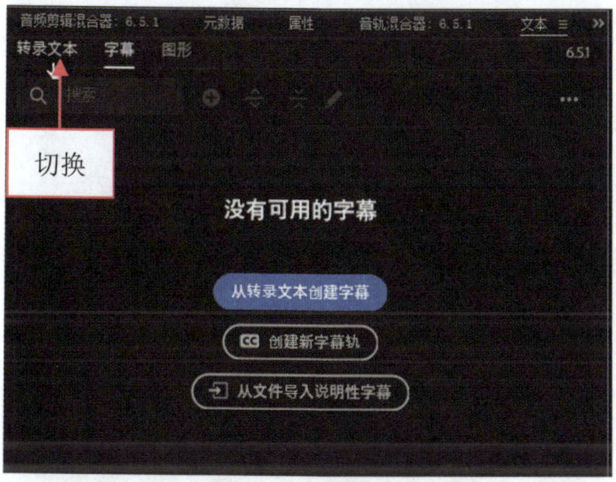

图 6-98　切换至“转录文本”选项卡

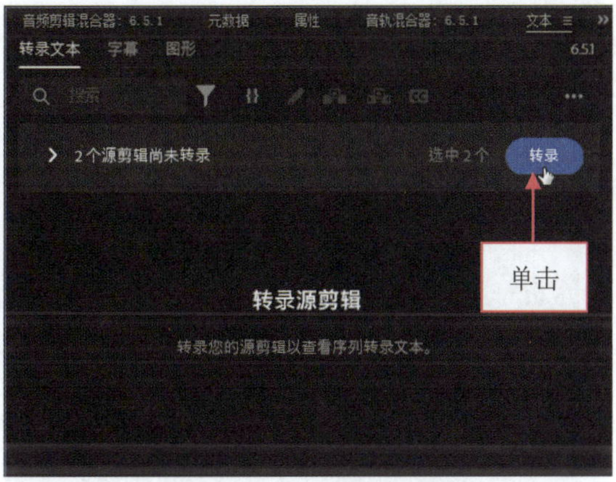

图 6-99　单击“转录”按钮

Step 05　稍等片刻，即可将音频中的语音转为文本，如图 6-100 所示。

Step 06　❶切换至“字幕”选项卡；❷单击“从转录文本创建字幕”按钮，如图 6-101 所示。

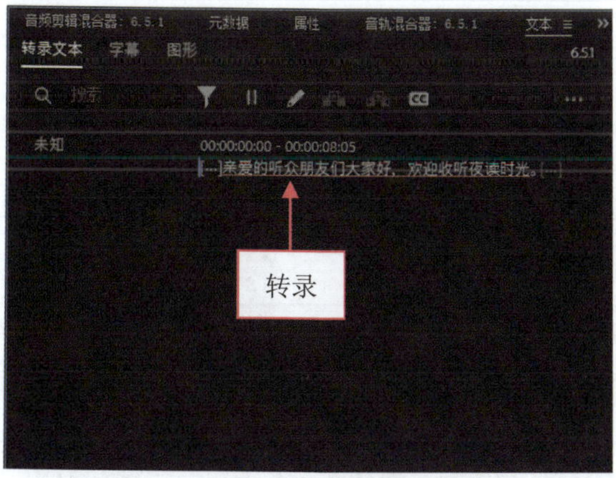

图 6-100　将音频中的语音转为文本

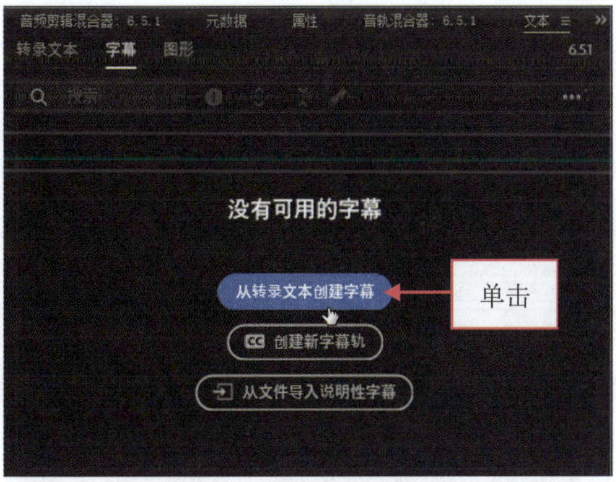

图 6-101　单击“从转录文本创建字幕”按钮

Step 07　弹出“创建字幕”对话框，单击“创建字幕”按钮，如图 6-102 所示。

Step 08　在“时间轴”面板中，即可创建一条“字幕”轨道，并生成字幕文件，如图 6-103 所示。

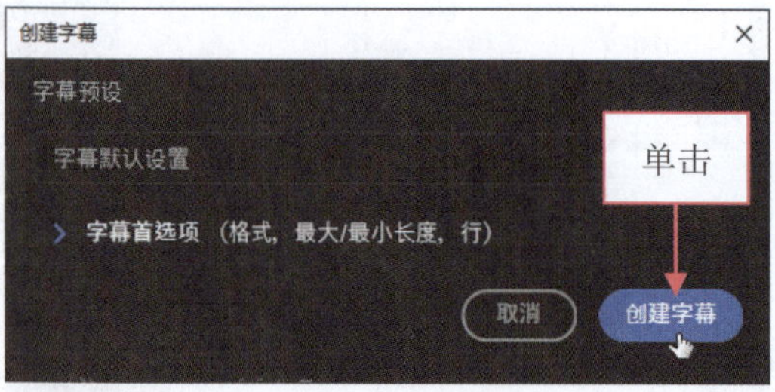

图 6-102　单击“创建字幕”按钮

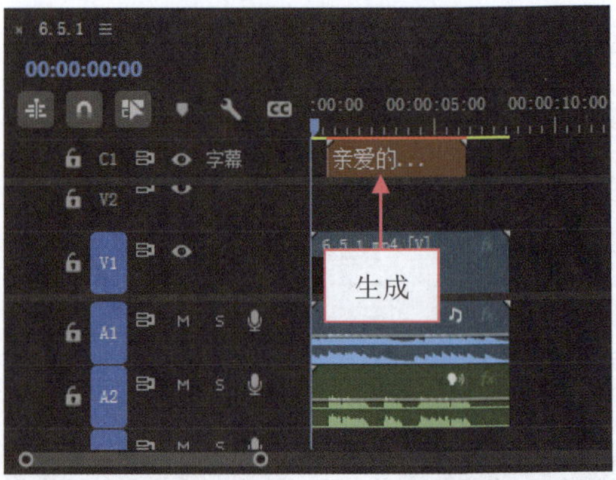

图 6-103　生成字幕文件

Step 09 ❶在“文本”面板中选择创建的字幕；❷单击“编辑活动文本”按钮，如图 6-104 所示。

Step 10 执行操作后，即可编辑字幕内容，为字幕添加标点符号，并修改错别字，如图 6-105 所示。

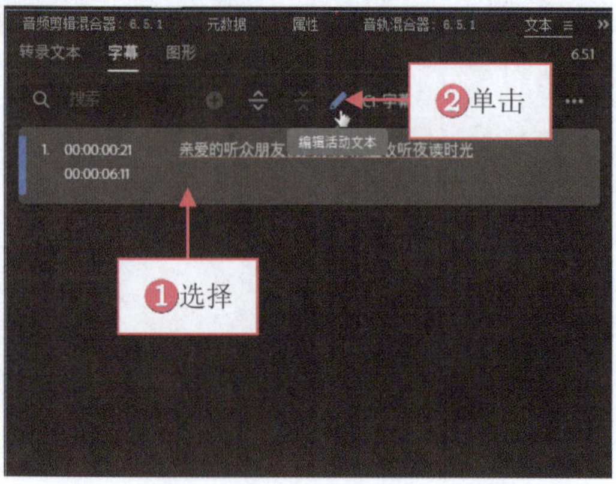

图 6-104　单击“编辑活动文本”按钮

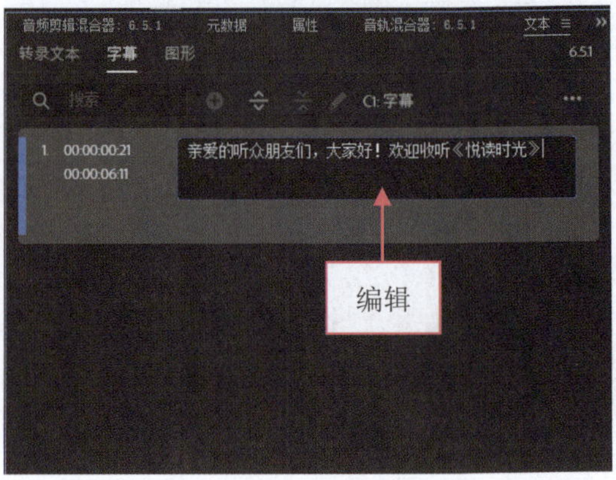

图 6-105　编辑字幕内容

Step 11 ❶切换至“属性”面板；❷设置“字体”为“隶书”、“字号”为 90，如图 6-106 所示，设置字幕字体和大小。

Step 12 在“节目监视器”面板中，可以查看字幕效果，如图 6-107 所示，可以看到当前字幕内容过长，需要将其分为两段显示。

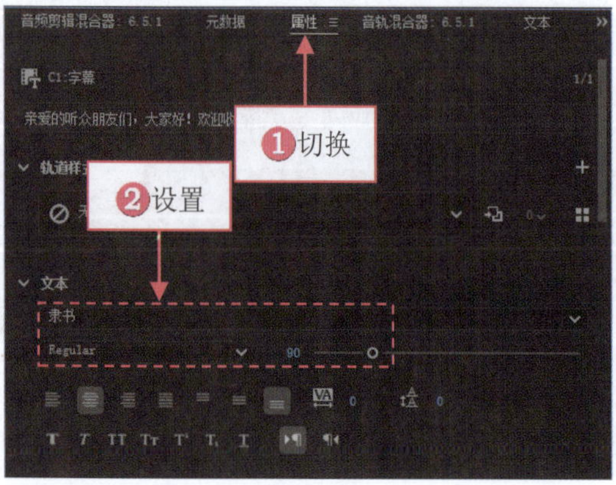

图 6-106　设置字幕“字体”和“字号”

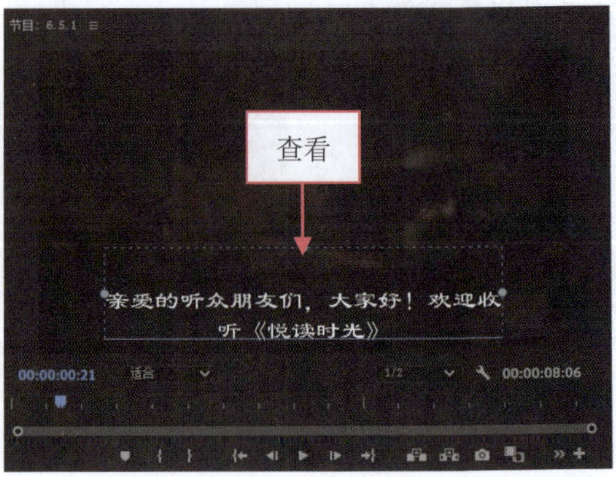

图 6-107　查看字幕效果

Step 13 ❶切换至“文本”面板，双击字幕，使其呈可编辑状态；❷将鼠标放至需要拆分的位置并单击鼠标左键，如图 6-108 所示。

Step 14 执行操作后，单击“拆分字幕”按钮，如图 6-109 所示。

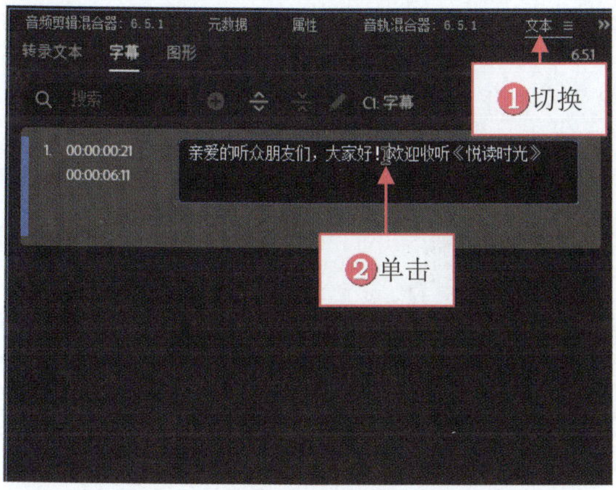

图 6-108 在需要拆分的位置单击鼠标左键

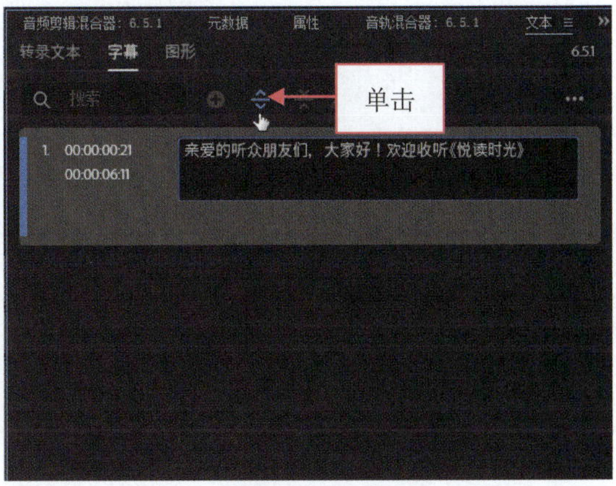

图 6-109 单击“拆分字幕”按钮

Step 15 稍等片刻，即可在需要拆分的位置将字幕分割为两段，如图 6-110 所示。

Step 16 在“文本”面板中，同时会显示两段一样的字幕内容，如图 6-111 所示。

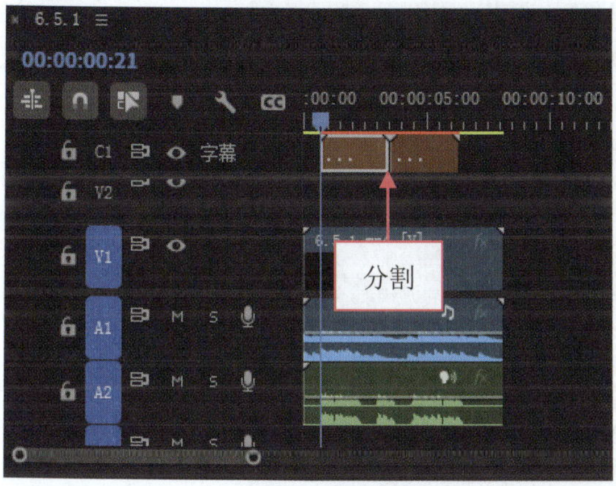

图 6-110 将字幕分割为两段

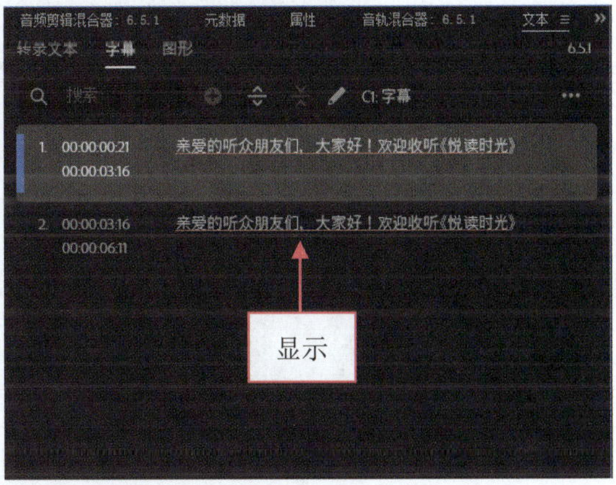

图 6-111 显示两段一样的字幕内容

Step 17 通过双击字幕，将两段字幕中多余的内容删除，最终效果如图 6-112 所示。至此，即可完成字幕拆分操作。

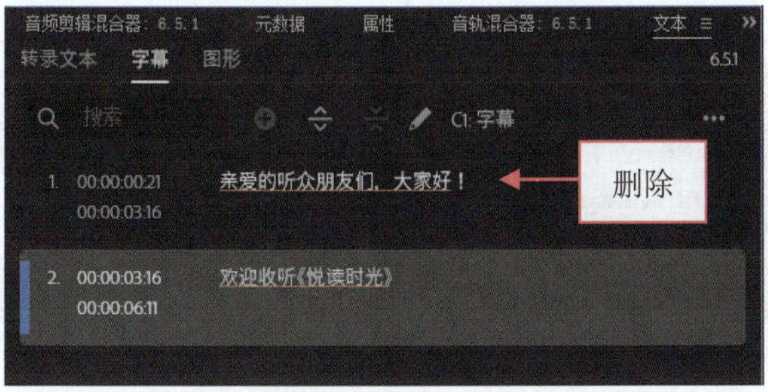

图 6-112 将两段字幕中多余的内容删除

6.5.2　AI 自动转录视频字幕

AI 自动转录视频字幕

在 Adobe Premiere Pro 2025 中，除了将序列中的语音音频转为文本外，AI 还可以自动识别并转录导入的视频字幕。视频效果如图 6-113 所示。

图 6-113　视频效果

下面介绍 AI 自动转录视频字幕的操作方法。

Step 01 打开一个项目文件，在“导入”界面中，❶选择一个视频素材；❷在“导入设置”面板中单击“自动转录”右侧的开关，启用“自动转录”功能；❸单击“导入”按钮，如图 6-114 所示。

图 6-114　单击“导入”按钮

Step 02 执行操作后，即可将视频导入项目中，并自动转录文本，单击“创建说明性字幕”按钮，如图 6-115 所示。

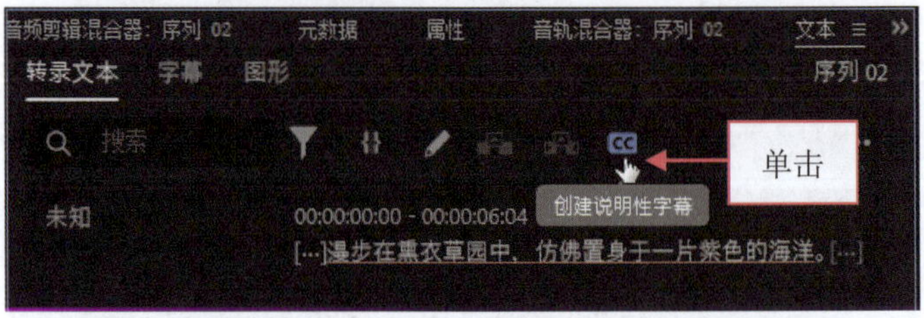

图 6-115　单击“创建说明性字幕”按钮

Step03 弹出“创建字幕”对话框，单击“创建字幕”按钮，如图 6-116 所示，创建字幕轨道并生成字幕文件。

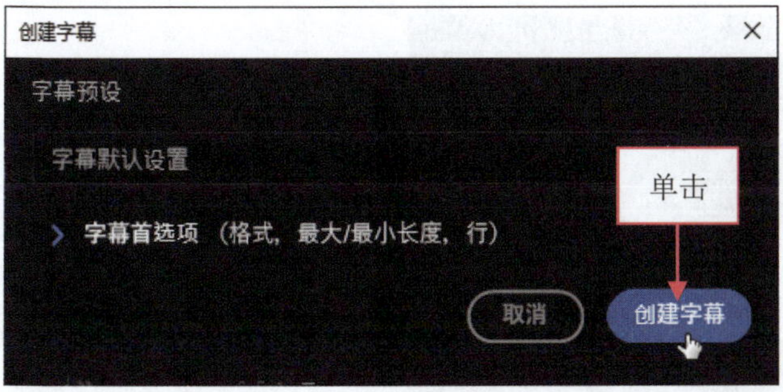

图 6-116　单击“创建字幕”按钮

Step04 在“文本”面板中，双击字幕进行编辑，按回车键将字幕内容分为两行，如图 6-17 所示。

Step05 在“属性”面板中，❶设置“字体”为“楷体”、“字号”为 90（将字幕调大）；❷并单击“仿粗体”按钮**T**，将字幕加粗，如图 6-118 所示。至此，完成自动转录视频字幕操作。

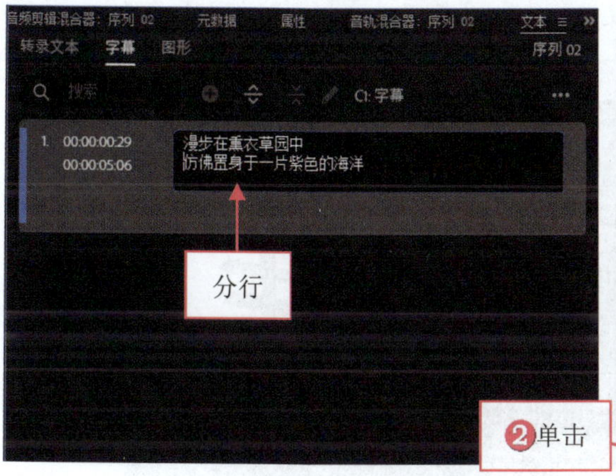

图 6-117　将字幕内容分为两行

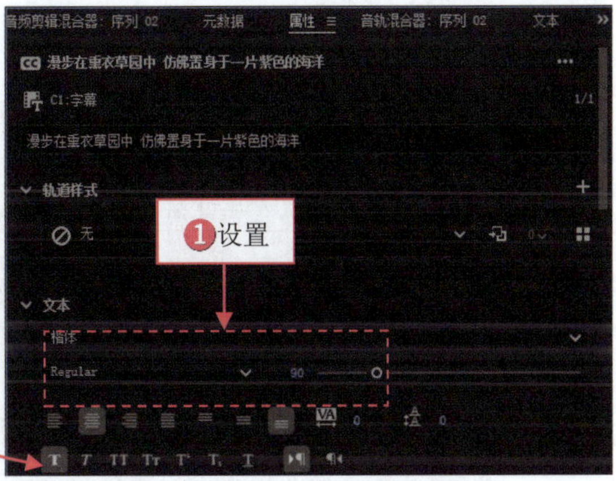

图 6-118　单击“仿粗体”按钮

本章小结

本章主要讲述了使用 Adobe Premiere Pro 2025 为视频添加字幕的相关操作。首先介绍了创建与导出字幕的操作方法；其次介绍了编辑字幕属性的操作方法；再次介绍了使用蒙版和关键帧制作字幕动画效果的操作方法；最后介绍了利用 AI 技术智能生成字幕的操作方法。通过本章的学习，读者可以更高效地制作出专业水准的字幕，为视频内容增添更多吸引力和可读性。

课后实训

课后实训

鉴于本章知识的重要性，为了使读者更好地掌握所学知识，将通过课后实训帮助读者进行简单的知识回顾和补充。

实训任务：打开一个项目文件，在“效果控件”面板中，通过“混合模式”功能，制作字幕混合叠加特效。原图与效果对比如图 6-119 所示。

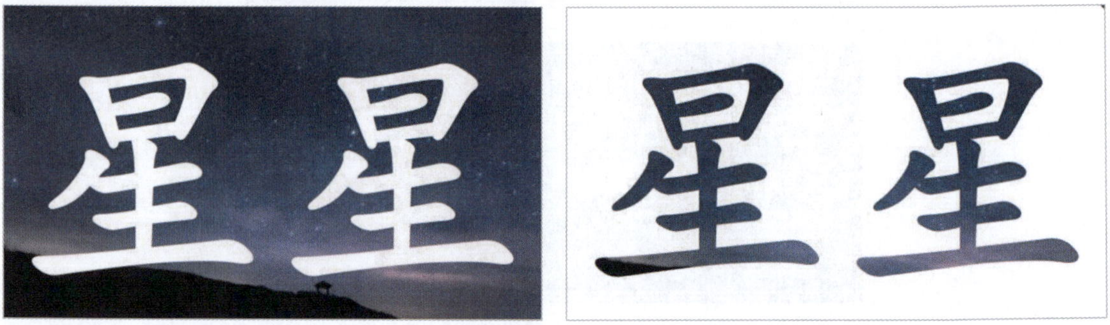

图 6-119　原图与效果对比

下面介绍相关的操作方法。

Step 01 打开一个项目文件，选择字幕文件，在“效果控件”面板中，展开“文本”选项，❶设置“填充”颜色为黑色；❷选中“描边”复选框；❸设置“描边”颜色为白色、“描边宽度”为 150.0；❹使白色描边撑满屏幕画面，将背景完全遮盖，如图 6-120 所示。

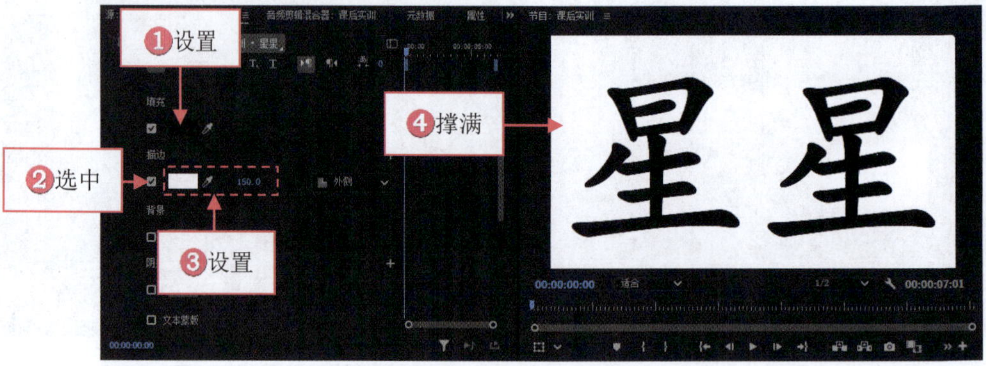

图 6-120　使白色描边撑满屏幕画面

Step 02 ❶收起“文本”选项；❷展开“不透明度”选项；❸设置“混合模式”为“变亮”，将黑色去除，保留白色描边；❹呈现字幕混合叠加特效，如图 6-121 所示。

图 6-121　呈现字幕混合叠加特效

第 7 章 背景音乐的处理

7

在视频制作过程中，音频的处理和优化同样重要，尤其是背景音乐的选择与调节。Adobe Premiere Pro 2025 在这一领域提供了强大的支持，使音频编辑更加高效、精准。本章将介绍使用 Adobe Premiere Pro 2025 中的音频效果和 AI 技术进行背景音乐的编辑、效果处理、常用音效的制作及智能音频优化。

本章重点

- 掌握编辑音频素材的方法
- 熟悉音频效果处理的方法
- 熟知制作常用音效的方法
- 掌握智能音频优化的方法

素质目标

- 培养读者掌握音频效果与 AI 工具操作技能
- 提升读者背景音乐与音频效果的融合处理水平

7.1　编辑音频素材

在 Adobe Premiere Pro 2025 中，通过不同的编辑操作，可以将背景音乐或音效与视频内容更加契合，增强观看体验。在编辑音频前，首先需要了解音频编辑的一些基本操作，如运用“项目”面板添加音频、运用工具分割音频文件及运用菜单命令删除音频等。

7.1.1　添加背景音频

添加背景音频

与添加视频素材以及图片素材的方法一样，用户也可以运用“项目”面板添加音频文件。视频效果如图 7-1 所示。

图 7-1　视频效果

下面介绍添加背景音频的操作方法。

Step 01 打开一个项目文件，如图 7-2 所示，在“时间轴”面板中，可以看到轨道上只有视频，没有音频，需要为视频添加背景音乐。

Step 02 在“项目”面板中，选择音频文件，如图 7-3 所示。

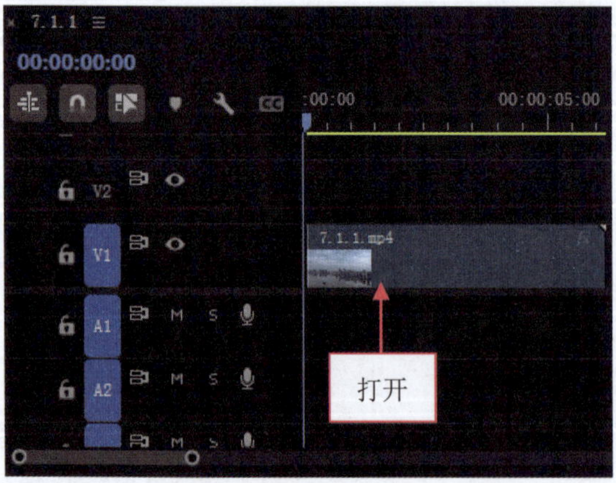

图 7-2　打开一个项目文件

图 7-3　选择音频文件

Step 03 按住鼠标左键，将音频文件拖曳到 A1 轨道上，如图 7-4 所示。

Step 04 释放鼠标左键，即可通过“项目”面板为视频添加背景音频，如图 7-5 所示。在“节目监视器”面板中，可以预览添加音频后的视频效果。

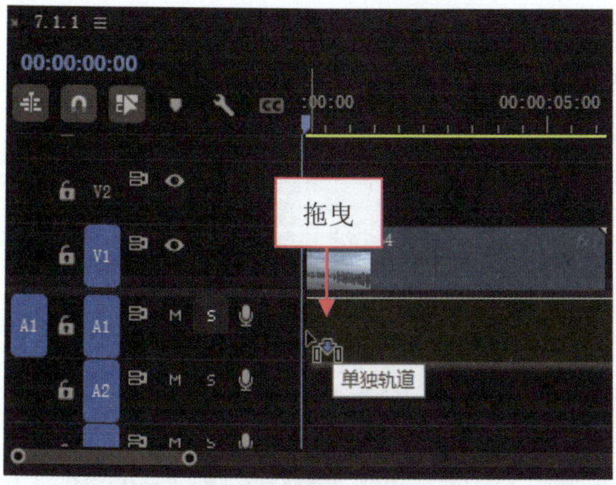

图 7-4　拖曳音频文件

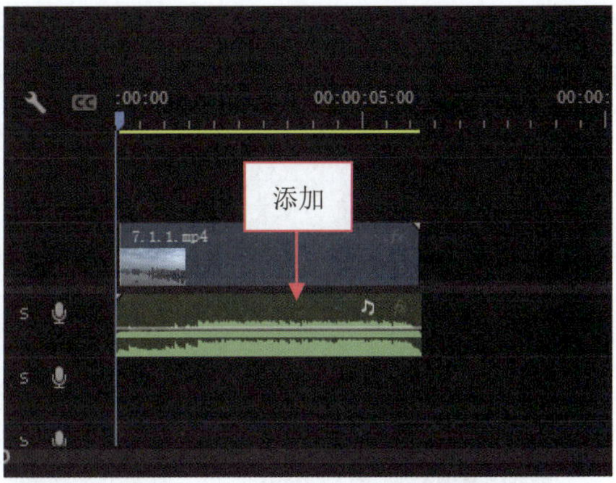

图 7-5　为视频添加背景音频

7.1.2　分割音频文件

分割音频文件

分割音频文件是指运用剃刀工具将音频素材分割成两段或多段音频素材，这样可以让用户更好地将音频与其他素材相结合，还可以分割超出视频时长的部分音频。视频效果如图 7-6 所示。

图 7-6　视频效果

下面介绍分割音频文件的操作方法。

Step 01 打开一个项目文件，如图 7-7 所示，在“时间轴”面板中，可以看到音频比视频长。

Step 02 在工具箱中，选取剃刀工具，如图 7-8 所示。

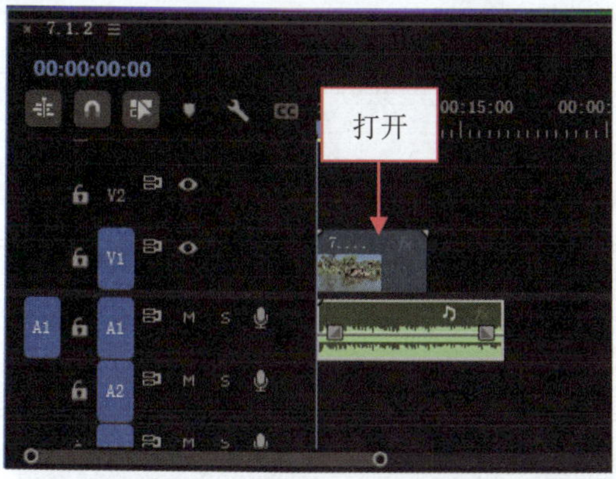

图 7-7　打开一个项目文件

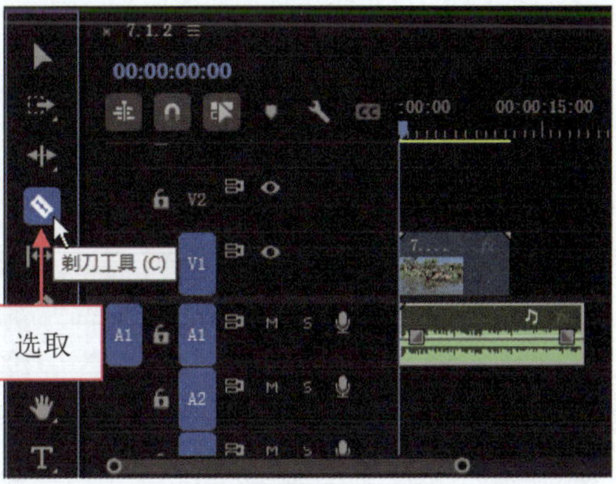

图 7-8　选取剃刀工具

Step 03 在音频文件上，将剃刀工具移至视频结束的位置处，如图 7-9 所示。

Step 04 单击鼠标左键，即可分割音频文件，如图 7-10 所示。

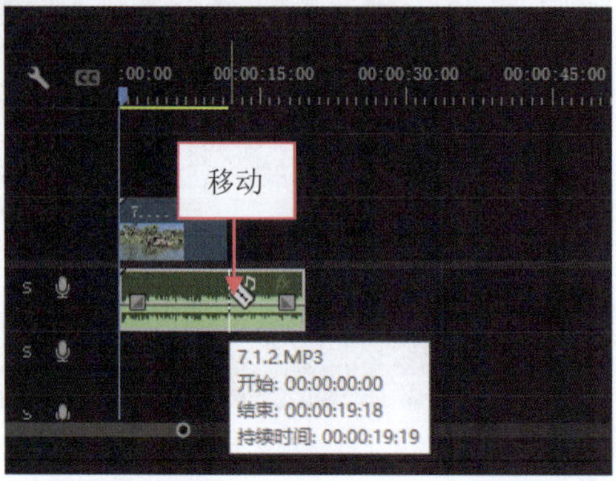

图 7-9　移动剃刀工具

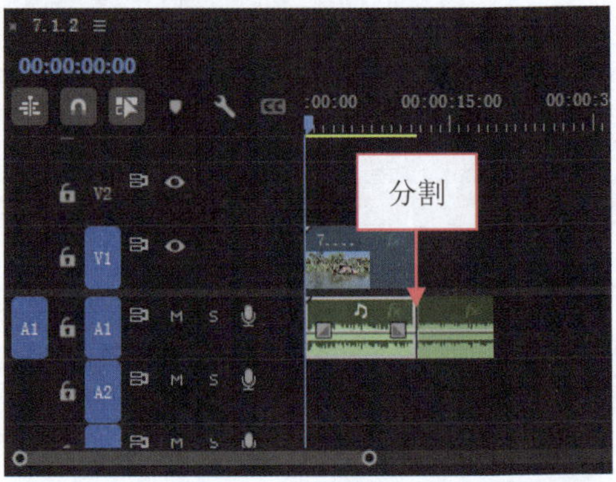

图 7-10　分割音频文件

7.1.3　删除音频文件

删除音频文件

当用户剪辑完项目文件后，可以将项目文件中多余的音频文件删除。以上一例为例，当用户可以通过按快捷键将分割出来的音频删除。视频效果如图 7-11 所示。

图 7-11　视频效果

下面介绍删除音频文件的操作方法。

Step 01 打开上一例中的项目文件，选取选择工具，选择多余的音频文件，如图 7-12 所示。

Step 02 按【Delete】键，即可删除音频文件，如图 7-13 所示。

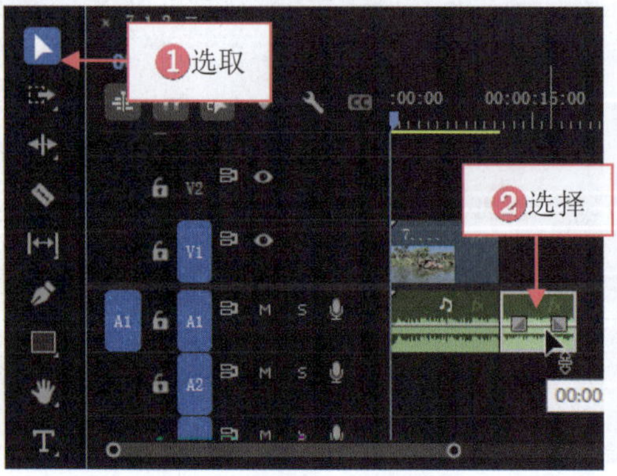

图 7-12　打开一个项目文件

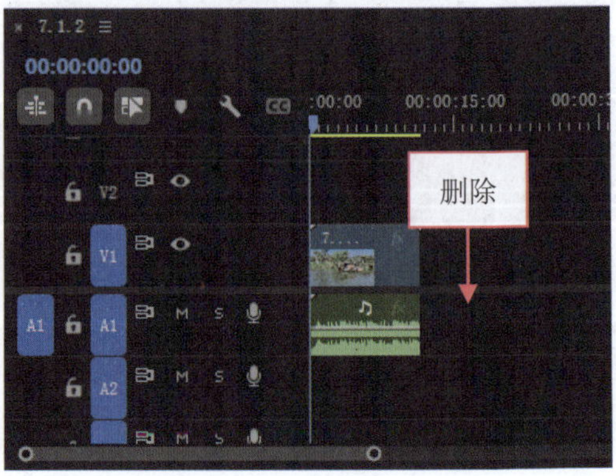

图 7-13　删除音频文件

7.2　音频效果处理

在 Adobe Premiere Pro 2025 中，用户可以对音频进行适当的处理，例如为音频设置淡入淡出、添加音频过渡效果以及删除不满意的音频效果等，让音频达到更好的视听效果。本节将详细介绍音频效果处理的操作方法。

7.2.1　设置音频淡入淡出

设置音频淡入淡出

设置音频淡入淡出能够使音频的开始和结束更加平滑，避免突兀的音频切换，提升观众的听觉体验。视频效果如图 7-14 所示。

图 7-14　视频效果

下面介绍设置音频淡入淡出的操作方法。

Step 01 打开一个项目文件，在 A1 轨道的音频上，按住“淡入”按钮并向右拖曳，如图 7-15 所示，至合适位置处释放鼠标左键，即可设置音频淡入效果。

Step 02 用同样的方法，按住“淡出”按钮并向左拖曳，如图 7-16 所示，至合适位置处释放鼠标左键，即可设置音频淡出效果。

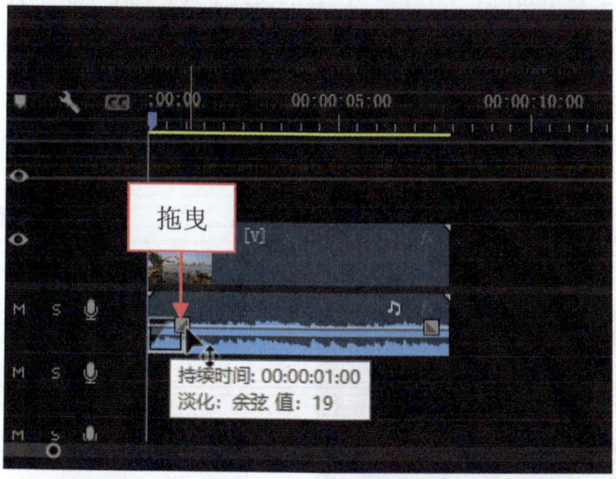

图 7-15　按住“淡入”按钮并向右拖曳

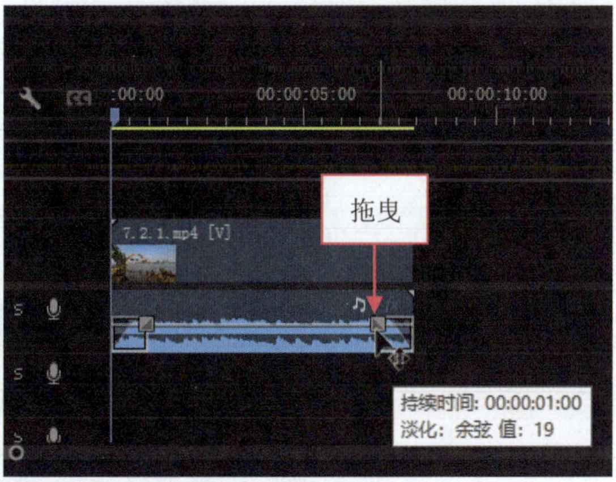

图 7-16　按住“淡出”按钮并向左拖曳

> ▶ 专家指点
> 还可以在“效果控件”面板中，通过添加“音量”关键帧，来实现音频淡入淡出。

7.2.2 为音频添加过渡效果

为音频添加过渡效果

音频过渡效果可以实现两段音频的自然衔接，避免音频片段之间的突兀切换，提升整体流畅性。视频效果如图 7-17 所示。

图 7-17 视频效果

下面介绍为音频添加过渡效果的操作方法。

Step 01 打开一个项目文件，如图 7-18 所示，需要为轨道上的两段音频添加过渡效果。

Step 02 在“效果”面板中，❶展开“音频过渡”|“交叉淡化”选项；❷选择“恒定功率”效果，如图 7-19 所示。

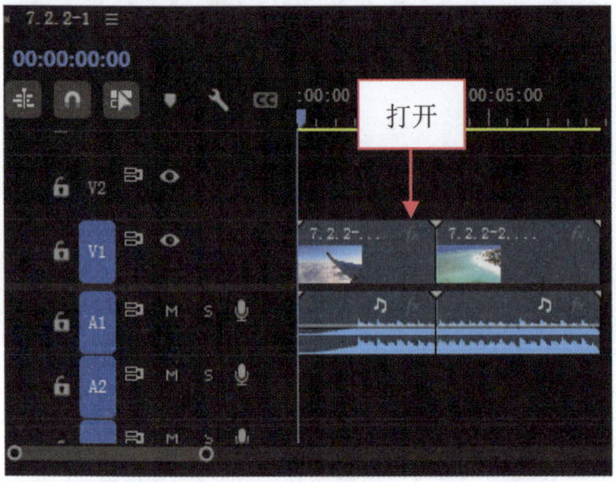

图 7-18 按住“淡入”按钮并向右拖曳

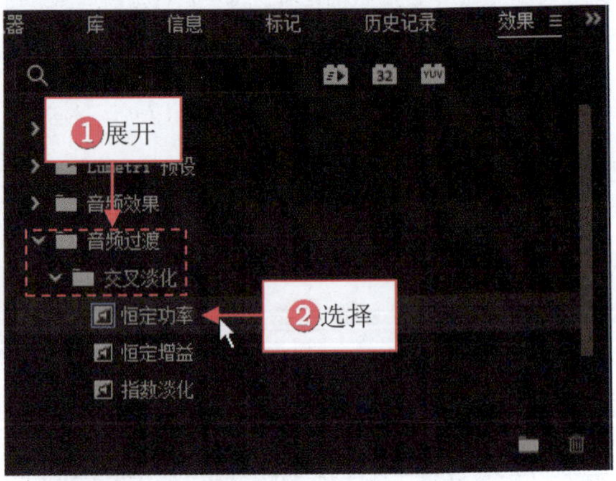

图 7-19 按住“淡出”按钮并向左拖曳

Step 03 按住鼠标左键并拖曳，将效果添加至第 2 段音频的开始位置，如图 7-20 所示，使两段音频渐变过渡。

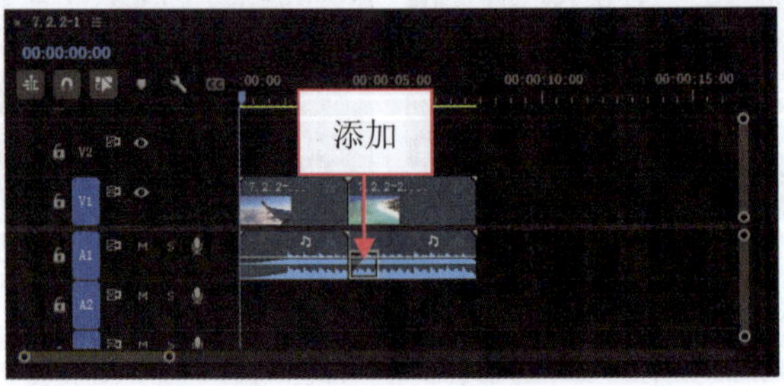

图 7-20 将效果添加至两段音频之间

7.2.3 删除不满意的音频效果

删除不满意的音频效果

当用户对添加的音频效果不满意时，可以将音频效果删除。视频效果如图 7-21 所示。

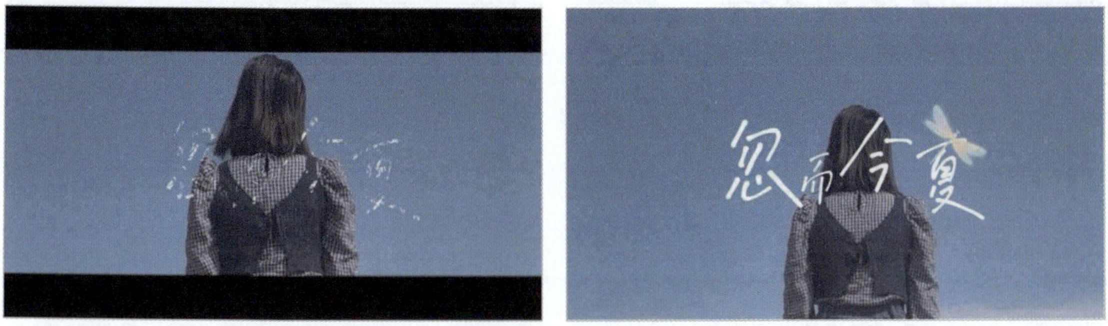

图 7-21 视频效果

下面介绍删除不满意的音频效果的操作方法。

Step 01 打开一个项目文件，选择音频上添加的效果，如图 7-22 所示。

Step 02 按【Delete】键，即可删除音频上的效果，如图 7-23 所示。

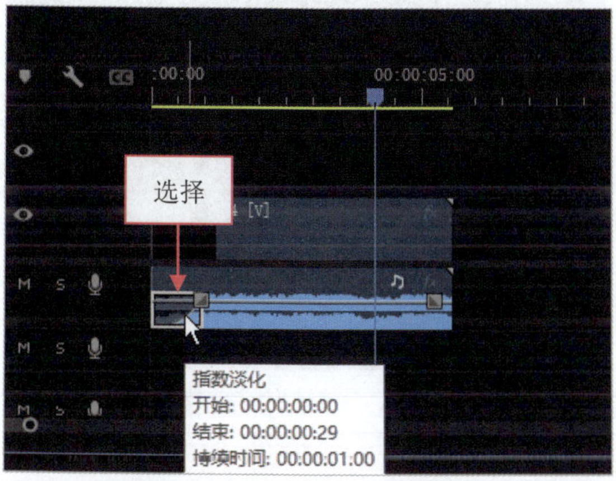

图 7-22 选择音频上添加的效果

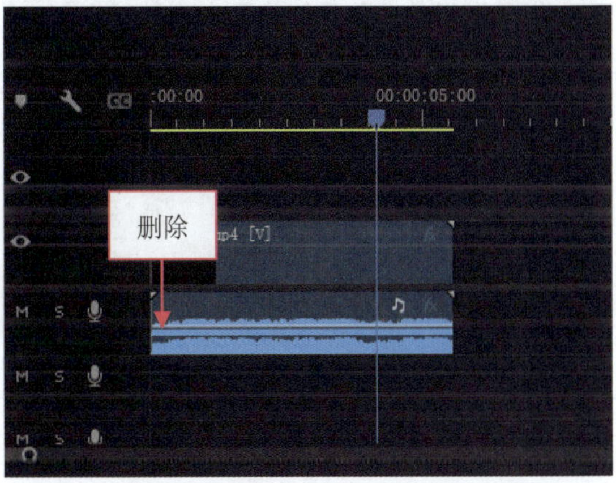

图 7-23 删除音频上的效果

7.3 制作常用音效

音效是视频制作中的重要组成部分。通过制作和应用合适的音效，可以增加视频的表现力和感染力。本节将介绍在 Adobe Premiere Pro 2025 中制作常用音效的操作方法。

7.3.1 制作降噪特效

制作降噪特效

在一些原声录制的采访、新闻、真人秀、录播综艺及情景短剧等视频中，经常会出现背景噪音，降噪特效可去除音频中的背景噪音，使声音更加清晰。在

Adobe Premiere Pro 2025 中，用户可以通过“降噪”效果来实现。视频效果如图 7-24 所示。

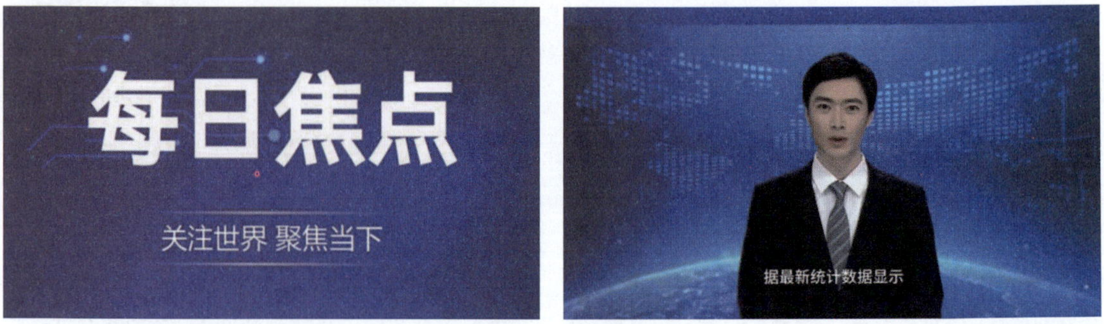

图 7-24　视频效果

下面介绍制作降噪特效的操作方法。

Step 01　打开一个项目文件，在背景音频中有些微的噪音需要消除，选择音频素材，如图 7-25 所示。

Step 02　在“效果”面板中，❶展开“音频效果”|“降杂/恢复”选项；❷双击“降噪”效果，如图 7-26 所示。

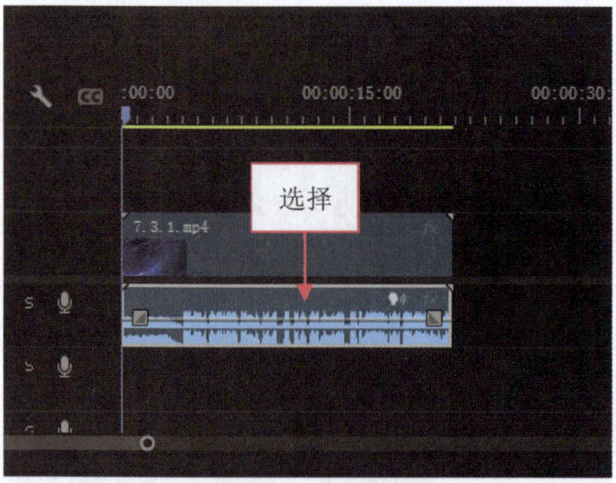

图 7-25　选择音频素材

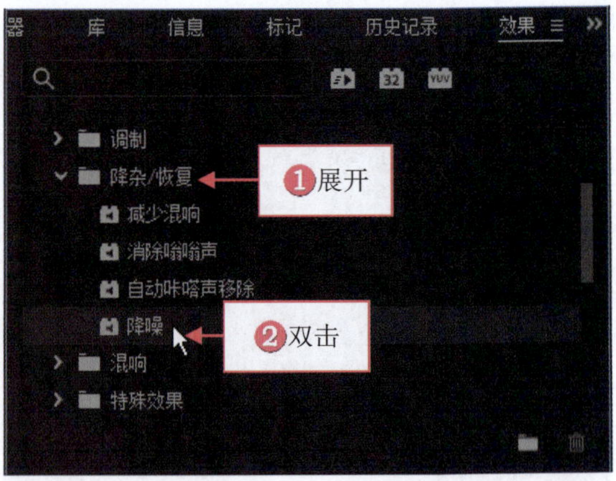

图 7-26　双击“降噪”效果

▶ 专家指点

使用“降噪”音频效果进行降噪参数调整前，务必了解以下技巧和知识。

（1）在调整降噪参数时，建议实时播放音频，以便实时预览降噪效果；其次，如果需要更精细的调整，可以使用“剪辑效果编辑器”对话框中的个别参数选项进行微调。

例如，调节“数量”参数时，建议从较低的数值开始（如 20%到 40%），然后根据实际效果逐步增加，直到达到满意的降噪效果。如果设置过高，可能会导致音频失真或声音变得不自然。

（2）在降噪过程中，可能会因为去除噪声而导致音频整体音量变小，此时可以通过调整“增益”参数来补偿音量。在调整“增益”参数时，需要仔细监听音频，确保音量适中且不会出现削波失真；如果需要进一步增强音频的某些频率，可以结合均衡器效果进行调整。

Step 03　执行操作后，即可为音频添加“降噪”音频效果，❶在“效果控件”面板中展开“降噪”选项；❷单击“自定义设置”选项右侧的“编辑”按钮，如图 7-27 所示。

Step 04 弹出“剪辑效果编辑器”对话框，调整参数，❶设置“数量”为 20%，适当增强降噪强度；❷设置“增益”为 4 dB，适当增加音频的整体音量，如图 7-28 所示。执行操作后，可以在“节目监视器”面板中实时监听降噪效果，待降噪完成后，单击 × 按钮关闭“剪辑效果编辑器”对话框即可。

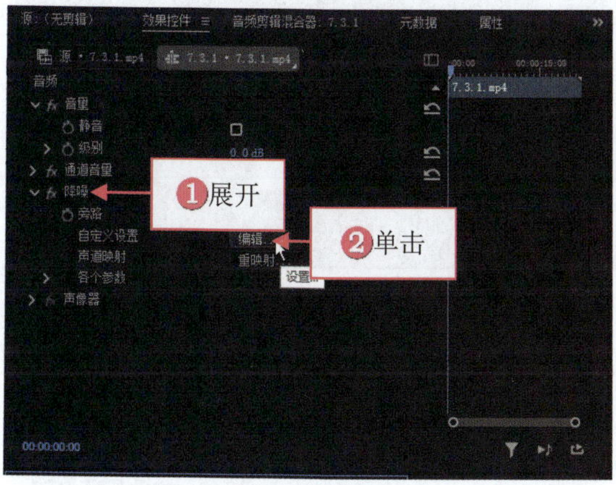

图 7-27　单击“编辑”按钮

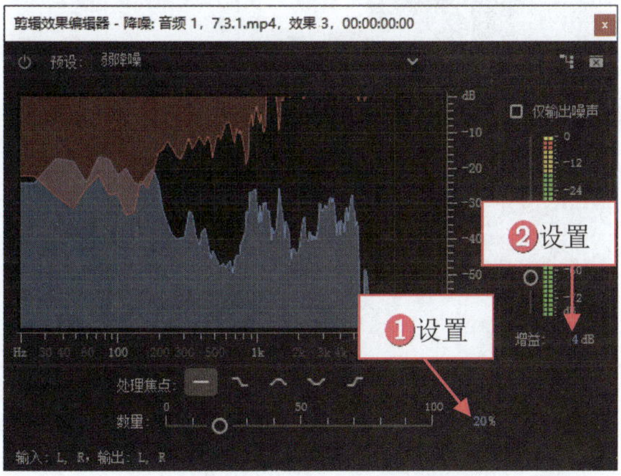

图 7-28　设置“增益”参数

7.3.2　制作延迟特效

制作延迟特效

延迟特效可为音频加入回声效果，增加空间感和深度。在 Adobe Premiere Pro 2025 中，用户可以通过“延迟”效果来实现。视频效果如图 7-29 所示。

图 7-29　视频效果

下面介绍制作延迟特效的操作方法。

Step 01 打开一个项目文件，选择音频素材，如图 7-30 所示。

Step 02 在“效果”面板中，❶展开“音频效果”|“延迟与回声”选项；❷双击“延迟”效果，如图 7-31 所示，即可为音频添加“延迟”音频效果。

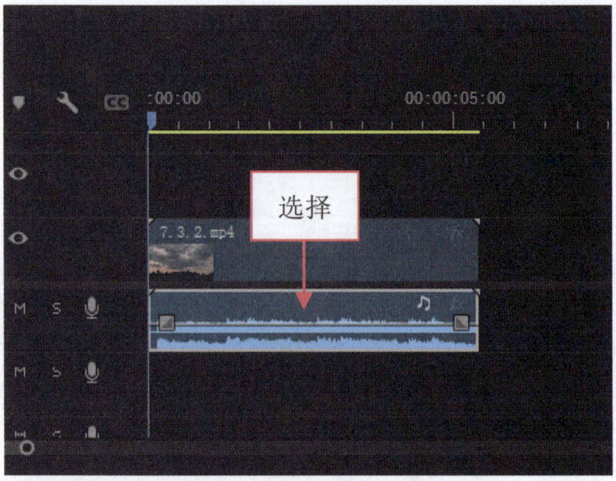

图 7-30　选择音频素材

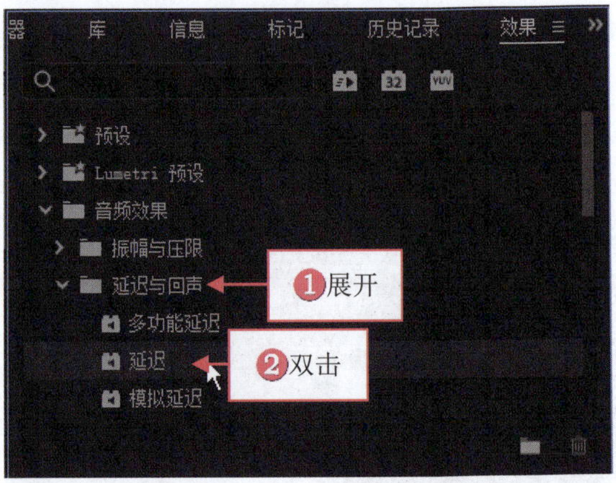

图 7-31　双击“延迟”效果

7.3.3　制作混响特效

混响特效可以模拟房间内部的声波传播方式，是一种室内回声效果。在 Adobe Premiere Pro 2025 中，用户可以通过“室内混响”效果来实现。视频效果如图 7-32 所示。

制作混响特效

图 7-32　视频效果

下面介绍制作混响特效的操作方法。

Step 01　打开一个项目文件，选择音频素材，如图 7-33 所示。

Step 02　在“效果”面板中，❶展开“音频效果”|“混响”选项；❷双击“室内混响”效果，如图 7-34 所示，即可为音频添加“室内混响”音频效果。

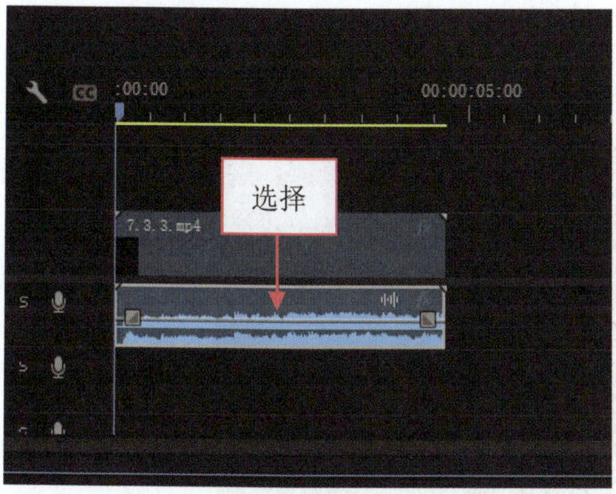

图 7-33　选择音频素材

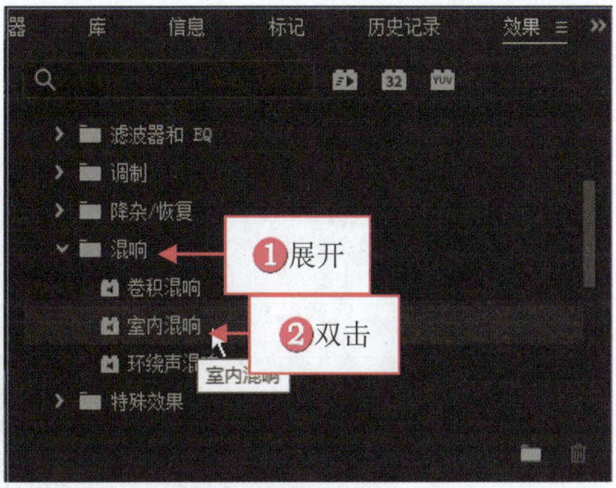

图 7-34　双击“延迟”效果

7.3.4　制作高通特效

制作高通特效

高通特效是一种音频处理技术，主要用于过滤低频噪声，突出音频中的高频部分，使声音更加清晰，被广泛应用于提升人声、乐器音轨等的质量。视频效果如图 7-35 所示。

图 7-35　视频效果

下面介绍制作高通特效的操作方法。

Step 01　打开一个项目文件，选择音频素材，如图 7-36 所示。

Step 02　在“效果”面板中，展开“音频效果”|“滤波器和 EQ”选项，双击“高通”效果，如图 7-37 所示，即可为音频添加“高通”音频效果。

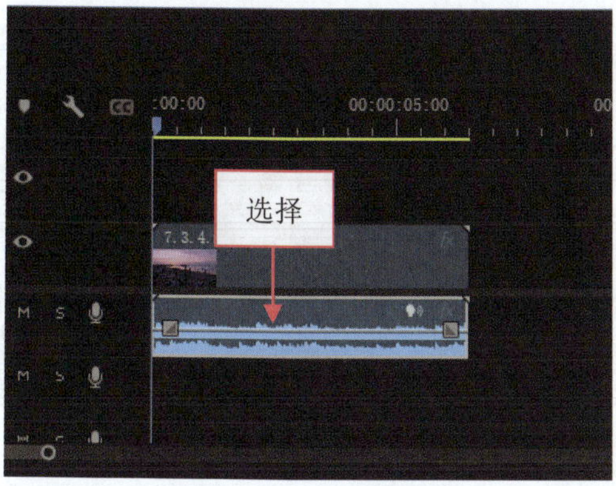

图 7-36 选择音频素材

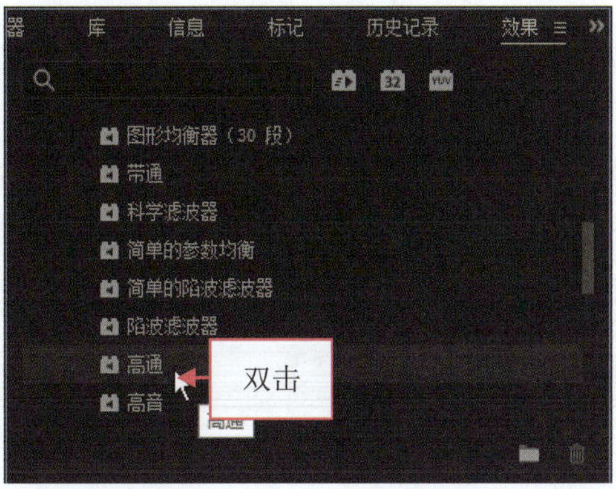

图 7-37　双击“高通”效果

Step 03 在“效果控件”面板中，设置“切断”为 200.0 Hz，设置音量通道上限值，如图 7-38 所示。至此，即可完成音频特效的制作。

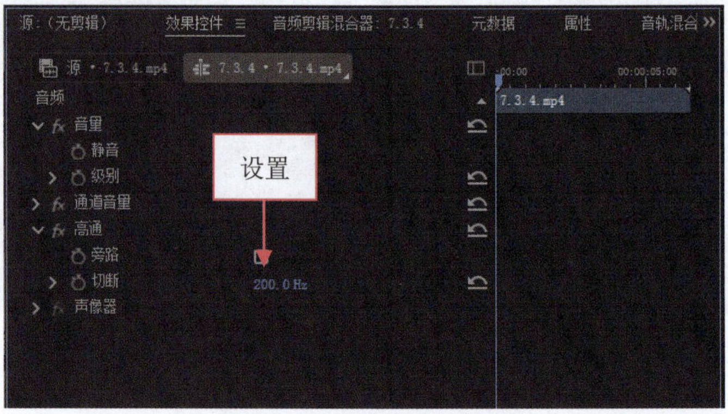

图 7-38　设置“切断”参数

▶ 专家指点

通过设置“切断”频率，可以去除音频中的低频噪音，例如嗡嗡声或低频的“隆隆”声。例如，如果音频中存在低频的背景噪音，可以将切断频率设置为一个较高的值（如 100.0 Hz 或更高），从而去除这些不需要的低频成分。

7.4　智能音频优化

在 Adobe Premiere Pro 2025 中，利用 AI 技术对音频进行自动分析与调整等优化处理，可快速改善音质、去除噪声、平衡音频动态，提升音频的整体质量，适用于多种场景，如视频背景音乐、人声优化、录音修复等。本节主要介绍智能音频优化的处理方法。

7.4.1　智能消除背景噪音

智能消除背景噪音

在 Adobe Premiere Pro 2025 中，启用“增强语音”功能，可以利用 AI 技术消除背景噪音和回声，提高音频的质量，适用于人声、对话音频剪辑。视频效果如图 7-39 所示。

图 7-39　视频效果

下面介绍智能消除背景噪音的操作方法。

Step01　打开一个项目文件，选择音频素材，如图 7-40 所示。

Step02　在菜单栏中，单击“窗口”|“基本声音”命令，如图 7-41 所示。

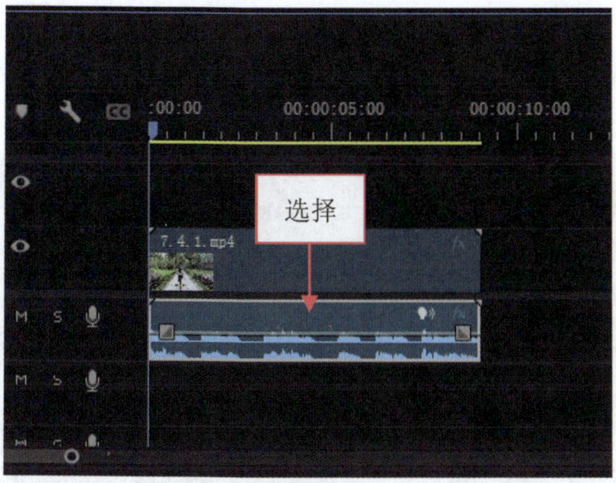

图 7-40　选择音频素材

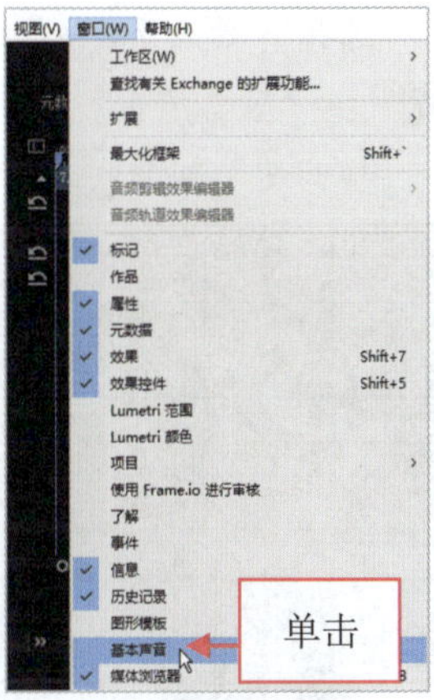

图 7-41　单击“基本声音”命令

Step03　弹出“基本声音”面板，❶启用“增强语音”功能；❷单击“增强”按钮，如图 7-42 所示，即可智能消除背景噪音。

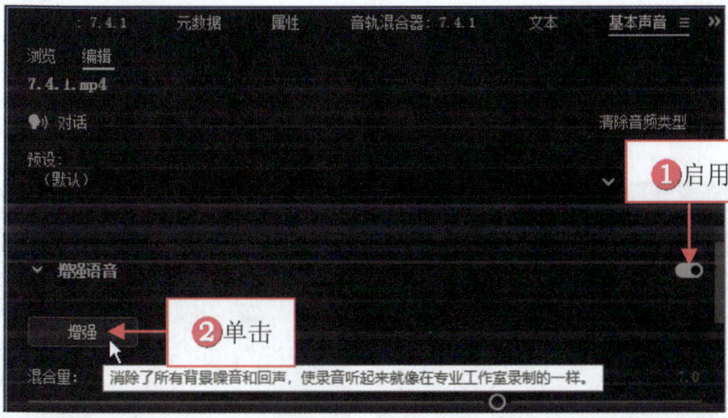

图 7-42　单击“增强”按钮

7.4.2　智能回避人声

在 Adobe Premiere Pro 2025 中，启用“回避”功能，可以利用 AI 技术在人声出现时自动降低背景音乐音量。视频效果如图 7-43 所示。

智能回避人声

图 7-43　视频效果

下面介绍智能回避人声的操作方法。

Step 01 打开一个项目文件，可以看到轨道中已经添加了一段视频、一段人声音频和一段背景音乐，选择背景音乐，如图 7-44 所示。

Step 02 在“基本声音”面板中，❶启用“回避”功能；❷在“回避依据”右侧单击“依据对话剪辑回避”按钮，如图 7-45 所示。

图 7-44　选择背景音乐

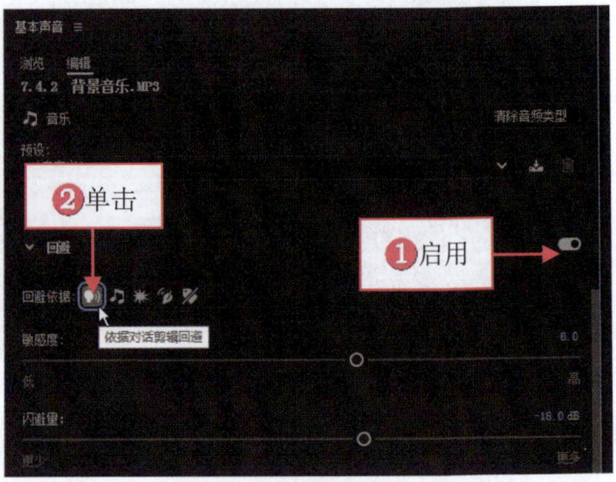

图 7-45　单击“基本声音”命令

Step 03 各项参数保持默认设置，在下方单击“生成关键帧”按钮，如图 7-46 所示。

Step 04 执行操作后，即可在背景音乐上自动添加关键帧，智能回避人声，在人声出现的时候自动将音乐音量降低，如图 7-47 所示。

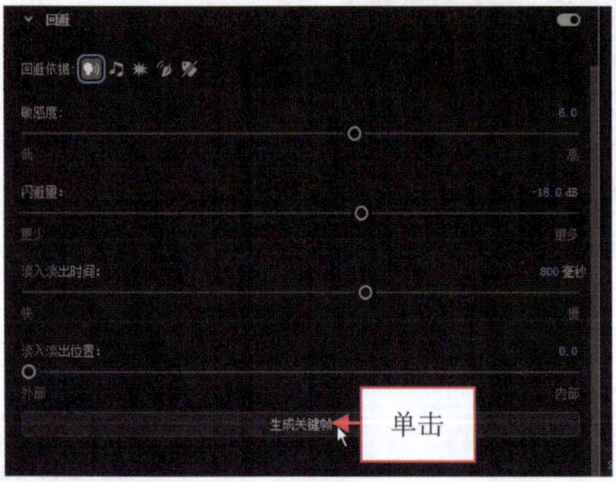

图 7-46　单击“生成关键帧”按钮

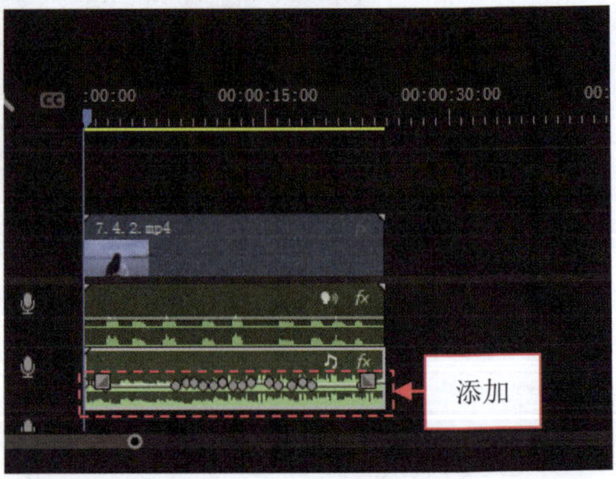

图 7-47　自动添加关键帧

本章小结

本章主要讲述了在 Adobe Premiere Pro 2025 中的处理人声音频和背景音乐的相关操作。首先介绍了编辑音频素材的操作方法；其次介绍了音频效果处理的操作方法；再次介绍了制作常用音效的操作方法；最后介绍了智能音频优化的操作方法。通过本章的学习，读者能够掌握背景音乐的调整、音效的制作、智能化的音频优化，能在短时间内创造出高质量的音视频效果。

课后实训

鉴于本章知识的重要性，为了使读者更好地掌握所学知识，将通过课后实训帮助读者进行简单的知识回顾和补充。

课后实训

实训任务：打开一个项目文件，在“时间轴”面板中根据需要调整音频音量，音频处理后的视频效果如图 7-48 所示。

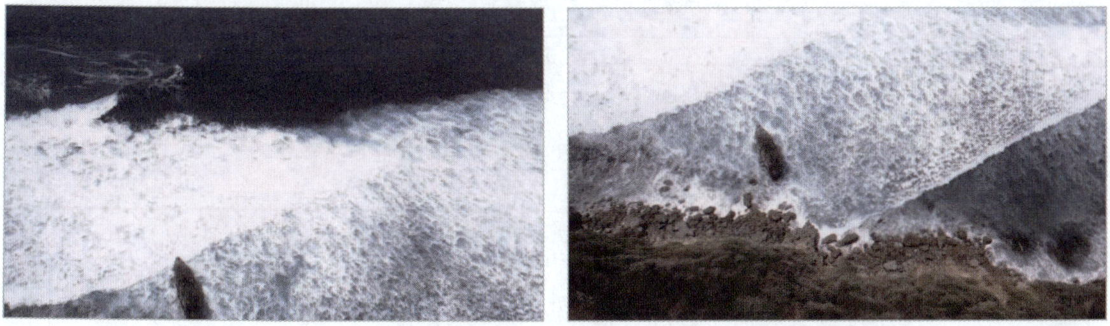

图 7-48　视频效果

下面介绍相关的操作方法。

Step 01　打开一个项目文件，向下拖曳音频上的白色线条，如图 7-49 所示，即可调小音频音量。

Step 02　向上拖曳音频上的白色线条，如图 7-50 所示，即可调大音频音量。

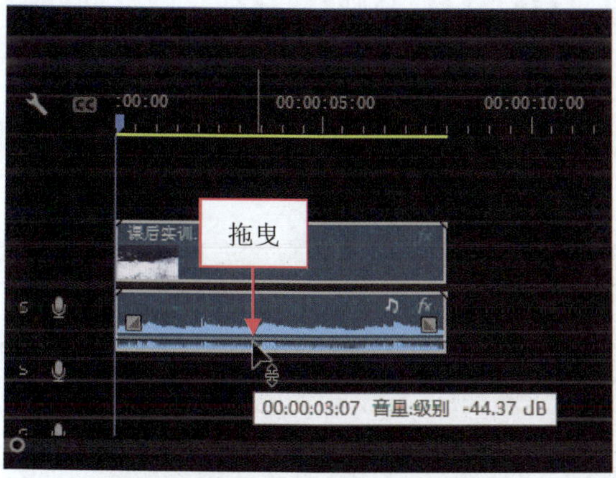

图 7-49　向下拖曳线条调小音量

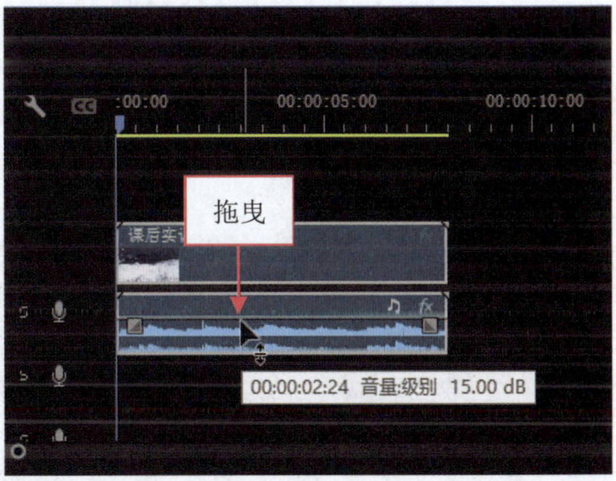

图 7-50　向上拖曳线条调大音量

第 8 章

视频遮罩叠加效果的制作

8

在 Adobe Premiere Pro 2025 中，视频遮罩叠加效果常用于创作复杂的视觉效果，如画面合成、背景替换和动态场景切换等。Alpha 通道、遮罩技术及 AI 技术是实现这一目标的核心，本章将讲述如何利用这些技术创造令人印象深刻的合成效果。

本章重点

- 了解 Alpha 通道与遮罩
- 掌握制作视频叠加效果的方法
- 熟悉智能合成延时视频的方法

素质目标

- 培养读者利用通道与遮罩技术的精细化视觉实现能力
- 培养读者运用 AI 技术驱动创新视觉表达的效率与创意实现能力

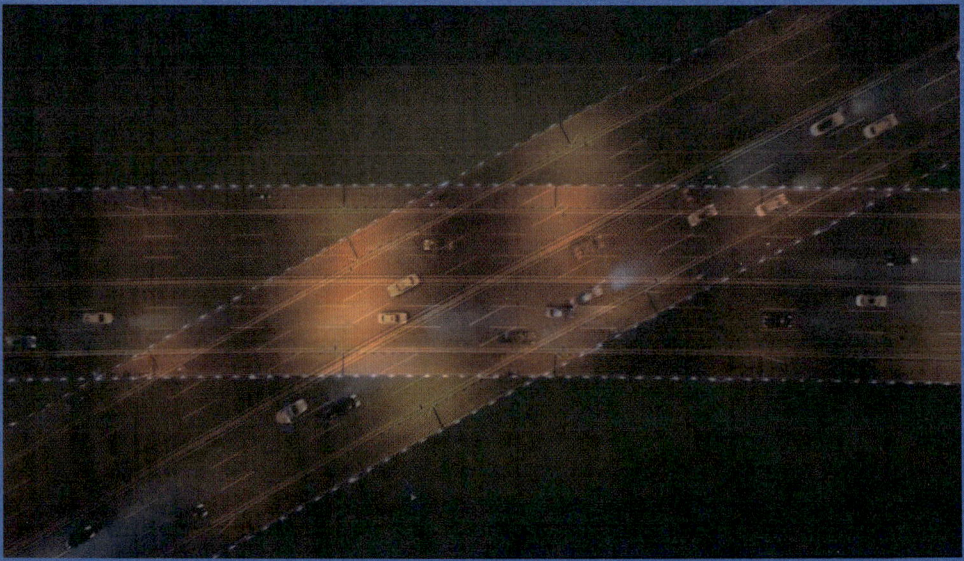

8.1　Alpha 通道与遮罩

Alpha 通道可以被直接用作遮罩，通过其透明度信息来控制图层的可见性。遮罩不仅可以通过 Alpha 通道实现，还可以通过亮度信息或其他方式来创建。总的来说，Alpha 通道是存储透明度信息的通道，而遮罩是利用这些透明度信息（或其他信息）来控制图层可见性的工具。在 Adobe Premiere Pro 2025 中，二者结合使用可以实现复杂的合成和特效。本节主要介绍 Alpha 通道的概念、用 Alpha 通道进行叠加的操作方法。

8.1.1　Alpha 通道的概念

Alpha 通道是数字图像中用于存储透明度信息的通道，决定了图像中每个像素的透明度。通道的每个像素值通常范围从 0～255，其中：0 表示完全透明（完全不可见）；255 表示完全不透明（完全可见）；介于 0～255 的值表示半透明（透明度渐变）。

在标准的 RGB 图像中，每个像素都有三个颜色通道：红色（R）、绿色（G）和蓝色（B）。而在带有 Alpha 通道的图像中，除了 RGB 三个颜色通道外，还有一个额外的通道用于存储透明度信息。在 Adobe Premiere Pro 2025 中，通过 Alpha 通道用户可以精确控制图像或视频中哪些区域是透明的，哪些区域是可见的。

Alpha 通道的作用如图 8-1 所示。

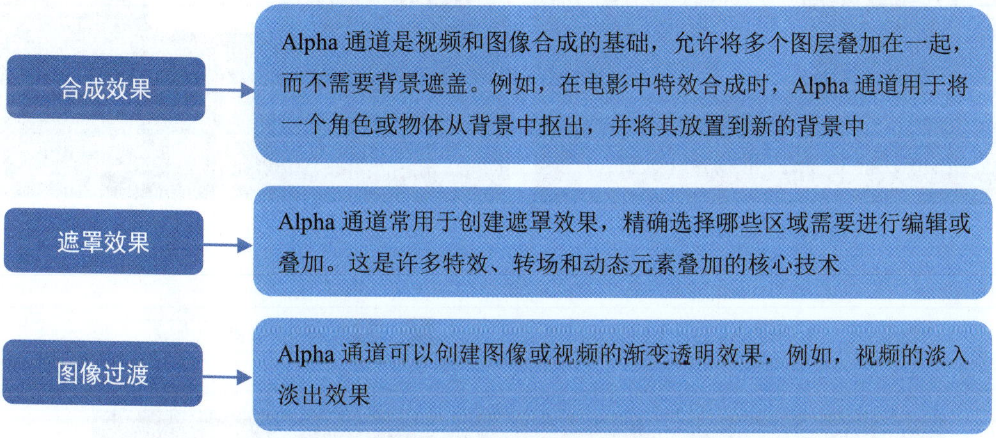

图 8-1　Alpha 通道的作用

在 Adobe Premiere Pro 2025 中，Alpha 通道通常是通过键控工具（如色键、差值键）进行操作。通过这些工具，用户以选择一个特定的颜色范围（如绿色或蓝色背景），并将该颜色区域变为透明，从而实现抠图效果。

8.1.2　用 Alpha 通道进行叠加

用 Alpha 通道进行叠加

将带有 Alpha 通道信息的文件拖入 Adobe Premiere Pro 2025 的轨道中，通道信息编号较低的内容将自动透过 Alpha 通道显示出来，然后便可以根据需要运用 Alpha 通道进行视频叠加。视频效果如图 8-2 所示。

图 8-2　视频效果

下面介绍用 Alpha 通道进行叠加的操作方法。

Step 01　打开一个项目文件，选择 V2 轨道上的素材，如图 8-3 所示，需要对素材进行透明叠加。

Step 02　在“效果”面板中，❶展开“视频效果”|“键控”选项；❷双击“Alpha 调整”视频效果，如图 8-4 所示，即可为 V2 轨道上的素材添加“Alpha 调整”视频效果。

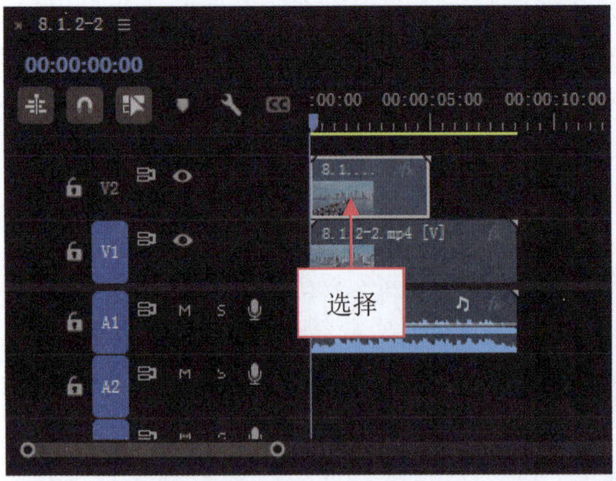

图 8-3　选择 V2 轨道上的素材

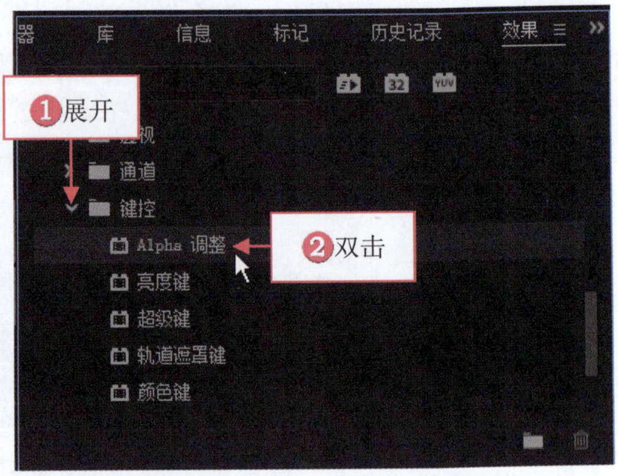

图 8-4　双击“Alpha 调整”视频效果

Step 03　❶在“效果控件”面板中展开“Alpha 调整”选项；❷单击“不透明度”“反转 Alpha”和“仅蒙版”3 个选项左侧的“切换动画”按钮；❸在开始位置添加第 1 组关键帧，如图 8-5 所示。

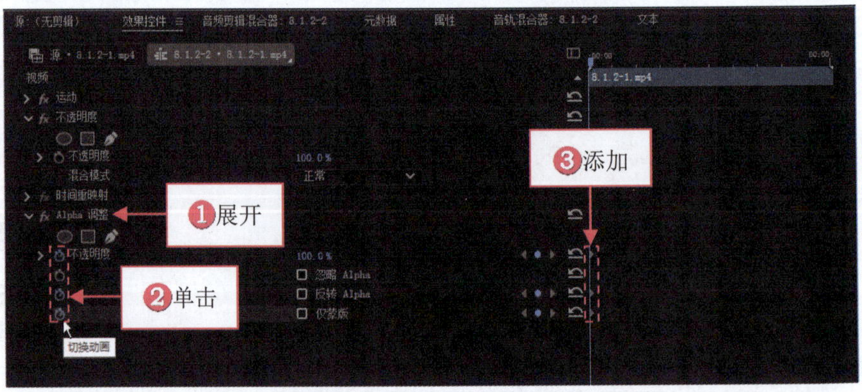

图 8-5　添加第 1 组关键帧

Step04　❶将播放指示器拖曳至 00:00:04:27 的位置（即所选素材结束位置）；❷设置“不透明度”参数为 69.0%，使素材呈现半透明状态；❸选中“反转 Alpha”和“仅蒙版”复选框，将图层 Alpha 通道反转；❹添加第 2 组关键帧，如图 8-6 所示。至此完成视频叠加操作。

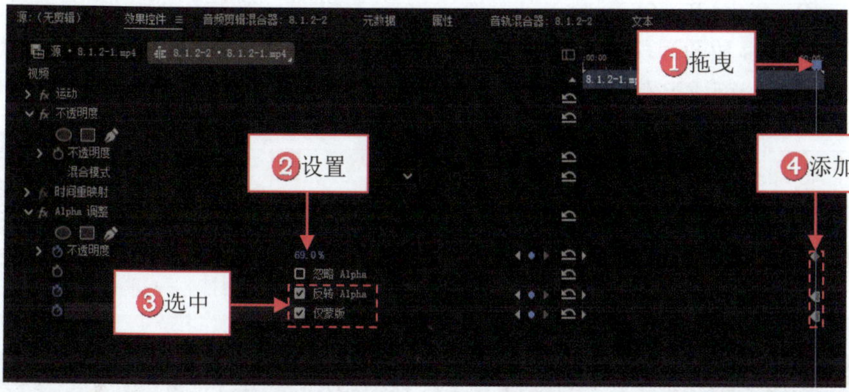

图 8-6　添加第 2 组关键帧

8.1.3　遮罩的类型

遮罩能够根据自身灰阶的不同，有选择地隐藏素材画面中的内容。在 Adobe Premiere Pro 2025 中，遮罩的作用主要是用来隐藏顶层素材画面中的部分内容，并显示下一层画面的内容。以下为 Adobe Premiere Pro 2025 中几个遮罩类型的键控效果。

1．Alpha 调整

“Alpha 调整”效果可以帮助用户实现各种透明度和遮罩效果，从而创建出更加复杂和专业的视频合成效果。通过合理调整这些参数，用户可以轻松实现淡入淡出、透明度动画及复杂的遮罩效果。

2．亮度键

“亮度键”效果用于将叠加图像的灰度值设置为透明。例如，用来去除素材画面中较暗的部分图像，所以该效果常运用于画面明暗差异化特别明显的素材中。

3．超级键

“超级键”效果是一个具备 AI 技术的抠像工具，用于绿幕或蓝幕智能抠像。它通过选择要抠除的颜色（绿幕或蓝幕的颜色），AI 会将该颜色的像素设为透明，从而实现主体与背景的分离。

4．轨道遮罩键

“轨道遮罩键”效果允许将一个图层（遮罩图层）的透明度或亮度信息应用于另一个图层（主体图层），从而控制主体图层的显示部分。例如，使用遮罩图层的亮度信息作为叠加遮罩，遮罩图层亮度高的部分会使主体图层相应位置显示，亮度低的部分使主体图层相应位置不显示。

5．颜色键

“颜色键”效果主要运用于大量相似色的素材画面中，其作用是通过 AI 技术智能隐藏素材画面中指定的色彩范围。

8.2 制作视频叠加效果

在 Adobe Premiere Pro 2025 中，可以通过对素材透明度的设置及遮罩类型效果的运用，制作出各种透明混合叠加的视频效果。透明混合叠加是将一个素材的部分显示在另一个素材画面上，利用半透明的画面来呈现下一张画面。本节将主要介绍制作视频叠加效果的操作方法。

8.2.1 制作渐变透明叠加效果

制作渐变透明叠加效果

在 Adobe Premiere Pro 2025 中，用户可以直接在“效果控件”面板中降低或提高素材的透明度，这样可以让两个轨道的素材同时显示在画面中，呈现渐变透明叠加效果。视频效果如图 8-7 所示。

图 8-7 视频效果

下面介绍制作渐变透明叠加效果的操作方法。

Step 01 打开一个项目文件，选择 V2 轨道上的素材，如图 8-8 所示，需要对该素材进行渐变透明处理，以呈现 V1 轨道中的素材画面。

Step 02 在“效果控件”面板中，①展开“不透明度”选项；②单击“不透明度”左侧的“切换动画”按钮；③添加第 1 个关键帧，如图 8-9 所示。

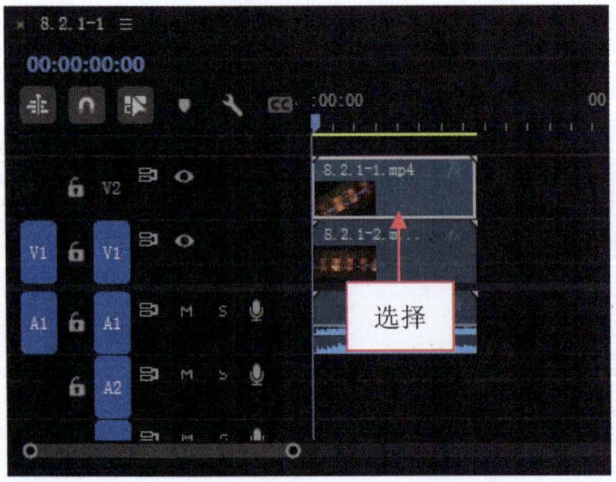

图 8-8 选择 V2 轨道上的素材

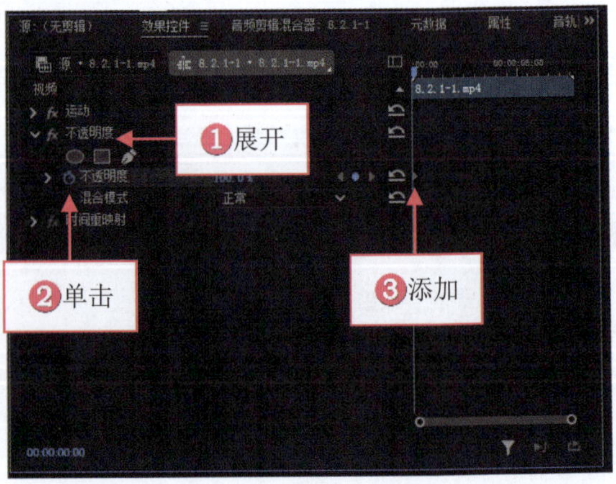

图 8-9 添加第 1 个关键帧

Step 03 ①将播放指示器拖曳至 00:00:01:00 的位置；②设置“不透明度”为 50.0%，使素材呈现半透明状态；③添加第 2 个关键帧，如图 8-10 所示。

Step 04 ❶将播放指示器拖曳至 00:00:02:00 的位置；❷设置“不透明度”为 10.0%，使素材接近完全透明；❸添加第 3 个关键帧，如图 8-11 所示。

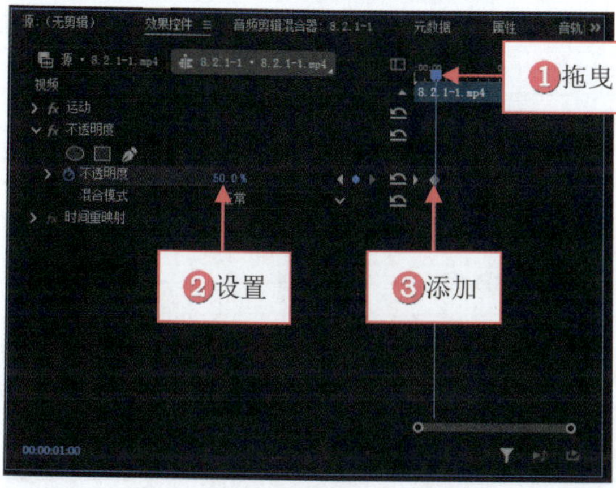

图 8-10 添加第 2 个关键帧

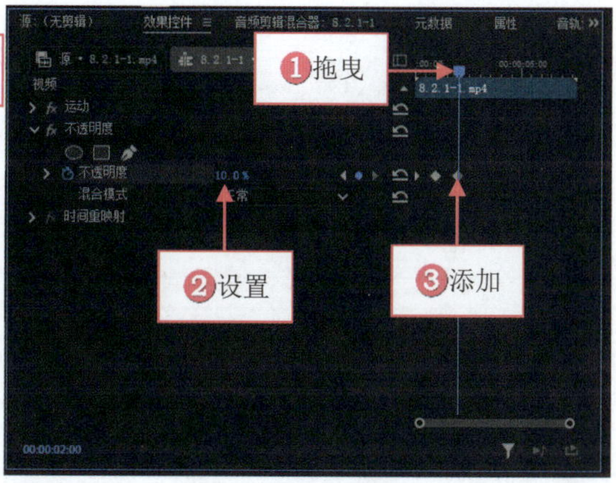

图 8-11 添加第 3 个关键帧

Step 05 ❶将播放指示器拖曳至 00:00:03:00 的位置；❷设置“不透明度”为 50.0%，使素材恢复半透明状态；❸添加第 4 个关键帧，如图 8-12 所示。

Step 06 ❶将播放指示器拖曳至 00:00:04:00 的位置；❷设置“不透明度”为 100.0%，使素材恢复不透明状态；❸添加第 5 个关键帧，如图 8-13 所示。至此完成渐变透明叠加效果制作。

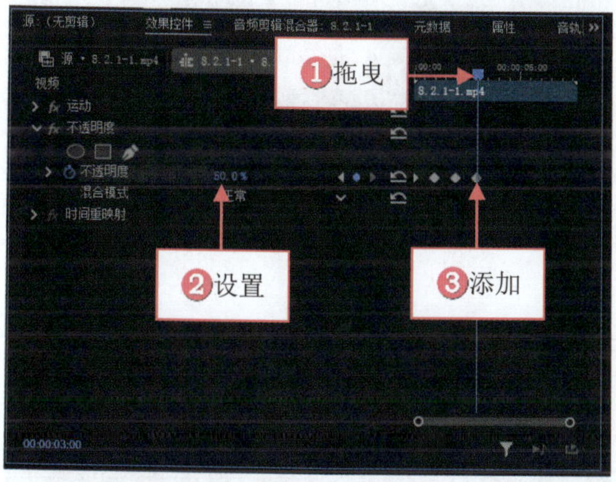

图 8-12 添加第 4 个关键帧

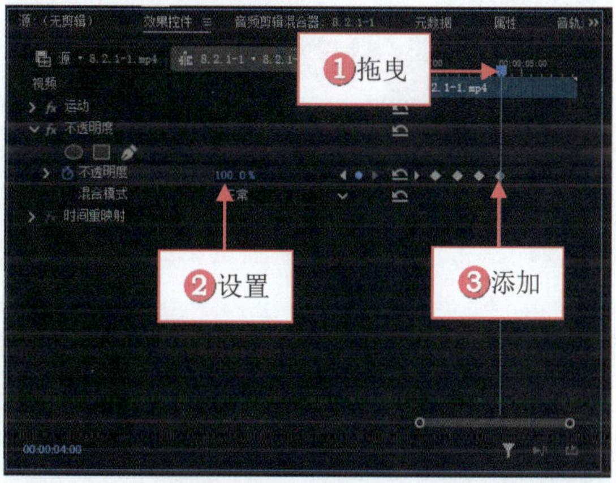

图 8-13 添加第 5 个关键帧

8.2.2 制作颜色透明叠加效果

制作颜色透明叠加效果

在 Adobe Premiere Pro 2025 中，“颜色键”效果允许用户选择素材画面中的某一特定颜色，并将该颜色范围内的像素变为透明，从而实现图层的透明叠加效果。通过“颜色键”效果，用户可以轻松地去除或替换特定颜色的背景，创建复杂的视觉效果。视频效果如图 8-14 所示。

下面介绍制作颜色透明叠加效果的操作方法。

Step 01 打开一个项目文件，在“节目监视器”面板中可以查看画面效果，如图 8-15 所示。

Step 02 在“效果”面板中，❶展开“视频效果”|“键控”选项；❷选择“颜色键”视频效果，如图 8-16 所示。

图 8-14　视频效果

图 8-15　查看画面效果

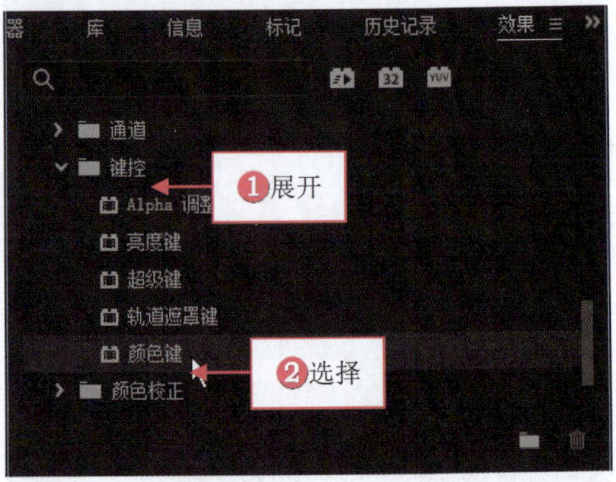

图 8-16　选择“颜色键”视频效果

Step 03 按住鼠标左键，并将其拖曳至 V2 轨道的素材上，如图 8-17 所示，释放鼠标左键，即可添加视频效果。

Step 04 在“效果控件”面板中，设置“主要颜色”为绿色（RGB 颜色值为（167，192，97）），如图 8-18 所示。

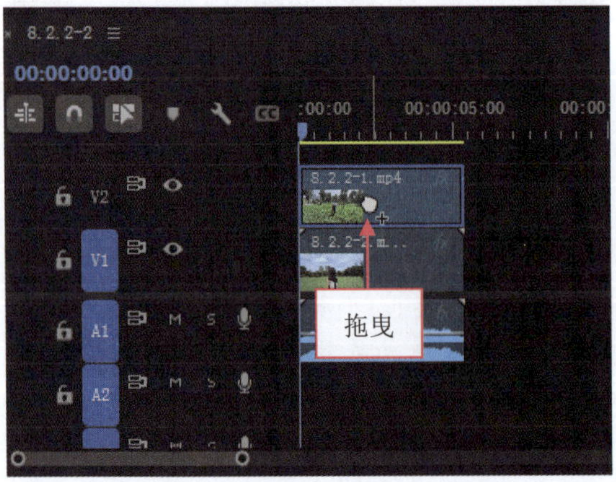

图 8-17　拖曳效果至 V2 轨道的素材上

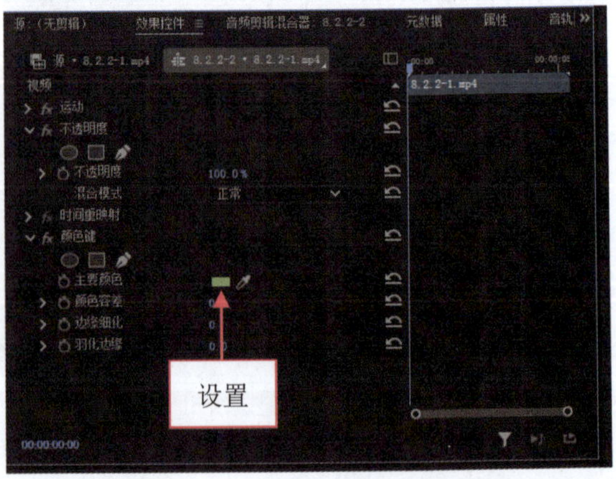

图 8-18　设置“主要颜色”为绿色

Step 05 执行操作后，❶单击“颜色容差”左侧的“切换动画”按钮；❷添加第 1 个关键帧，如图 8-19 所示。

Step 06 ❶将播放指示器拖曳至 00:00:03:00 的位置；❷设置“颜色容差”为 255，移除更多相似颜色的背景；❸添加第 2 个关键帧；❹设置“羽化边缘”参数为 10.0，优化颜色抠取后的边缘效果，使主体与背景过渡更自然，如图 8-20 所示。至此完成颜色透明叠加效果的制作。

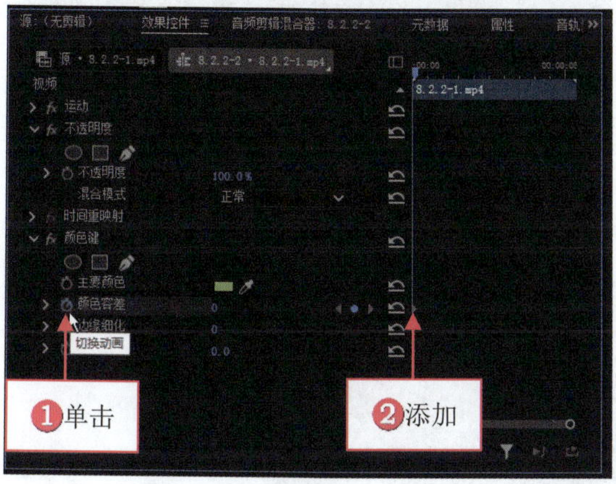

图 8-19 添加第 1 个关键帧

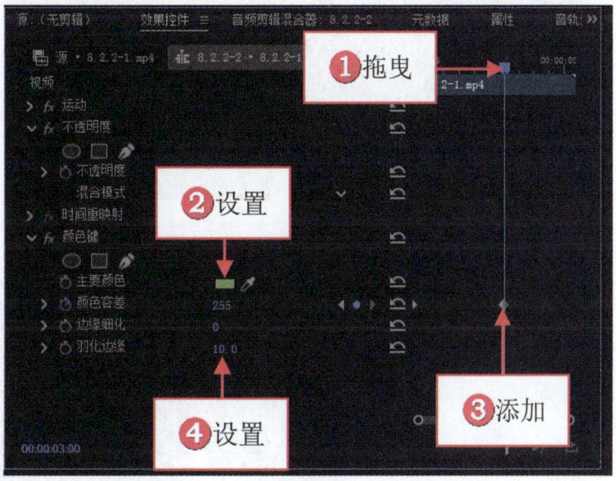

图 8-20 设置“羽化边缘”参数

8.2.3 制作亮度透明叠加效果

在 Adobe Premiere Pro 2025 中，使用“亮度键”效果可以抠出图层中指定明亮度或亮度的所有区域。视频效果如图 8-21 所示。

制作亮度透明叠加效果

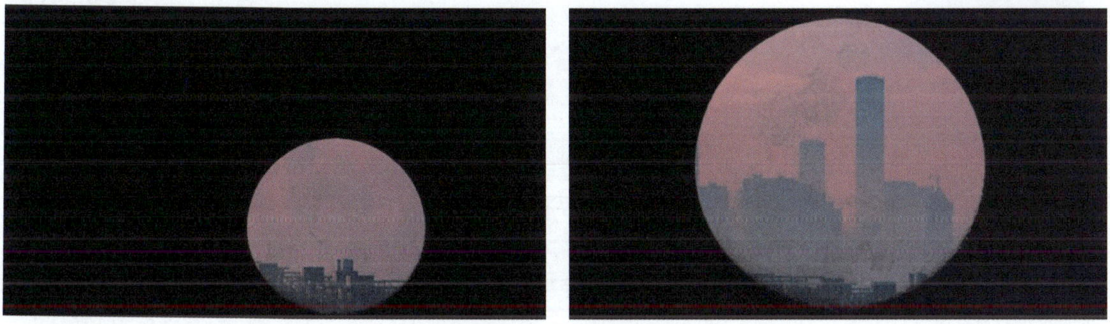

图 8-21 视频效果

下面介绍制作亮度透明叠加效果的操作方法。

Step 01 打开一个项目文件，在“节目监视器”面板中可以查看画面效果，如图 8-22 所示，选择 V2 轨道上的素材，需要对素材中的亮度区域进行透明叠加处理。

Step 02 在“效果”面板中，❶展开“视频效果”|“键控”选项；❷双击“亮度键”视频效果，如图 8-23 所示，即可添加视频效果。

Step 03 在“效果控件”面板中，❶设置“阈值”参数为 30.0%，增加透明度的值，以便更精确地去除背景色；❷设置“屏蔽度”参数为 100.0%，使不透明区域更加明显，以便主体部分更好地与背景融合，如图 8-24 所示。至此，完成亮度透明叠加效果的制作。

图 8-22　查看画面效果

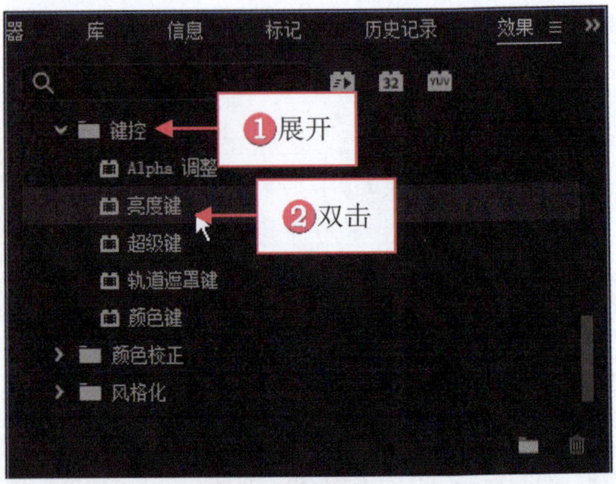

图 8-23　双击“亮度键”视频效果

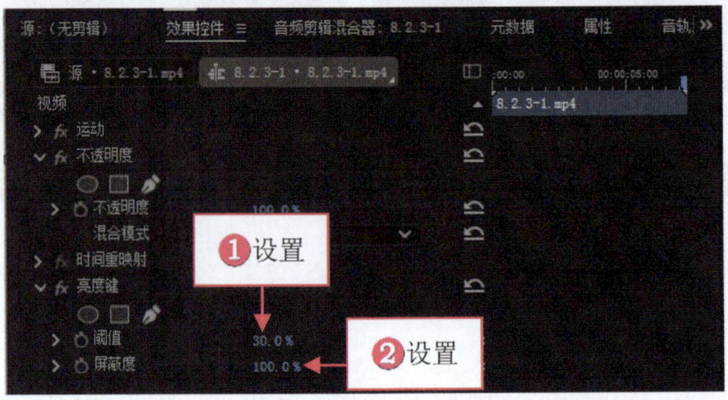

图 8-24　设置“阈值”和“屏蔽度”的参数

8.3　智能合成延时视频

智能合成延时视频

在 Adobe Premiere Pro 2025 中，除了通过遮罩叠加合成视频外，当用户需要在项目中将一系列有顺序的图片合成视频时，还可以利用“图像序列”功能来智能合成。只需要在导入图片时，选择第 1 张图片，AI 将自动将一系列有顺序的图片导入“项目”面板，并按每张图片的顺序智能合成为一个连续的视频，这一功能非常适用于合成延时视频。视频效果如图 8-25 所示。

图 8-25　视频效果

下面介绍智能合成延时视频的操作方法。

Step 01 打开一个空白的项目文件，在“项目”面板中，单击“导入媒体”按钮，如图 8-26 所示。

Step 02 弹出“导入”对话框，❶选择第 1 张图片；❷选中“图像序列”复选框，如图 8-27 所示。

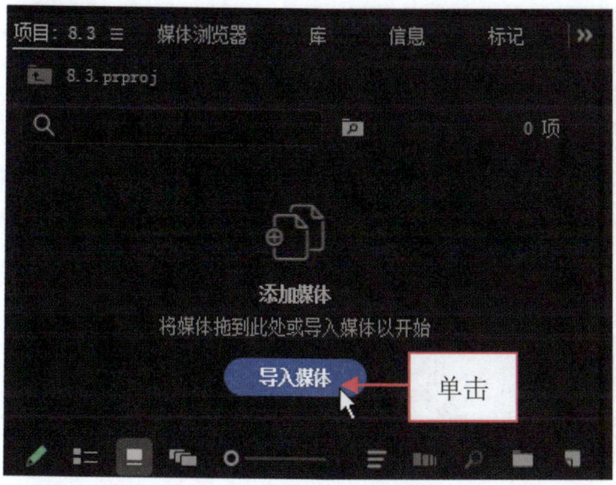

图 8-26　单击“导入媒体”按钮

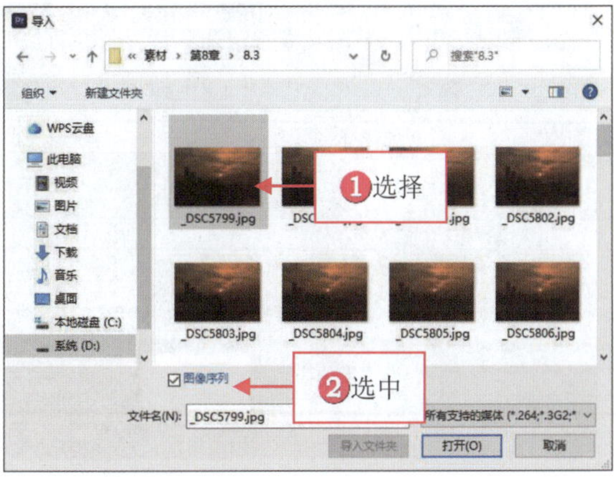

图 8-27　选中“图像序列”复选框

Step 03 单击“打开”按钮，即可自动导入系列图片并合成为连续的视频，如图 8-28 所示。

Step 04 在空白位置处，单击鼠标右键，在弹出的快捷菜单中，选择“导入”选项，如图 8-29 所示。

图 8-28　合成为连续的视频

图 8-29　选择“导入”选项

Step 05 弹出“导入”对话框，选择一段音乐素材，如图 8-30 所示。

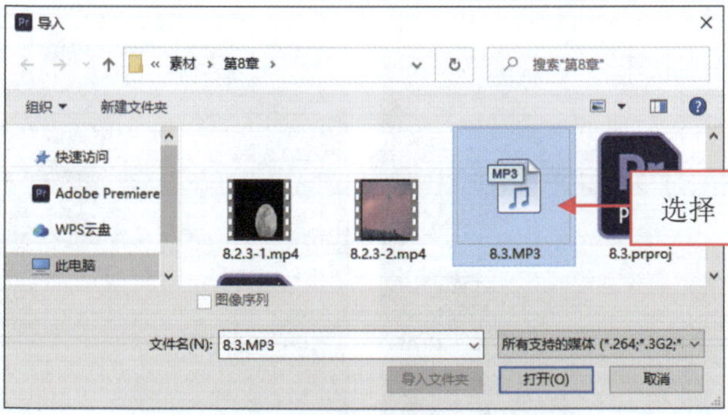

图 8-30　选择一段音乐素材

Step06 单击“打开”按钮，即可将音乐素材导入“项目”面板中，如图 8-31 所示。

Step07 ❶将合成的视频添加到 V1 轨道上；❷将音乐素材添加到 A1 轨道上，如图 8-32 所示。执行操作后，即可为合成的视频添加背景音乐。

图 8-31　导入音乐素材

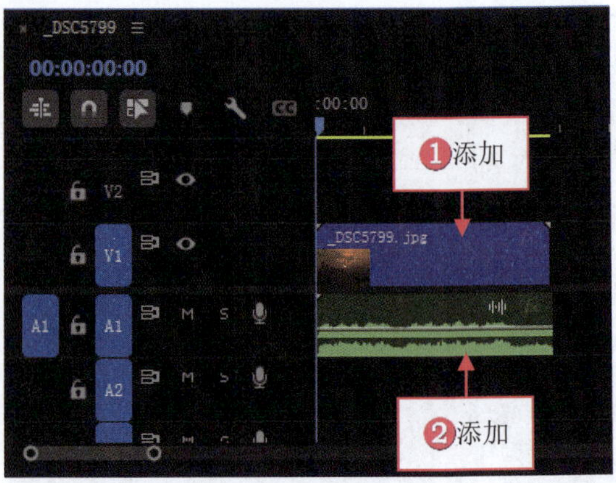

图 8-32　添加视频和音乐素材

本章小结

本章主要讲述了在 Adobe Premiere Pro 2025 中制作视频叠加效果、将两个视频合成一个视频的相关操作。首先介绍了 Alpha 通道与遮罩的相关知识；其次介绍了制作视频叠加效果的操作方法；最后介绍了智能合成延时视频的操作方法。通过本章的学习，读者可以在视频编辑中创造出丰富的视觉效果和无缝的合成画面。

课后实训

课后实训

鉴于本章知识的重要性，为了使读者更好地掌握所学知识，将通过课后实训帮助读者进行简单的知识回顾和补充。

实训任务：打开一个项目文件，在“效果控件”面板中，利用“超级键”效果，去除绿幕素材中的绿色，制作视频叠加效果，如图 8-33 所示。

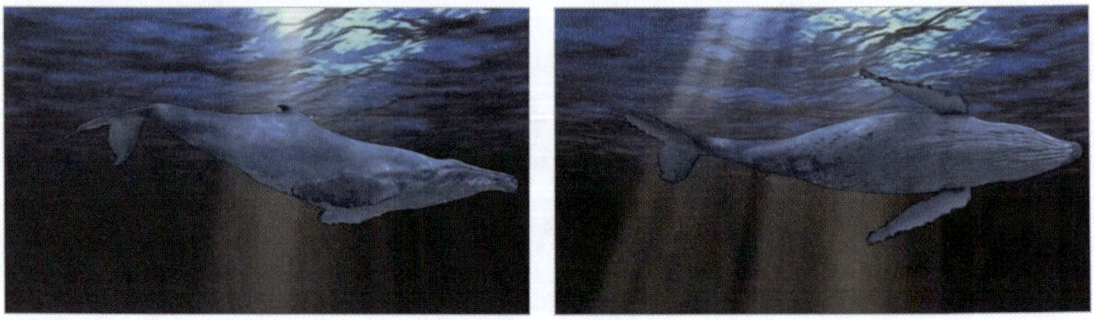

图 8-33　视频效果

下面介绍相关的操作方法。

Step 01 打开一个项目文件，选择 V2 轨道上的绿幕素材，如图 8-34 所示，需要去除素材中的绿色。

Step 02 在“效果”面板中，❶展开“视频效果”|“键控”选项；❷双击“超级键”视频效果，如图 8-35 所示，即可添加视频效果。

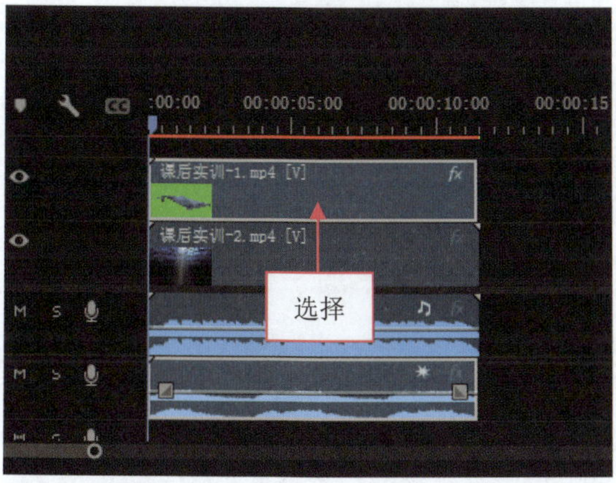

图 8-34　选择 V2 轨道上的绿幕素材

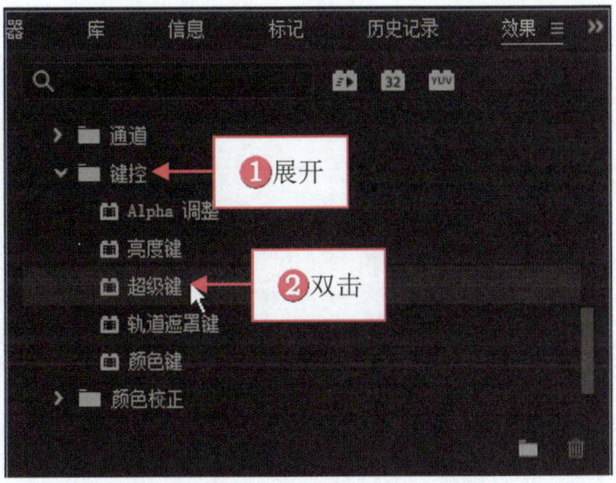

图 8-35　双击“超级键”视频效果

Step 03 在“效果控件”面板中，单击“主要颜色”右侧的吸管图标，如图 8-36 所示。

Step 04 在“节目监视器”面板中，单击画面中的绿色，进行颜色选取，如图 8-37 所示。执行操作后，即可去除素材中的绿色，完成视频叠加效果的制作。

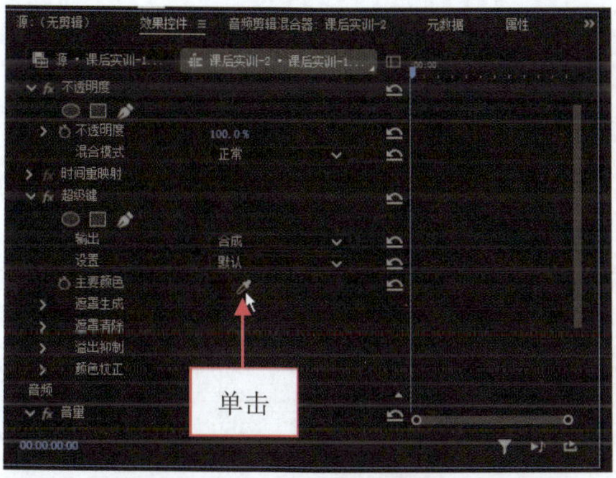

图 8-36　单击吸管图标

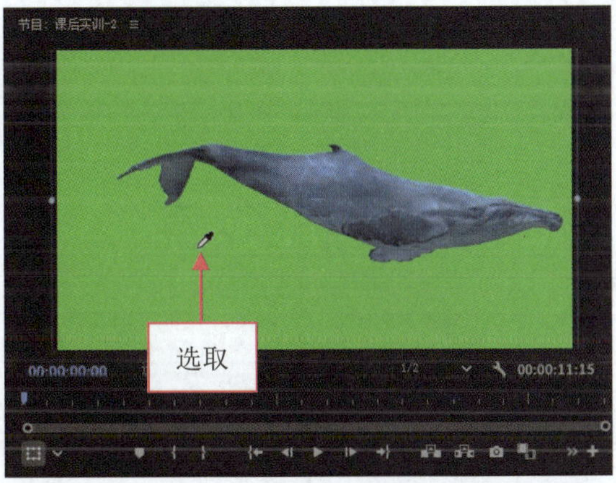

图 8-37　选取画面中的绿色

第 9 章
关键帧与动画效果

9

在 Adobe Premiere Pro 2025 中，关键帧是实现视频运动与动画效果的核心功能。通过设置关键帧，用户可以控制视频片段的运动轨迹、缩放、旋转等效果，赋予视频生动的视觉表现。本章将介绍如何使用关键帧设置运动效果，并通过动画效果制作出不同的视频运动形式。

本章重点

- 掌握设置运动关键帧的方法
- 掌握制作动画效果的方法

素质目标

- 培养读者运用关键帧进行精细化动态视觉表达的逻辑思维与掌控能力
- 提升读者利用动画效果驱动视觉叙事与创意表现的整合能力

9.1　设置运动关键帧

关键帧可以在不同的时间点进行标记与设置，通过在视频片段中添加不同的关键帧，用户可以使素材在不同的时间点上根据这些关键帧的变化生成动态效果。本节将主要介绍在 Adobe Premiere Pro 2025 中设置运动关键帧的操作方法。

9.1.1　在时间轴中添加关键帧

在时间轴中添加关键帧

用户在“时间轴”面板中可以针对应用于素材的任意特效添加关键帧，也可以指定添加关键帧的可见性。下面将介绍在“时间轴”面板中添加关键帧的操作方法。

Step 01　打开一个项目文件，在“时间轴”面板中为素材文件添加关键帧之前，首先展开相应的轨道，将鼠标指针移至 V1 轨道中“切换轨道输出”按钮右侧的空白处，如图 9-1 所示。

Step 02　双击鼠标左键，即可展开 V1 轨道，如图 9-2 所示，选择“时间轴”面板中的对应素材。

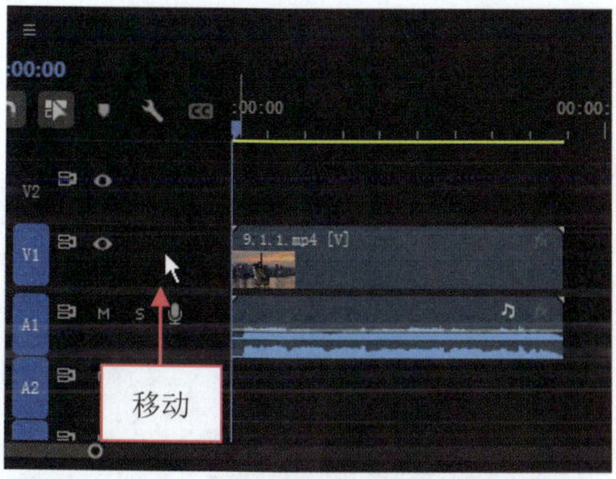

图 9-1　将鼠标移至空白处

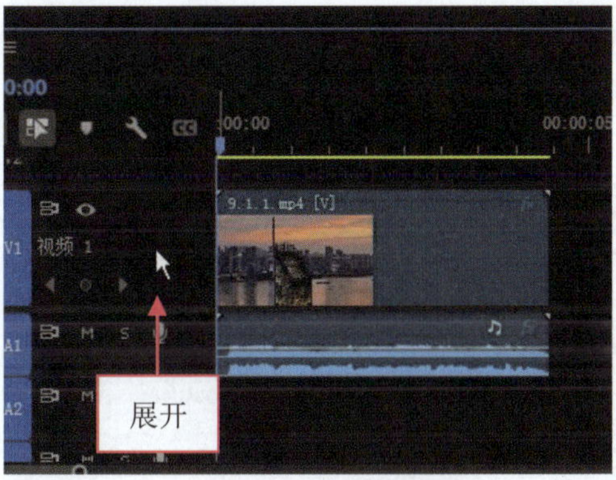

图 9-2　展开 V1 轨道

Step 03　将鼠标指针移动至素材右上角的上，❶单击鼠标右键；❷在弹出的列表框中，选择“运动”|“缩放”选项，如图 9-3 所示。

Step 04　将鼠标指针移至白色线条的合适位置，按住【Ctrl】键，此时鼠标指针呈白色带 + 号的形状显示，如图 9-4 所示，单击鼠标左键，即可添加关键帧。

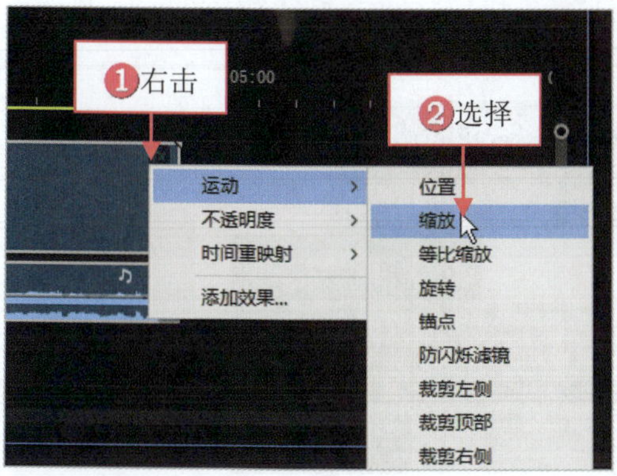

图 9-3　选择“缩放”选项

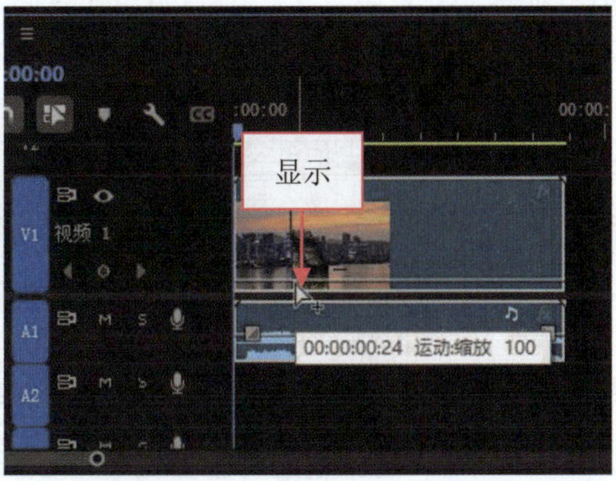

图 9-4　显示白色带＋号的形状

9.1.2　用效果控件添加关键帧

用效果控件添加关键帧

在“效果控件”面板中，除了可以添加各种视频和音频特效外，还可以通过单击“添加/移除关键帧”按钮、设置选项参数的方法添加关键帧。视频效果如图 9-5 所示。

图 9-5　视频效果

下面介绍在“效果控件”面板中添加关键帧的操作方法。

Step 01　打开一个项目文件，选择视频素材，如图 9-6 所示。

Step 02　在“效果控件”面板中，单击“旋转”选项左侧的“切换动画”按钮，如图 9-7 所示，即可添加第 1 个关键帧。

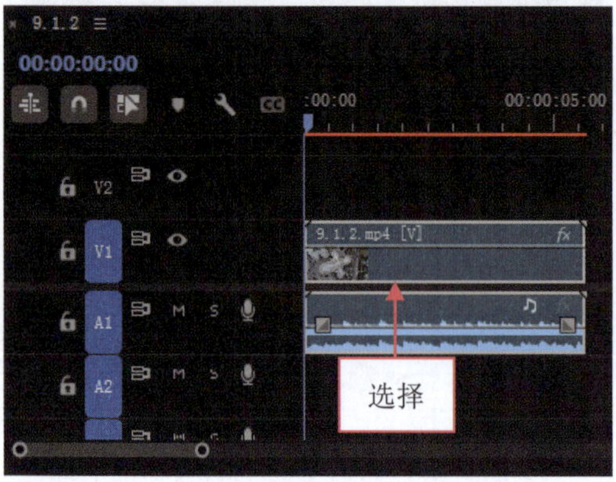

图 9-6　选择视频素材

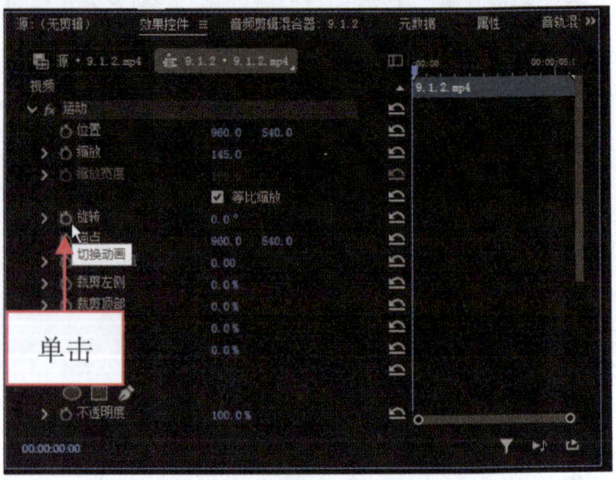

图 9-7　单击“切换动画”按钮

Step 03　❶拖曳播放指示器至 00:00:02:00 的位置；❷单击“旋转”选项右侧的“添加/移除关键帧”按钮；❸添加第 2 个关键帧，如图 9-8 所示。

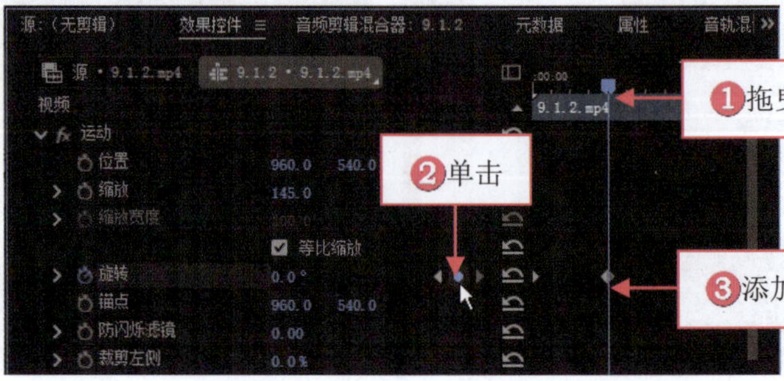

图 9-8　添加第 2 个关键帧

Step 04 ❶拖曳播放指示器至 00:00:05:00 的位置；❷设置“旋转”为 14.0°，顺时针旋转画面；❸添加第 3 个关键帧，如图 9-9 所示。

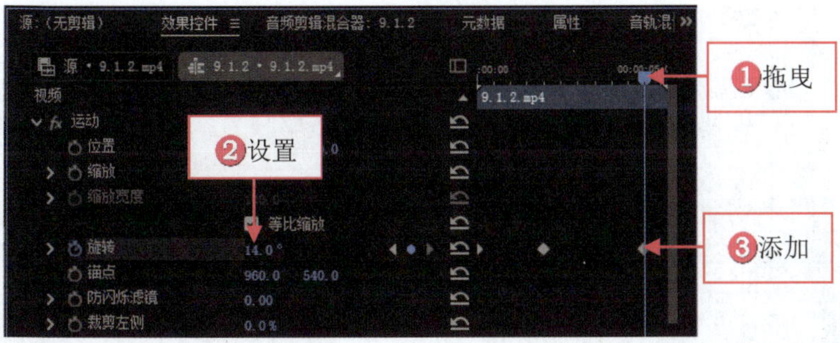

图 9-9　添加第 3 个关键帧

9.1.3　复制和粘贴关键帧

复制和粘贴关键帧

当用户需要创建多个相同参数的关键帧时，可以使用复制与粘贴关键帧的方法快速添加关键帧。视频效果如图 9-10 所示。

图 9-10　视频效果

下面介绍复制和粘贴关键帧的操作方法。

Step 01 打开一个项目文件，选择轨道上的素材，如图 9-11 所示。

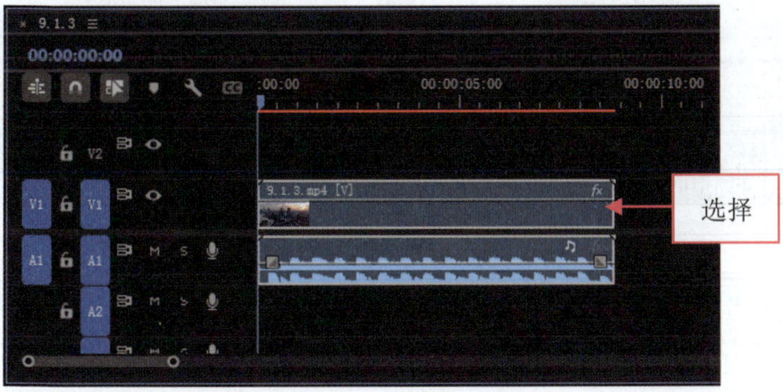

图 9-11　选择轨道上的素材

Step 02 在“效果控件”面板中，❶选择需要复制的关键帧◆，单击鼠标右键；❷在弹出的快捷菜单中选择“复制”选项，如图 9-12 所示。

Step 03 ①拖曳播放指示器至 00:00:08:00 的位置；②按【Ctrl + V】组合键粘贴复制的关键帧，如图 9-13 所示。

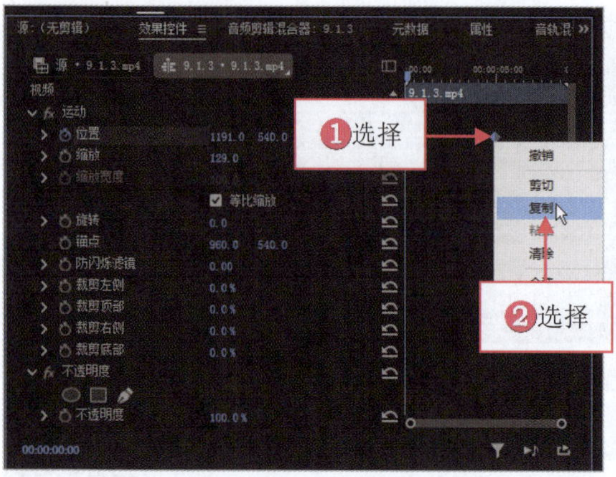

图 9-12　选择“复制”选项

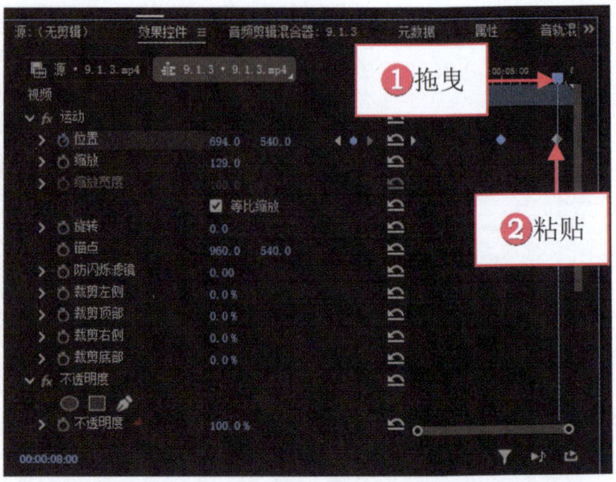

图 9-13　粘贴复制的关键帧

9.1.4　切换关键帧

当用户想要快速切换关键帧，查看画面效果时，可以在“效果控件”面板中单击相应按钮进行切换。其具体操作如下。

切换关键帧

Step 01 以上一个案例中的项目文件为例，在“效果控件”面板中，①选择中间的关键帧；②单击“转到下一关键帧”按钮▶，如图 9-14 所示，即可快速切换至下一个关键帧的位置。

Step 02 单击“转到下一关键帧”按钮◀，如图 9-15 所示，即可快速切换至上一个关键帧的位置。

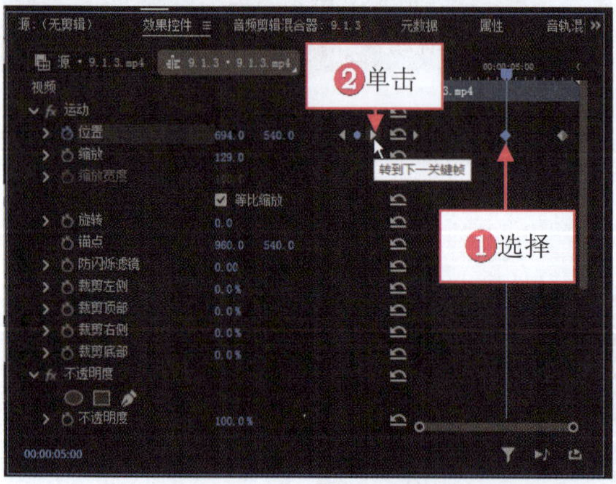

图 9-14　单击“转到下一关键帧”按钮

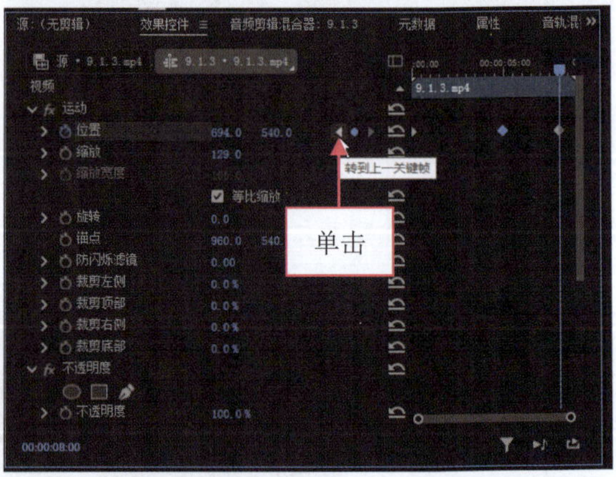

图 9-15　单击“转到上一关键帧”按钮

9.1.5　调节关键帧

用户在添加完关键帧后，可以适当调节关键帧的位置和参数属性，这样可以使运动效果更加流畅。在 Adobe Premiere Pro 2025 中，调节关键帧同样可以通过“时间轴”面板和“效果控件”面板来完成。视频效果如图 9-16 所示。

调节关键帧

图 9-16　视频效果

下面介绍调节关键帧的操作方法。

Step 01　打开一个项目文件，在“效果控件”面板中，选择需要调节的关键帧，如图 9-17 所示。

Step 02　按住鼠标左键并拖曳关键帧至合适的位置，如图 9-18 所示，释放鼠标左键，即可调节关键帧的位置。

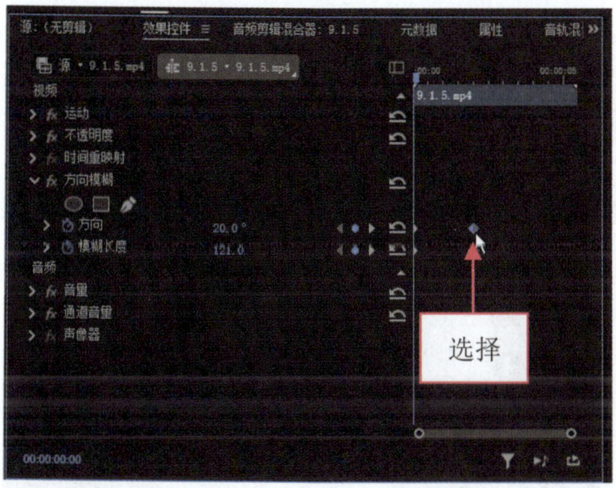

图 9-17　选择关键帧

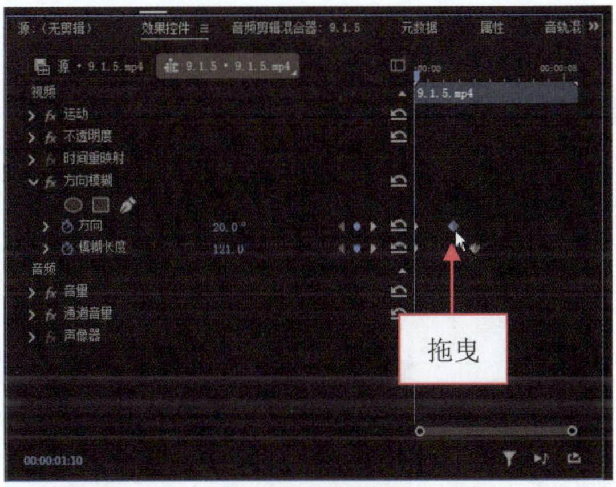

图 9-18　拖曳关键帧

Step 03　在“时间轴”面板中调节关键帧时，不仅可以调整其位置，同时也可以调节其参数的变化，例如向上拖曳关键帧，则对应参数将增加，如图 9-19 所示。

Step 04　反之，向下拖曳关键帧，则对应参数将减少，如图 9-20 所示。

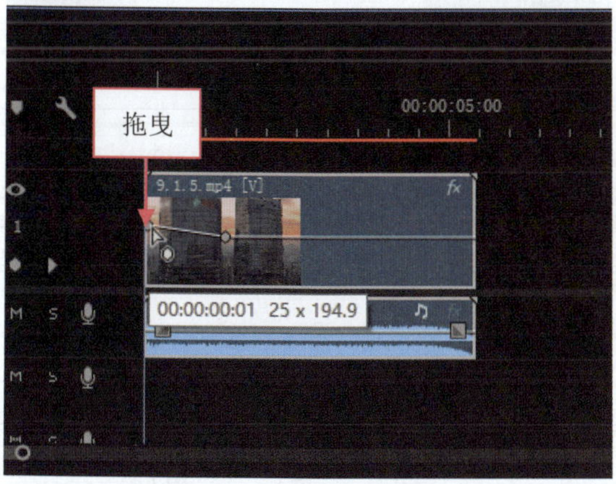

图 9-19　向上拖曳关键帧

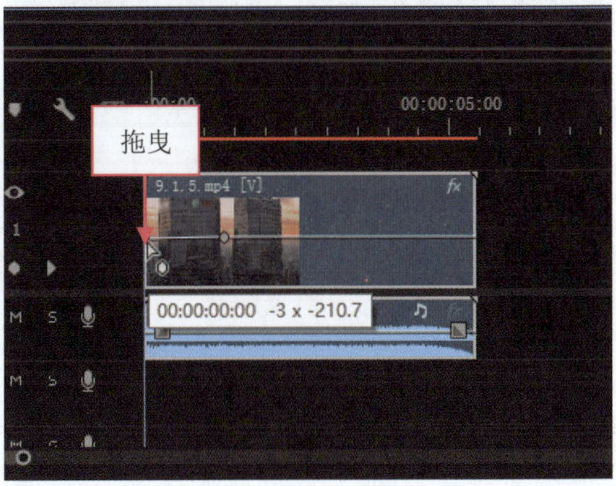

图 9-20　向下拖曳关键帧

9.1.6　删除关键帧

删除关键帧

在 Adobe Premiere Pro 2025 中，当用户对添加的关键帧不满意时，也可以通过“时间轴”面板和“效果控件”面板来删除关键帧。视频效果如图 9-21 所示。

图 9-21　视频效果

下面介绍删除关键帧的操作方法。

Step 01 以上一个案例中的项目文件为例，在“效果控件”面板中，❶选择需要删除的关键帧；❷单击“添加/移除关键帧”按钮，如图 9-22 所示，即可将关键帧删除。

Step 02 在“时间轴”面板中，❶选择需要删除的关键帧，单击鼠标右键；❷在弹出的快捷菜单中选择“删除”选项，如图 9-23 所示，即可将关键帧删除。

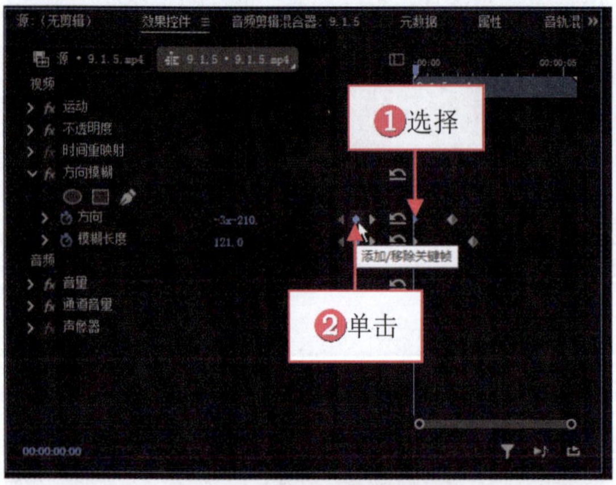

图 9-22　单击“添加/移除关键帧”按钮

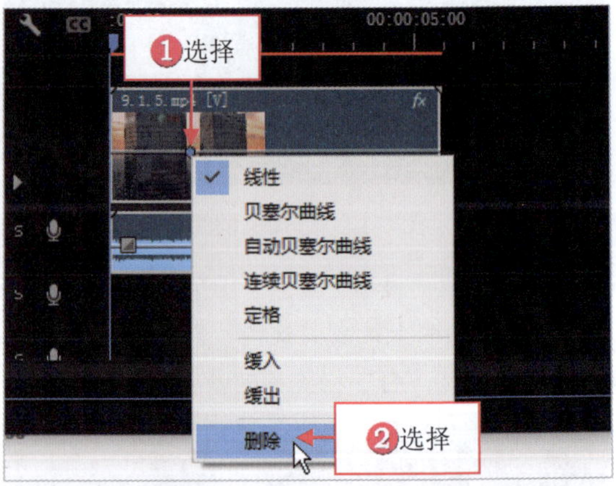

图 9-23　选择“删除”选项

> ▶ 专家指点
>
> 此外，用户还可以在选择关键帧后，直接按【Delete】键将关键帧删除。

9.2　制作动画效果

本节将主要从制作动画效果的一些基本操作开始学习，并逐步掌握各种运动特效的制作方法，使视频更加生动有趣。

9.2.1　制作水印飞行效果

水印飞行效果是指通过设置，让水印在屏幕上飞行或移动，常用于在视频中创建动态的水印，以防止他人盗用。在 Adobe Premiere Pro 2025 中，用户可以通过设置“位置”和“缩放”关键帧来实现。视频效果如图 9-24 所示。

制作水印飞行效果

图 9-24　视频效果

下面介绍制作水印飞行效果的操作方法。

Step 01　打开一个项目文件，在“节目监视器”面板中可以查看画面效果，如图 9-25 所示，选择 V2 轨道中的水印素材。

Step 02　在“效果控件”面板中，①单击“位置”和“缩放”左侧的“切换动画”按钮；②添加第 1 组关键帧，如图 9-26 所示。

图 9-25　查看画面效果

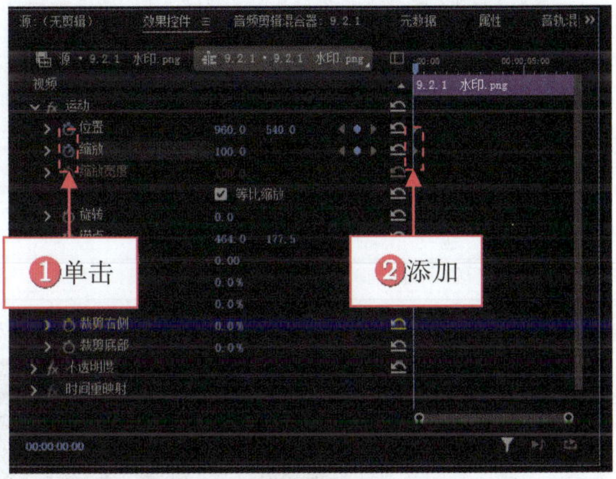

图 9-26　添加第 1 组关键帧

> **专家指点**
>
> 在“效果控件”面板中，选择“运动”选项，即可在“节目监视器”面板中显示素材的运动路径。

Step 03　①将播放指示器拖曳至 00:00:02:00 的位置；②设置“缩放”为 55.0、“位置”为（279.0，958.0），将水印缩小并调整至画面左下角；③添加第 2 组关键帧，如图 9-27 所示。

Step 04　①将播放指示器拖曳至 00:00:05:00 位置；②设置“位置”为（1660.0，958.0），将水印调整至画面右下角；③添加第 3 组关键帧，如图 9-28 所示。至此，完成水印飞行效果。

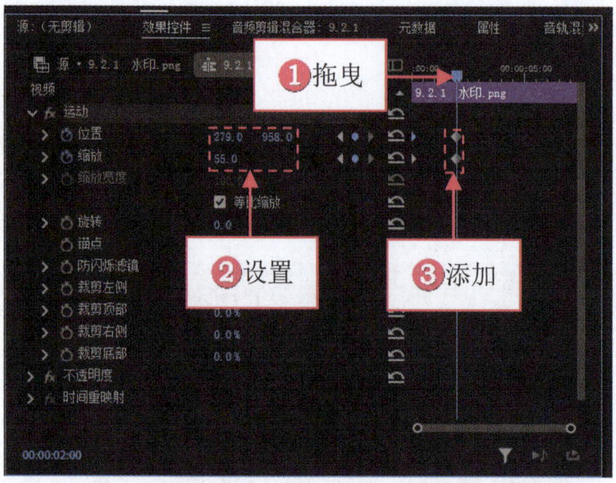

图 9-27　添加第 2 组关键帧

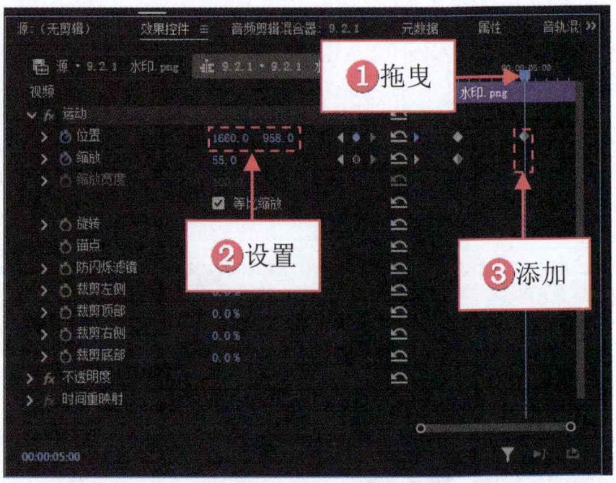

图 9-28　添加第 3 组关键帧

9.2.2　制作缩放运动效果

制作缩放运动效果

缩放运动效果是指对象以从小到大或从大到小的形式展现在观众的眼前。在 Adobe Premiere Pro 2025 中，用户可以通过设置“缩放”关键帧来实现。视频效果如图 9-29 所示。

图 9-29　视频效果

下面介绍制作缩放运动效果的操作方法。

Step 01　打开一个项目文件，选择 V1 轨道中的视频素材，如图 9-30 所示。

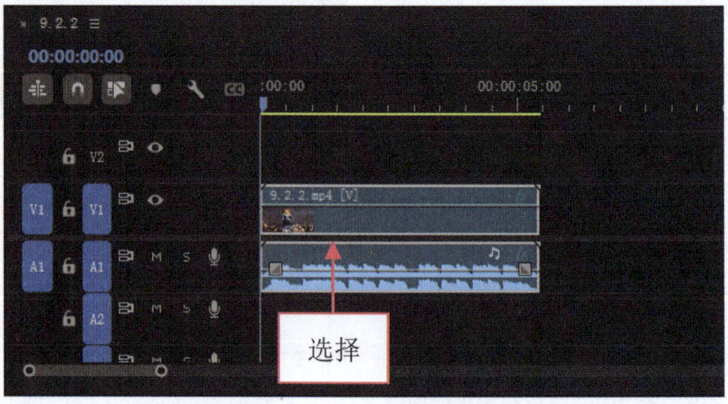

图 9-30　选择视频素材

Step 02　在“效果控件”面板中，❶单击“缩放”左侧的”切换动画”按钮；❷添加第 1 个关键帧，如图 9-31 所示。

Step 03 ❶将播放指示器拖曳至 00:00:02:00 的位置；❷设置“缩放”为 135.0，将画面放大；❸添加第 2 个关键帧，如图 9-32 所示。至此，即可完成缩放运动效果的制作。

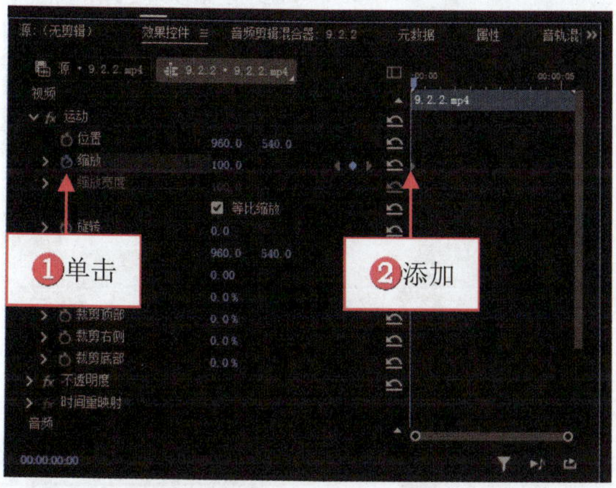

图 9-31　添加第 1 个关键帧

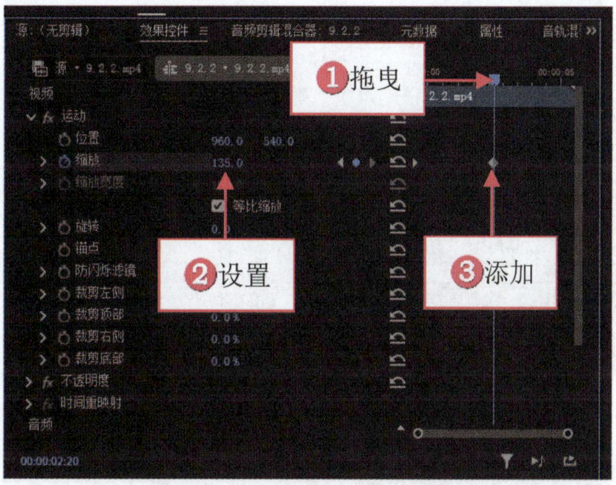

图 9-32　添加第 2 个关键帧

9.2.3　制作旋转降落效果

制作旋转降落效果

旋转降落效果是指将素材围绕指定的轴进行旋转，并从上至下移动，适用于视频片头。在 Adobe Premiere Pro 2025 中，用户可以通过设置“旋转”“缩放”和“位置”关键帧来实现。视频效果如图 9-33 所示。

图 9-33　视频效果

下面介绍制作旋转降落效果的操作方法。

Step 01 打开一个项目文件，在“节目监视器”面板中可以查看画面效果，如图 9-34 所示。

Step 02 在“时间轴”面板中，❶选择 V1 轨道中的视频素材；❷将播放指示器拖曳至 00:00:02:00 的位置，如图 9-35 所示。

Step 03 在“效果控件”面板中，❶单击“位置”“缩放”与“旋转”左侧的”切换动画”按钮；❷添加第 1 组关键帧，如图 9-36 所示。

Step 04 ❶将播放指示器拖曳至开始位置；❷设置“缩放”参数为 50.0、“旋转”为 1 × 0.0°（表示为 360°）、“位置”为（960.0，－275.0），将画面缩小并移出预览窗口，使画面呈黑色背景显示；❸添加第 2 组关键帧，如图 9-37 所示。至此完成视频旋转降落的片头动画效果。

图 9-34　查看画面效果

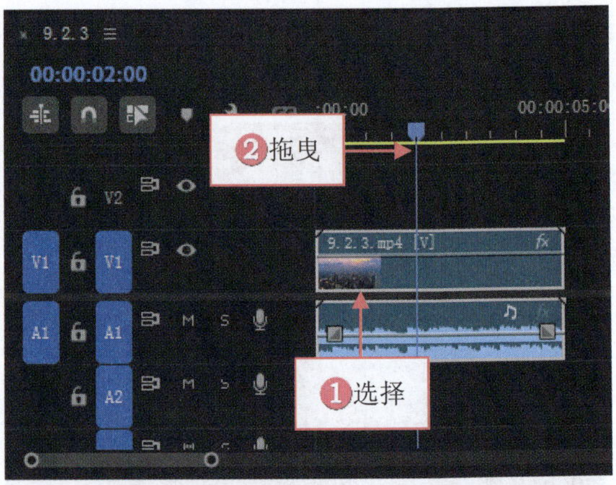

图 9-35　拖曳播放指示器的位置

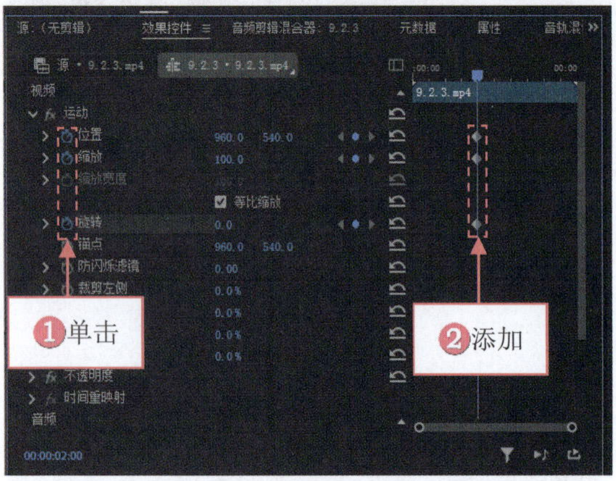

图 9-36　添加第 1 组关键帧

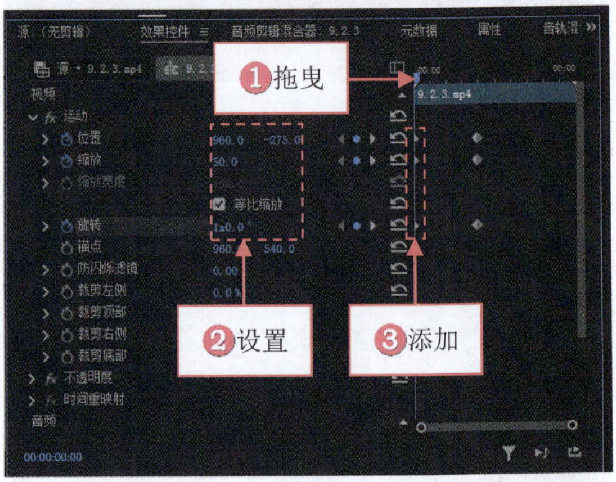

图 9-37　添加第 2 组关键帧

9.2.4　制作镜头横移效果

制作镜头横移效果

镜头横移效果可以是左右横移，也可以是上下横移，为视频制作镜头横移效果，可以增强画面的视觉效果。在 Adobe Premiere Pro 2025 中，用户可以通过设置“缩放”参数和“位置”关键帧来实现。视频效果如图 9-38 所示。

图 9-38　视频效果

下面介绍制作镜头横移效果的操作方法。

Step 01 打开一个项目文件，在“节目监视器”面板中可以查看画面效果，如图 9-39 所示，选择 V1 轨道中的视频素材。

Step 02 在“效果控件”面板中，设置“缩放”为 130.0，将画面稍微放大，使画面有左右横移调整的空间，如图 9-40 所示。

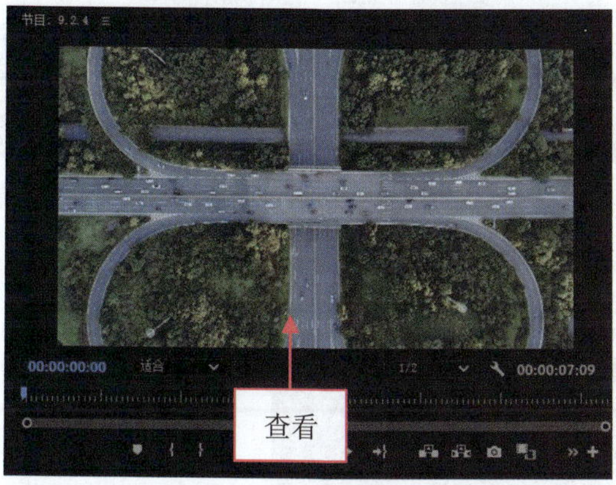

图 9-39　查看画面效果

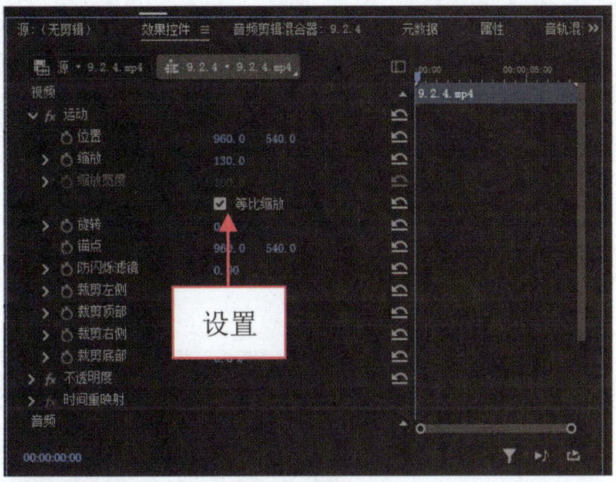

图 9-40　设置“缩放”参数

Step 03 ①单击“位置”左侧的”切换动画”按钮；②设置参数为（1245.0，540.0），将画面移至最左端；③添加第 1 个关键帧，如图 9-41 所示。

Step 04 ①将播放指示器拖曳至 00:00:06:00 的位置；②设置“位置”为（675.0，540.0），将画面移至最右端；③添加第 2 个关键帧，如图 9-42 所示。至此，完成镜头从左至右横移的动画效果。

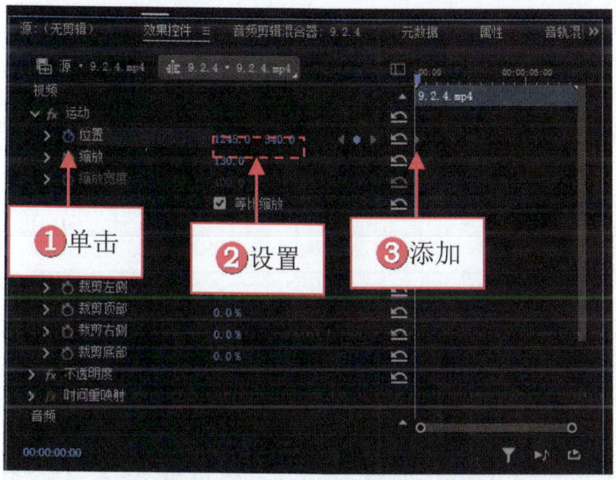

图 9-41　添加第 1 个关键帧

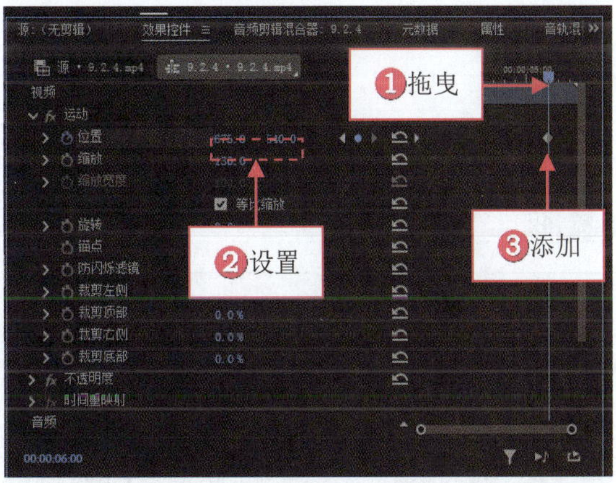

图 9-42　添加第 2 个关键帧

9.2.5　制作上下开幕效果

制作上下开幕效果

在很多电影中，都有用到黑场中间上下开幕或左右开幕展现画面的镜头，这种镜头经常用于电影片头。在 Adobe Premiere Pro 2025 中，用户可以通过设置“裁剪左侧”“裁剪顶部”“裁剪右侧”及“裁剪底部”这 4 个关键帧来实现，其中设置“裁剪顶部”和“裁剪底部”关键帧即可制作上下开幕效果。视频效果如图 9-43 所示。

下面介绍制作上下开幕效果的操作方法。

图 9-43　视频效果

Step 01　打开一个项目文件，在“节目监视器”面板中可以查看画面效果，如图 9-44 所示，选择 V1 轨道中的视频素材。

图 9-44　查看画面效果

Step 02　在“效果控件”面板中，❶单击“裁剪顶部”和“裁剪底部”左侧的”切换动画”按钮；❷设置参数均为 50.0%，分别将画面顶部和底部隐藏，使画面呈黑场显示；❸添加第 1 组关键帧，如图 9-45 所示。

Step 03　❶将播放指示器拖曳至 00:00:02:00 的位置；❷设置“裁剪顶部”和“裁剪底部”均为 0.0%，将画面全部显示；❸添加第 2 组关键帧，如图 9-46 所示。至此，完成上下开幕的片头动画效果。

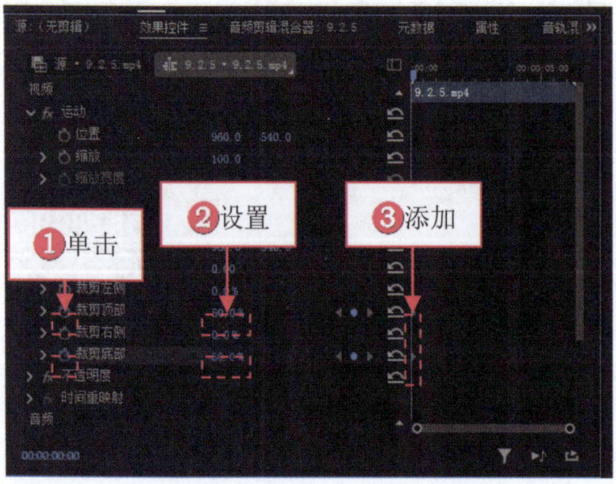

图 9-45　添加第 1 组关键帧

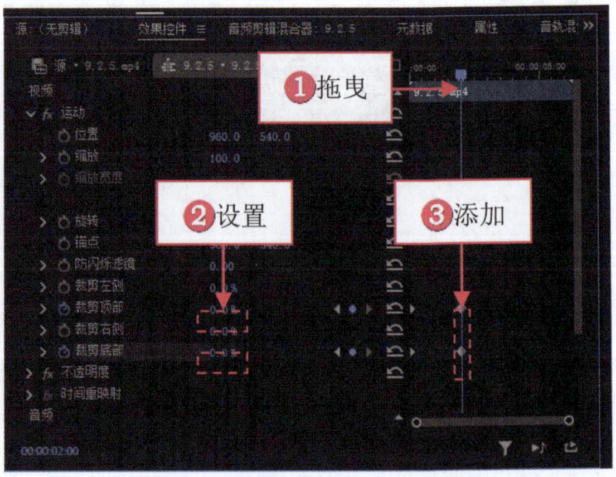

图 9-46　添加第 2 组关键帧

本章小结

本章主要讲述了在 Adobe Premiere Pro 2025 中使用关键帧制作视频动画效果的相关操作。首先介绍了设置运动关键帧的操作方法，包括添加、复制、粘贴、切换、调节以及删除关键帧等；其次介绍了制作动画效果的操作方法，包括制作水印飞行、缩放运动、旋转降落、镜头横移及上下开幕等效果。通过本章的学习，读者可以将简单的视频素材转化为富有动态感的作品。无论是为素材添加移动、缩放、旋转等动画效果，还是制作更复杂的多元素动画，关键帧都将成为用户实现创意的强大工具。

课后实训

课后实训

鉴于本章知识的重要性，为了使读者好地掌握所学知识，将通过课后实训帮助读者进行简单的知识回顾和补充。

实训任务：打开一个项目文件，为视频制作黑场左右开幕的片头动画。视频效果如图 9-47 所示。

图 9-47　视频效果

下面介绍相关的操作方法。

Step 01　打开一个项目文件，在“节目监视器”面板中可以查看画面效果，如图 9-48 所示。

图 9-48　查看画面效果

Step 02 在“时间轴”面板中，选择 V1 轨道中的视频素材，如图 9-49 所示。

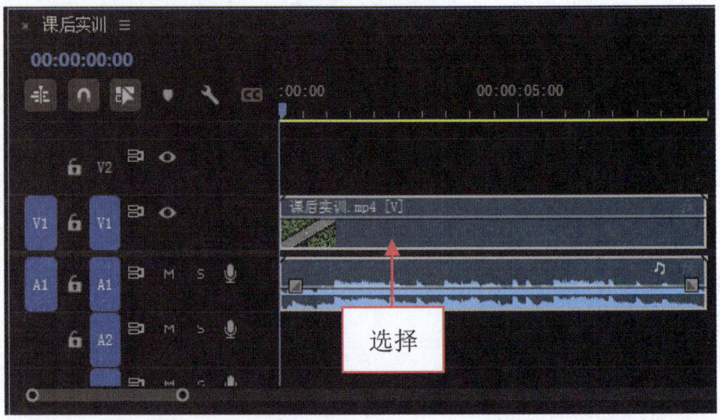

图 9-49　选择 V1 轨道中的视频素材

Step 03 在“效果控件”面板中，❶单击“裁剪左侧”和“裁剪右侧”左侧的”切换动画”按钮；❷设置参数均为 50.0%，分别将画面左侧和右侧隐藏，使画面呈黑场显示；❸添加第 1 组关键帧，如图 9-50 所示。

Step 04 ❶将播放指示器拖曳至 00:00:03:00 的位置；❷设置“裁剪左侧”和“裁剪右侧”均为 0.0%，将画面全部显示；❸添加第 2 组关键帧，如图 9-51 所示。至此，完成左右开幕的片头动画效果。

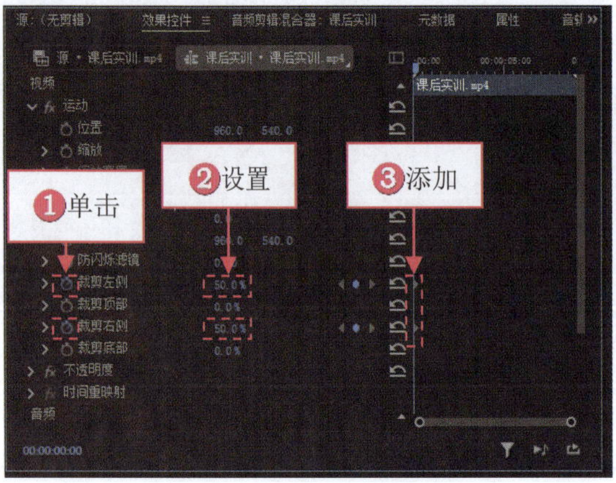

图 9-50　添加第 1 组关键帧

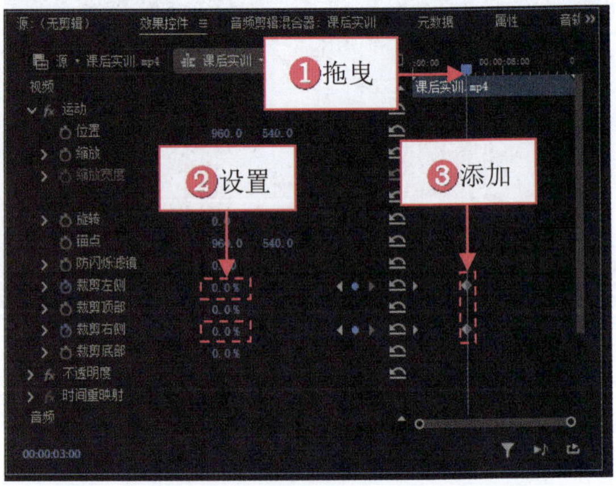

图 9-51　添加第 2 组关键帧

第 10 章 制作抖音卡点视频实例

10

卡点视频是抖音平台非常受欢迎的内容形式，主要是画面切换的时候卡住背景音乐中的节奏鼓点，使视频更有节奏感。制作卡点视频效果，最重要的是选择好节奏感较强的背景音乐，这样呈现出来的视频会更具层次和动感，能够在一定程度上提升观众的观看体验。本章将主要介绍抖音卡点视频的制作方法。

本章重点

- 了解抖音卡点视频效果展示的方法
- 掌握抖音卡点视频制作流程

素质目标

- 培养读者感知并拆解音乐节奏的能力
- 提升读者动态叙事与情绪节奏的整合创作能力

10.1　抖音卡点视频效果展示

抖音卡点视频与音乐节奏紧密结合，通过精准的画面切换和音效配合，可以打造出令人印象深刻的观看体验。在深入学习制作步骤之前，本节将介绍展示抖音卡点视频的效果画面，以及在 Adobe Premiere Pro 2025 中制作抖音卡点视频的思路。

10.1.1　效果欣赏

下面将展示抖音卡点视频效果，通过效果欣赏可以直观地感受到卡点视频的节奏感和视觉冲击力。视频效果如图 10-1 所示。

图 10-1　视频效果

10.1.2　制作思路

本案例首先将在 Adobe Premiere Pro 2025 中导入卡点素材，其次为视频添加卡点标记，制作卡点画面，最后为视频添加卡点音效。图 10-2 为抖音卡点视频的制作思路。

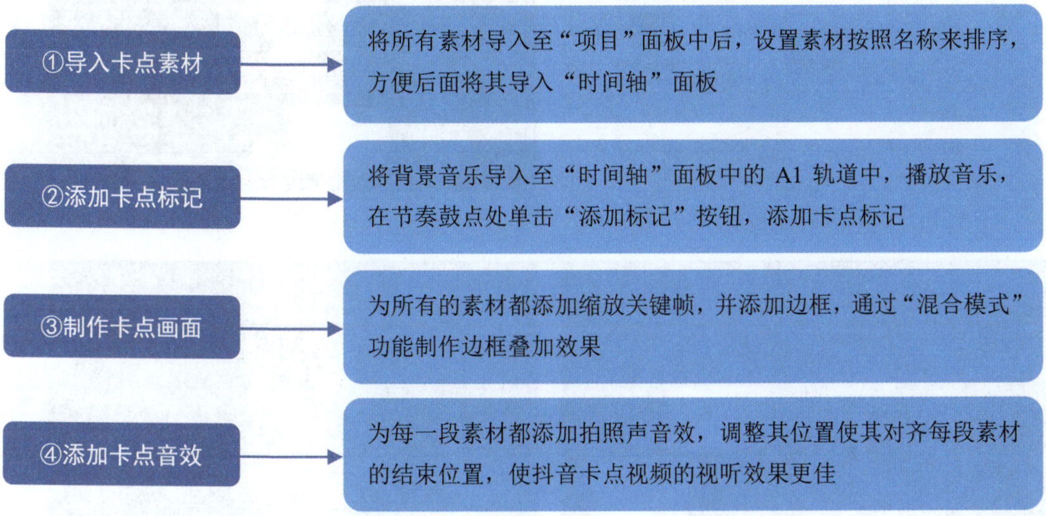

图 10-2　抖音卡点视频的制作思路

制作抖音卡点视频的要点是添加一段较有节奏感的背景音乐，为其添加标记，然后将每段素材的结束位置对齐标记，从而形成具有节奏感和层次感的卡点效果。需要注意的是，有时候背景音乐的节奏鼓点并不能明显地从缩略图中看出来，此时用户可以播放音乐，然后根据节奏添加标记。

10.2　抖音卡点视频制作流程

本节将主要介绍关于抖音卡点视频的制作流程，包括导入素材、添加标记、添加边框及添加音效等内容，逐步讲解每一个细节。

10.2.1　导入卡点素材

制作抖音卡点视频的第一步是导入素材。在 Adobe Premiere Pro 2025 中，首先需要导入要使用的所有照片和音频素材，并在“项目”面板中对素材进行排序。其具体操作如下。

Step 01　新建一个项目文件，在“项目”面板中，单击“导入媒体”按钮，弹出“导入”对话框，选择全部的素材，如图 10-3 所示。

Step 02　单击“打开”按钮，即可将全部素材导入“项目”面板中，此时可以看到素材排序全部是乱的，单击“排序图标”按钮，如图 10-4 所示。

Step 03　弹出快捷菜单，选择“名称”选项，如图 10-5 所示。

Step 04　执行操作后，即可使所有素材按名称排序，如图 10-6 所示。

导入卡点素材

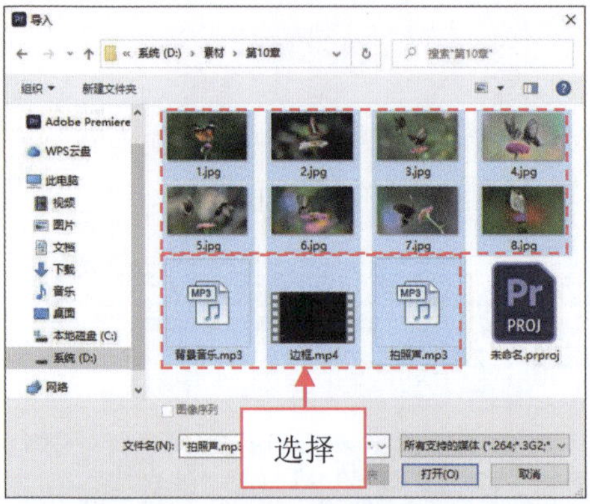

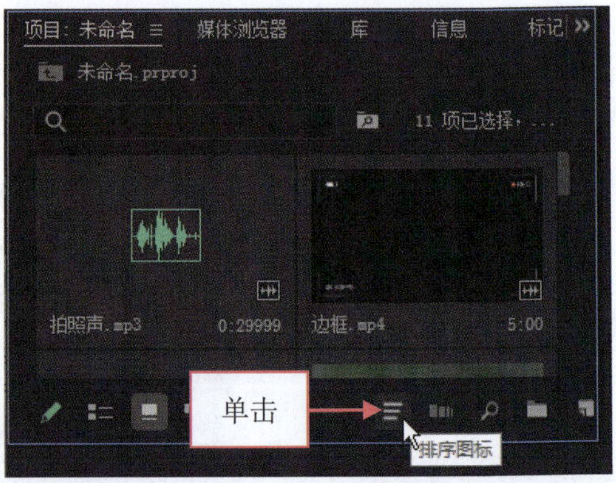

图 10-3　选择全部的素材　　图 10-4　单击“排序图标”按钮

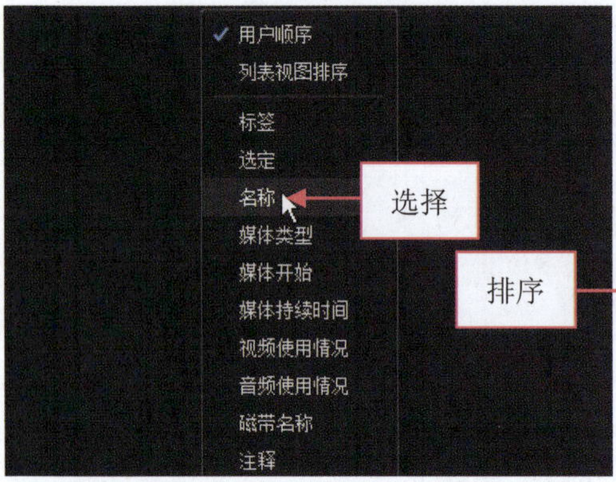

图 10-5　选择“名称”选项　　图 10-6　使所有素材按名称排序

10.2.2　添加卡点标记

添加卡点标记

接下来，需要在背景音乐的节奏鼓点处添加标记，这样才能够方便后面的操作，制作出卡点效果。其具体操作如下。

Step 01　在“项目”面板中，将背景音乐拖曳至 A1 轨道上，如图 10-7 所示。

Step 02　在“节目监视器”面板中，根据音乐节奏点在合适的位置，❶单击“添加标记”按钮；❷为背景音乐添加多个标记，效果如图 10-8 所示。

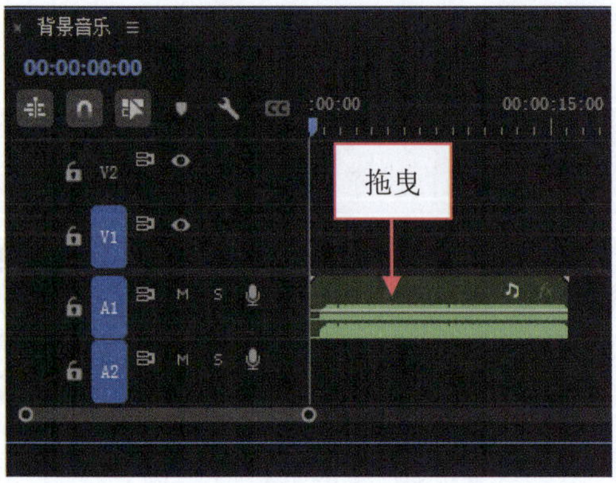

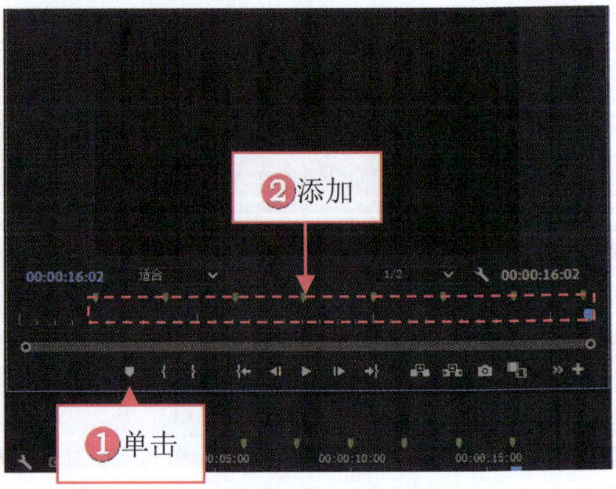

图 10-7　将背景音乐拖曳至 A1 轨道上　　图 10-8　添加多个标记

10.2.3　制作卡点画面

制作卡点画面

添加卡点标记后，即可开始制作卡点画面，将照片素材和边框素材添加至“时间轴”面板中，制作缩放效果和边框叠加效果。其具体操作如下。

Step 01 将“项目”面板中的 8 张照片按顺序添加到 V1 轨道中，并调整素材的结束位置与标记对齐，如图 10-9 所示。

Step 02 将播放指示器拖曳至开始位置，选择第 1 张照片，在“效果控件”面板中，①单击“缩放”左侧的”切换动画”按钮；②设置“缩放”为 140.0，将画面放大；③添加第 1 个关键帧，如图 10-10 所示。

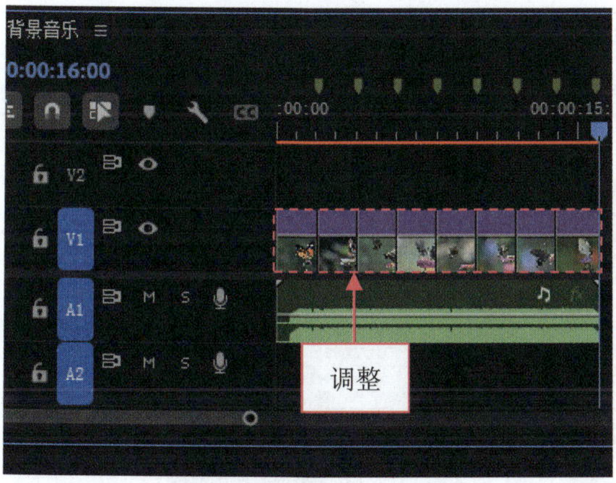

图 10-9　调整素材的结束位置与标记对齐

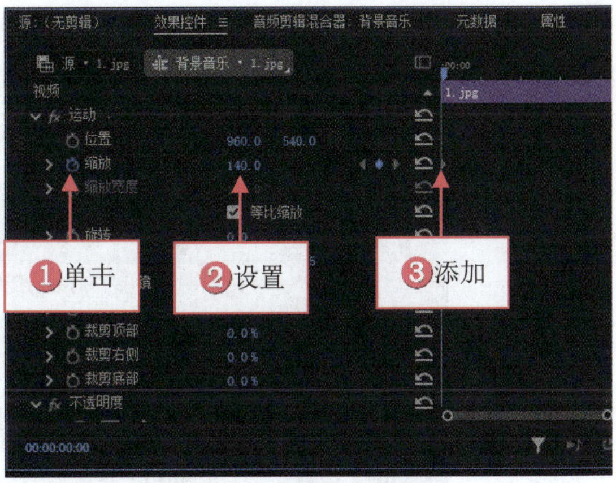

图 10-10　添加第 1 个关键帧

Step 03 ①将播放指示器拖曳至 00:00:01:00 的位置；②设置“缩放”为 100.0，将画面缩小；③添加第 2 个关键帧，如图 10-11 所示。执行操作后，即可为素材制作 1 秒的缩放动画效果，用与上同样的方法，为其他照片制作 1 秒的缩放动画效果。

Step 04 将“项目”面板中的边框素材添加到 V2 轨道中，并调整边框素材的时长与第 1 张照片素材的时长一致，如图 10-12 所示。

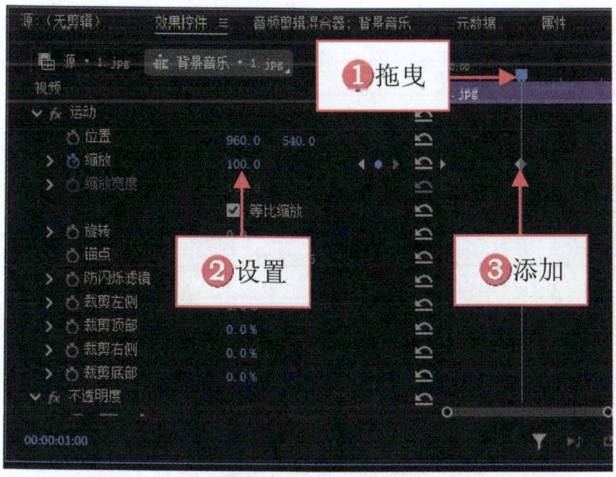

图 10-11　调整素材的结束位置与标记对齐

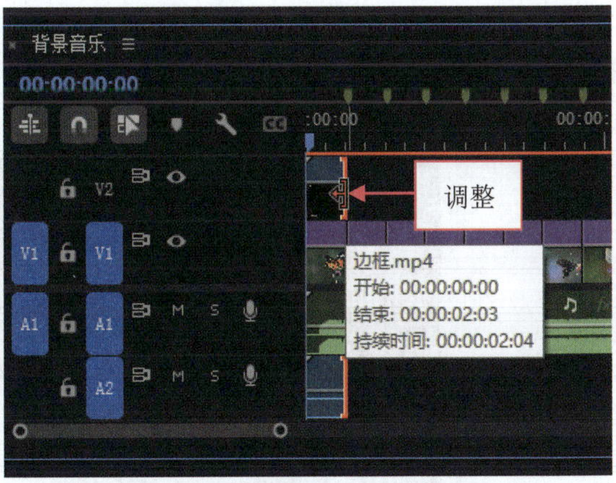

图 10-12　调整边框素材的时长

Step 05 选择边框素材，在“效果控件”面板中，设置“混合模式”为“变亮”，即可去除边框素材中的黑色背景，抠出白色边框元素，制作视频叠加效果，如图 10-13 所示。

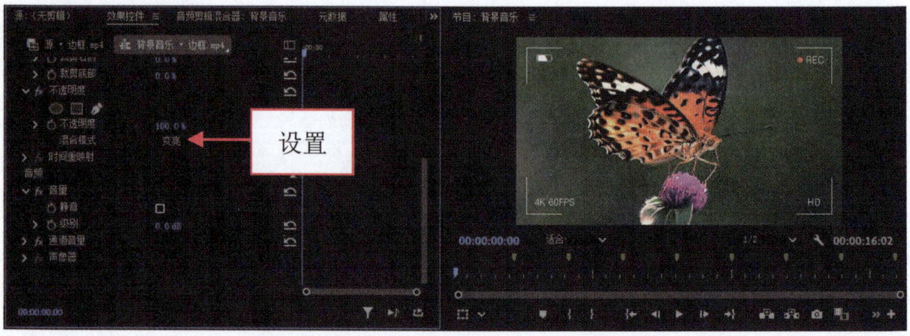

图 10-13　设置“混合模式”为“变亮”

Step 06 通过复制粘贴的方式，复制设置好的边框素材，在每张照片上方粘贴并调整时长，为每张照片制作边框叠加效果，如图 10-14 所示。

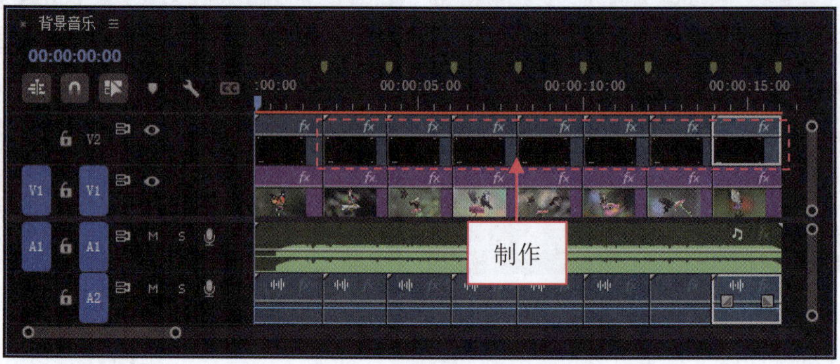

图 10-14　为每张照片制作边框叠加效果

10.2.4　添加卡点音效

制作完卡点画面后，接下来需要在素材画面切换之前，为视频添加拍照声卡点音效，使画面在拍照声出现时呈现拍照定格的效果。其具体操作如下。

添加卡点音效

Step 01 将“项目”面板中的拍照声音效拖曳至 A2 轨道中，并将其结束位置与第 1 张照片的结束位置对齐，如图 10-15 所示。

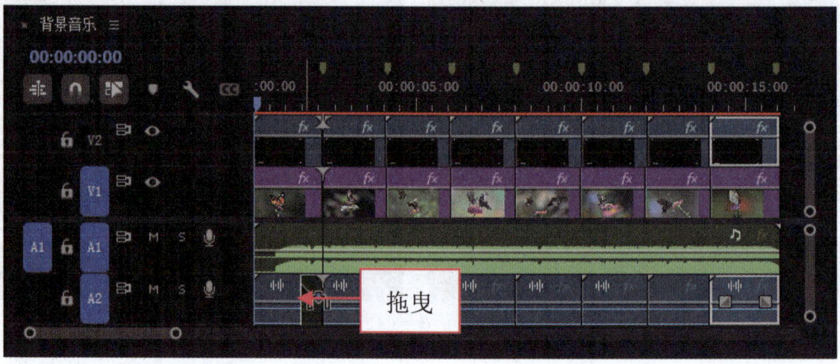

图 10-15　将拍照声音效拖曳至 A2 轨道中

Step 02　执行操作后，在每段素材的结束位置添加拍照声音效，如图 10-16 所示。

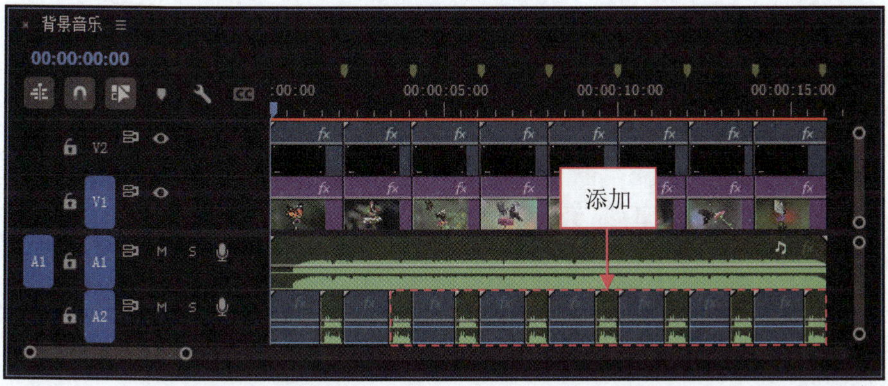

图 10-16　在每段素材的结束位置添加拍照声音效

Step 03　至此，完成抖音卡点视频的制作，在工具栏的右侧，❶单击“快速导出”按钮；❷设置“文件名和位置”；❸单击“导出”按钮，如图 10-17 所示，将视频渲染导出。

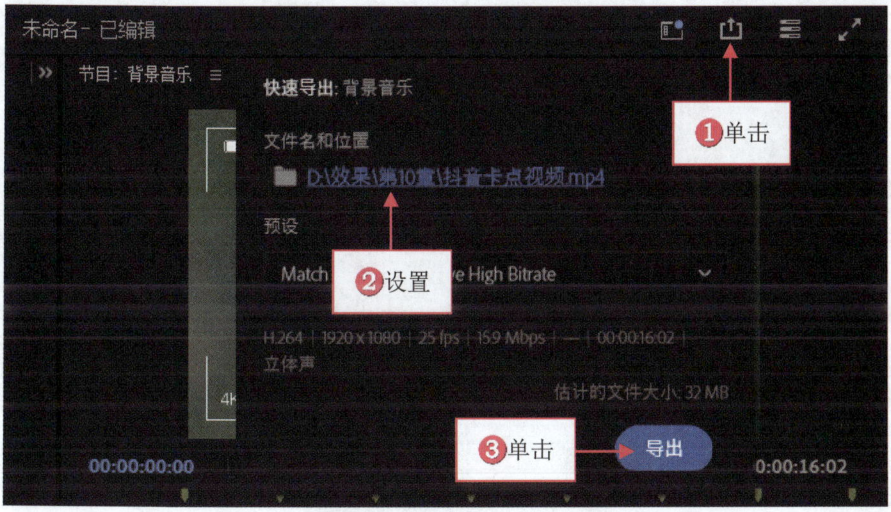

图 10-17　单击“导出”按钮

本章小结

本章主要讲述了如何使用 Adobe Premiere Pro 2025 制作抖音卡点视频的相关操作。从素材导入、卡点标记到画面剪辑和音效添加，每一步都需要精确的操作和对节奏的把控。通过本章的实战案例，读者能够灵活应用这些技巧，制作出既有视觉冲击力又符合节奏的抖音卡点视频。

第 11 章 制作故事情景短剧实例

11

故事情景短剧是一种通过演绎，来展现故事发展的视频形式。其适用范围很广，可制作的主题类型也很多，在很多短视频平台上面都很受欢迎。故事情景短剧要重点突出故事的情节发展，要有故事性。本章将通过实战案例介绍如何制作故事情景短剧。

本章重点

- 了解故事情景短剧效果展示的方法
- 掌握故事情景短剧制作流程

素质目标

- 培养读者结构化叙事设计的剧本架构能力
- 提升读者影视语言的综合表达能力

11.1　故事情景短剧效果展示

故事情景短剧通常以生动的情节和鲜明的角色吸引观众，其制作不仅需要良好的剪辑技巧，还需要注重音效、配乐、字幕等多方面的协调。本节将展示故事情景短剧的画面效果及其制作思路。

11.1.1　效果欣赏

下面将展示故事情景短剧的画面效果，用户可以直观地看到招聘过程中的情节发展和角色互动。视频效果如图 11-1 所示。

图 11-1　视频效果

11.1.2 制作思路

本案例首先将在 Adobe Premiere Pro 2025 中处理情景素材，其次添加音频素材，最后智能转录字幕。图 11-2 为故事情景短剧的制作思路。

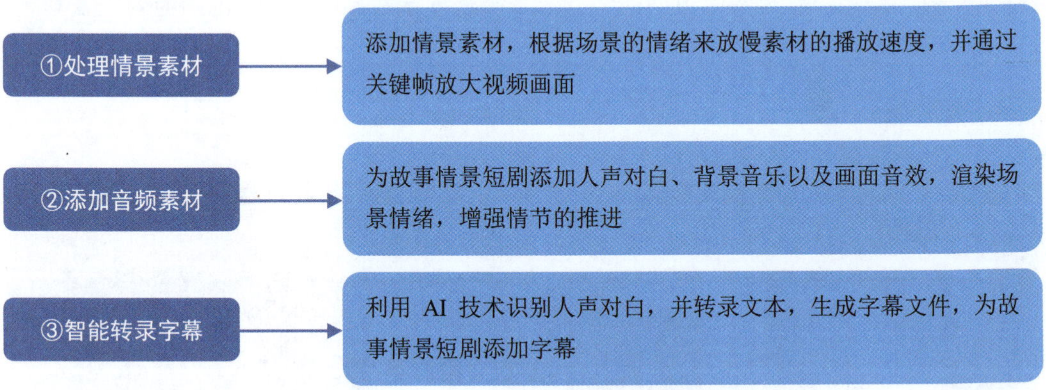

图 11-2 故事情景短剧的制作思路

制作故事情景短剧视频时，要注意根据剧本的情节安排、角色设定及情感氛围，设计适合的画面和音效。例如，选择合适的镜头语言、运用节奏感强的剪辑来增强情节的推进，通过背景音乐和音效来加深情感共鸣。

11.2 故事情景短剧制作流程

掌握故事情景短剧的制作思路后，本节将进入具体的制作流程，详细讲解如何使用 Adobe Premiere Pro 2025 逐步完成短剧的制作，从情景素材的处理到音频素材的添加，再到智能转录字幕，每个环节都会详细说明。

11.2.1 处理情景素材

处理情景素材

制作故事情景短剧的第一步是处理情景素材。在 Adobe Premiere Pro 2025 中，导入素材后，需要根据故事情节和人物情绪对素材进行分割、放慢速度以及放大画面等处理，以突出特定细节，增强情感表达。其具体操作如下。

Step 01 新建一个项目文件，在“项目”面板中，导入情景素材和音频素材，并按名称排序后，将情景素材按名称顺序添加到“时间轴”面板的 V1 轨道中，如图 11-3 所示。

Step 02 ❶将播放指示器拖曳至 00:00:28:20 的位置；❷选取剃刀工具；❸在播放指示器的位置分割视频素材，如图 11-4 所示。

Step 03 ❶选择分割后的视频片段，单击鼠标右键；❷在弹出的快捷菜单中选择“速度/持续时间”选项，如图 11-5 所示。

Step 04 弹出“剪辑速度/持续时间”对话框，❶设置“速度”为 20%；❷单击“确定”按钮，如图 11-6 所示，放慢视频片段的播放速度。

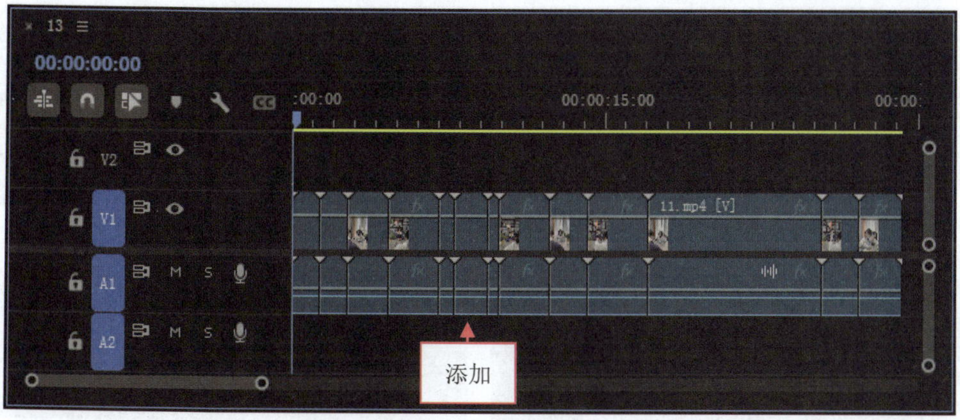

图 11-3　按名称顺序添加情景素材

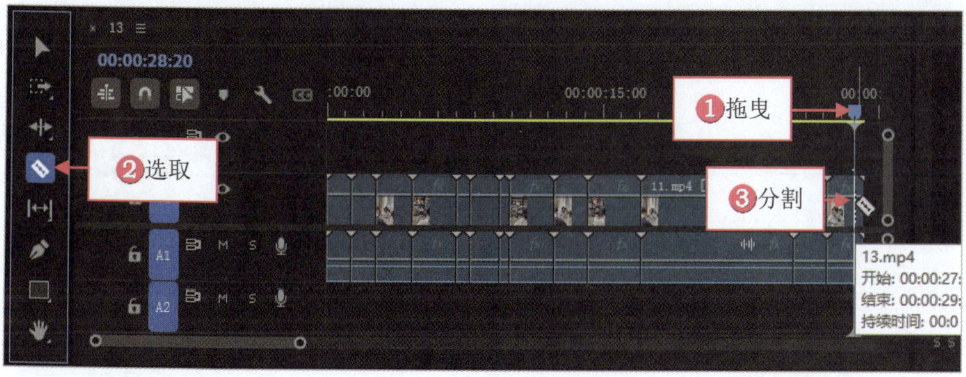

图 11-4　分割视频素材

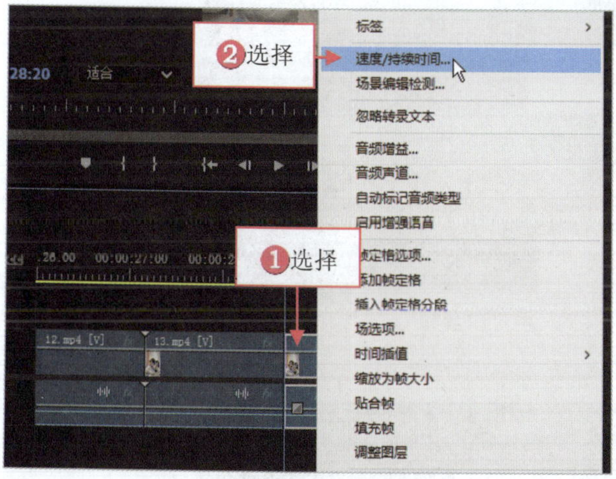

图 11-5　选择“速度/持续时间”选项

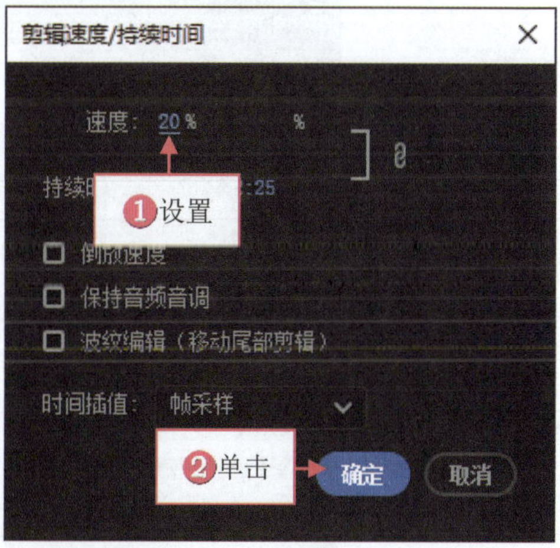

图 11-6　单击“确定”按钮

Step 05　在“效果控件”面板中，❶单击“缩放”左侧的“切换动画”按钮；❷添加第 1 个关键帧，如图 11-7 所示。

Step 06　执行上述操作后，❶将播放指示器拖曳至最后一段素材中间左右的位置（00:00:30:00 的位置）；❷设置“缩放”为 137.0，将画面慢慢放大；❸添加第 2 个关键帧，如图 11-8 所示。

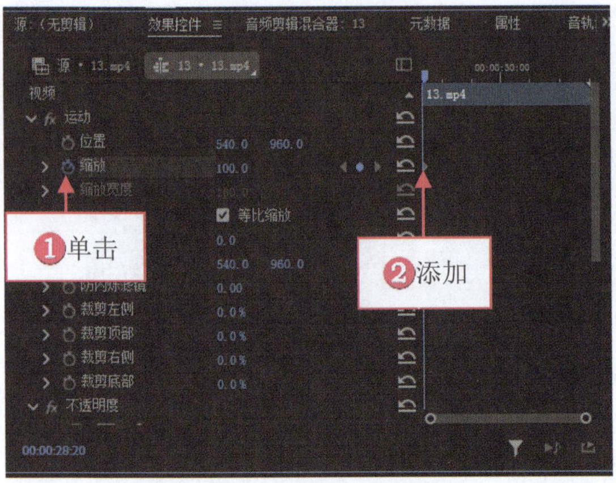

图 11-7　添加第 1 个关键帧

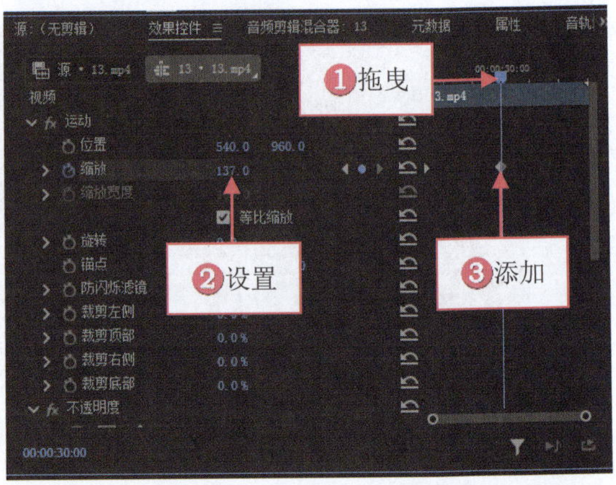

图 11-8　添加第 2 个关键帧

11.2.2　添加音频素材

添加音频素材

处理完情景素材后，接下来需要在音频轨道中为视频添加人声对白、背景音乐及画面音效等音频素材。对于短剧而言，人声是非常重要的，因此在拍摄的时候可以录制对白，后期再添加；对于搞笑风格的短剧，可以添加一些轻快的背景音乐，让气氛变得轻松些；画面音效也是非常重要的，添加合适的音效，可以增加观看体验。其具体操作如下。

Step 01　1将播放指示器拖曳至 00:00:00:00 的位置；2将人声对白音频素材添加到 A1 轨道上，覆盖视频音频，如图 11-9 所示。

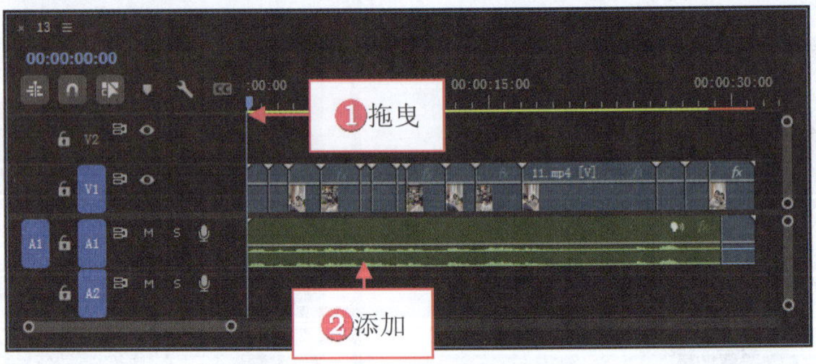

图 11-9　添加人声对白音频

Step 02　向上拖曳白色线条，将人声对白音量调大，如图 11-10 所示。

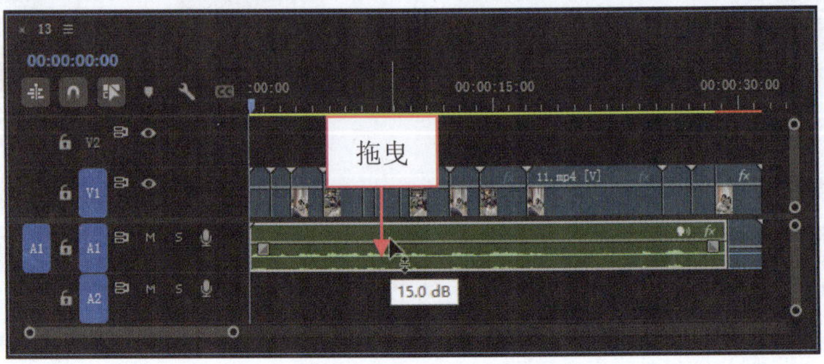

图 11-10　向上拖曳白色线条

Step 03 在“效果”面板中，❶展开“音频效果”|“降杂/恢复”选项；❷双击“降噪”效果，如图 11-11 所示，即可为人声对白音频进行降噪处理。

Step 04 在“项目”面板中，找到背景音乐音频素材，将其添加到 A2 轨道上，如图 11-12 所示。

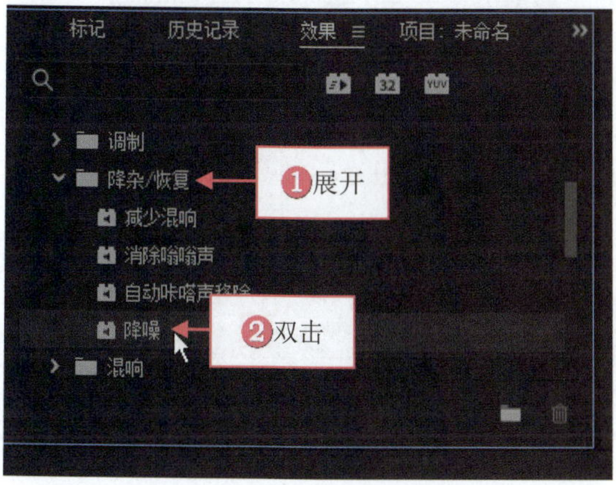

图 11-11　双击“降噪”效果

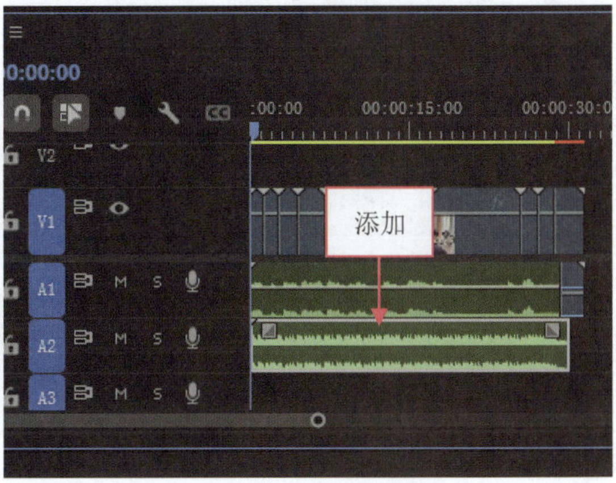

图 11-12　添加背景音乐

Step 05 ❶将播放指示器拖曳至 00:00:07:03 的位置，即第 4 段视频的结束位置，此处应聘者巧妙地回答了面试官提出的问题；❷将哇呜音效添加到 A3 轨道上播放指示器的位置处，突出应聘者的机敏，如图 11-13 所示。

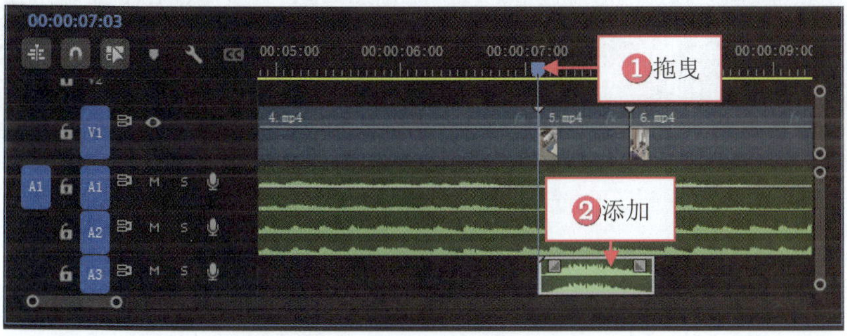

图 11-13　添加哇呜音效

Step 06 ❶将播放指示器拖曳至 00:00:27:05 的位置，即第 13 段视频的开始位置，此处面试官惊讶于应聘者从容地化解了对他提出的考验；❷将反转音效添加到 A3 轨道上播放指示器的位置处，突出面试官惊讶的情绪，如图 11-14 所示。

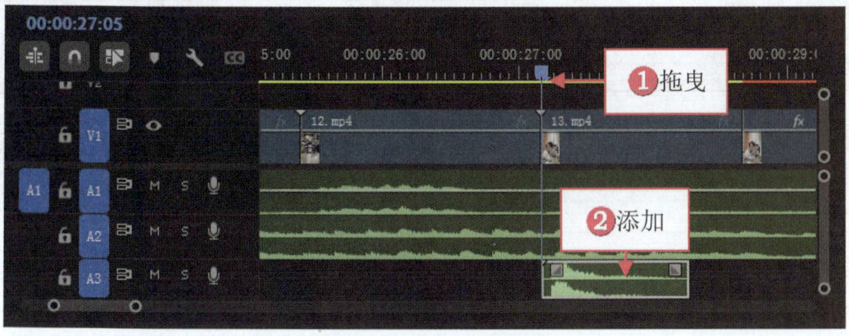

图 11-14　添加反转音效

Step 07 在 A3 轨道的空白位置处，单击鼠标右键，在弹出的快捷菜单中选择“添加单个轨道”选项，如图 11-15 所示。

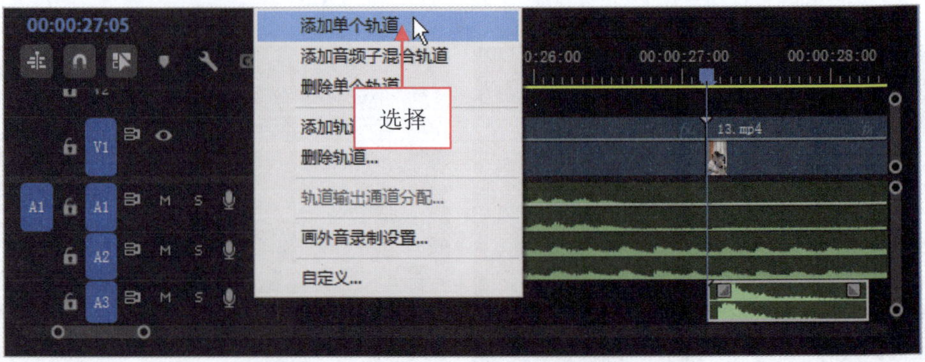

图 11-15　选择“添加单个轨道”选项

Step 08 执行操作后，即可添加 A4 音频轨道，如图 11-16 所示。

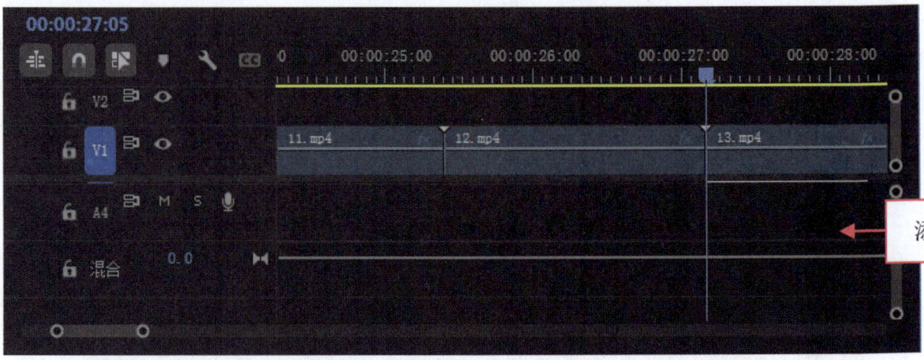

图 11-16　添加 A4 音频轨道

Step 09 ❶将播放指示器拖曳至 00:00:25:12 的位置，即第 12 段视频的开始位置，此处剧情开始反转，令人忍俊不禁；❷将搞笑音效添加到 A4 轨道上播放指示器的位置处，烘托场景氛围，如图 11-17 所示。

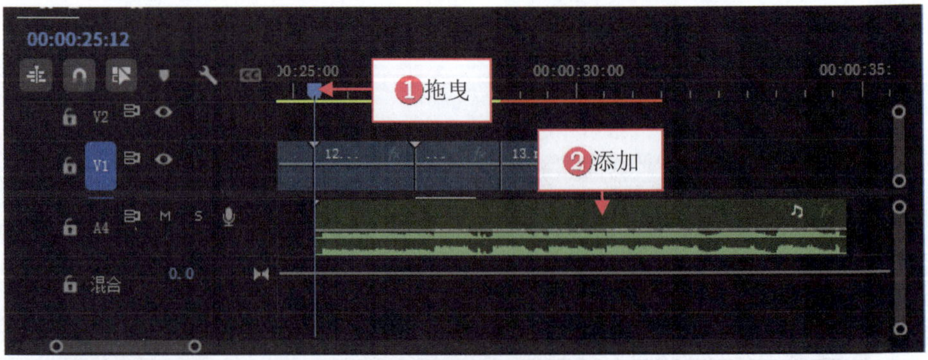

图 11-17　添加反转音效

Step 10 ❶将播放指示器拖曳至视频的结束位置；❷选取剃刀工具；❸在播放指示器的位置分割搞笑音效，如图 11-18 所示。

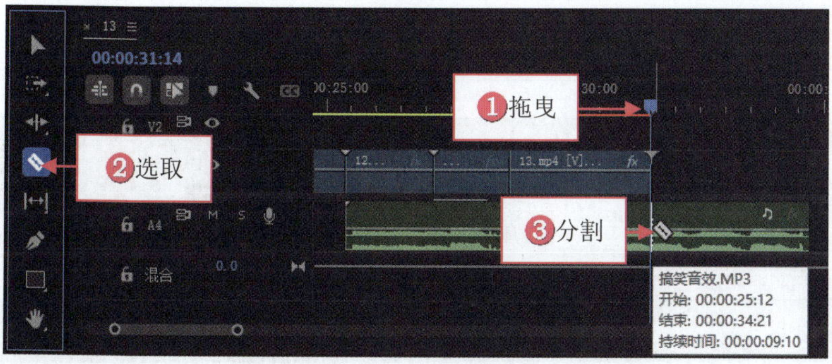

图 11-18　分割搞笑音效

Step 11　❶将多余的音效片段删除；❷为搞笑音效设置时长为 1 秒的淡出效果，如图 11-19 所示。

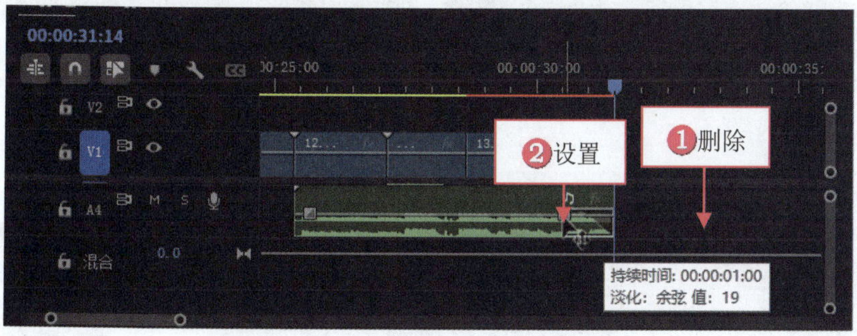

图 11-19　为搞笑音效设置淡出效果

11.2.3　智能转录字幕

智能转录字幕

字幕可以准确地向观众传递画面内容，因此添加完音频素材后，即可通过 AI 技术对人声对白进行语音识别，并转录文本生成对应的字幕内容。其具体操作如下。

Step 01　在“文本”面板中，❶切换至“转录文本”选项卡；❷单击“6 个源剪辑尚未转录”右侧的“转录”按钮，如图 11-20 所示。

Step 02　稍等片刻，即可转录文本，如图 11-21 所示，由于角色的普通话不够标准，导致 AI 转录出来的文本存在一些错误内容，需要手动修改错误内容。

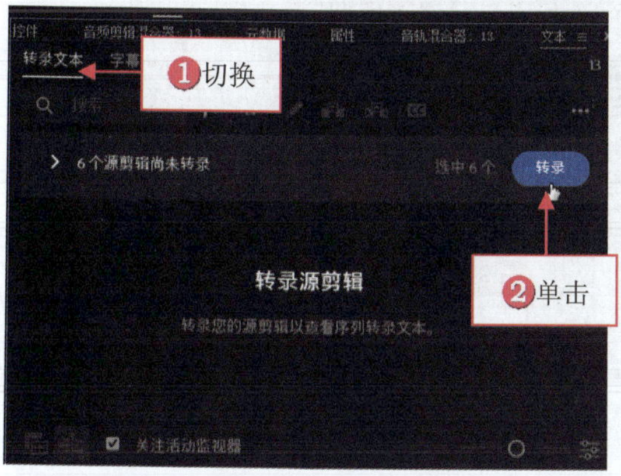

图 11-20　单击“转录”按钮

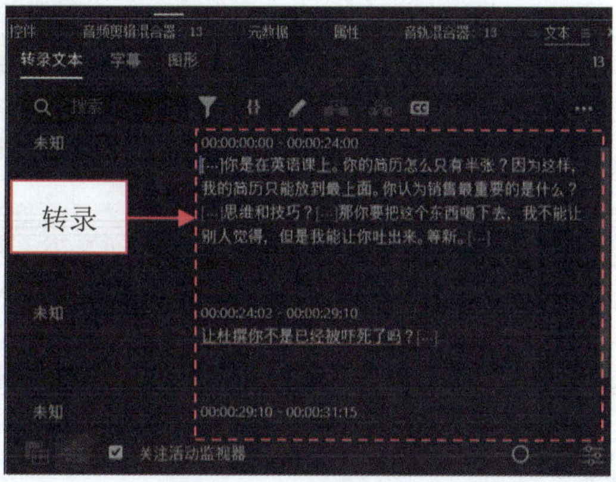

图 11-21　转录文本

Step 03 单击“编辑活动文本”按钮，如图 11-22 所示。

Step 04 执行操作后，修改文本内容，如图 11-23 所示。

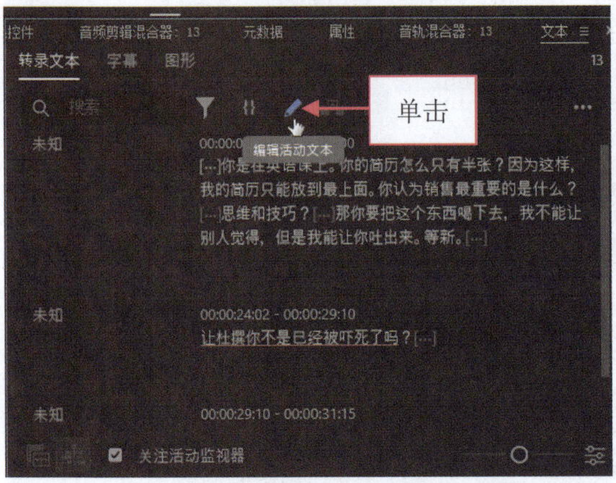

图 11-22　单击“编辑活动文本”按钮

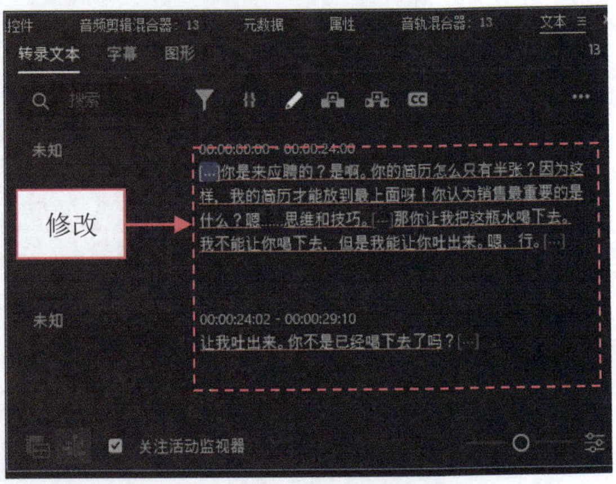

图 11-23　修改文本内容

Step 05 单击“创建说明性字幕”按钮，如图 11-24 所示。

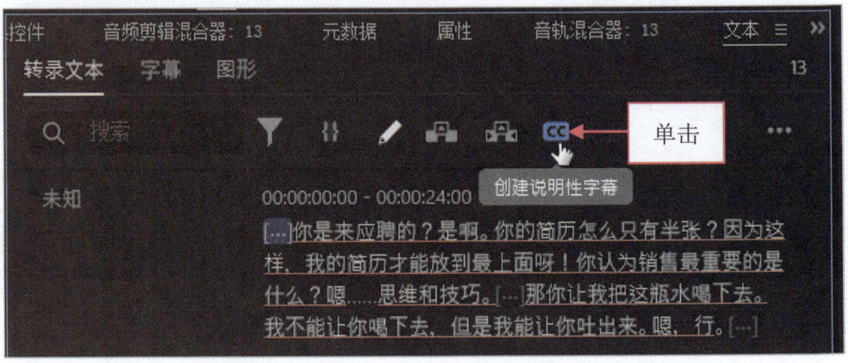

图 11-24　单击“创建说明性字幕”按钮

Step 06 弹出“创建字幕”对话框，单击“创建字幕”按钮，如图 11-25 所示。

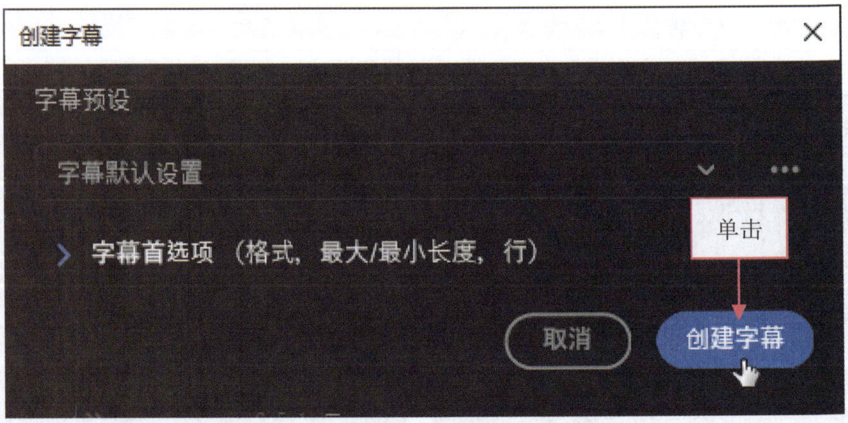

图 11-25　单击“创建字幕”按钮

Step 07 执行操作后，即可创建字幕轨道并生成字幕文件，如图 11-26 所示。

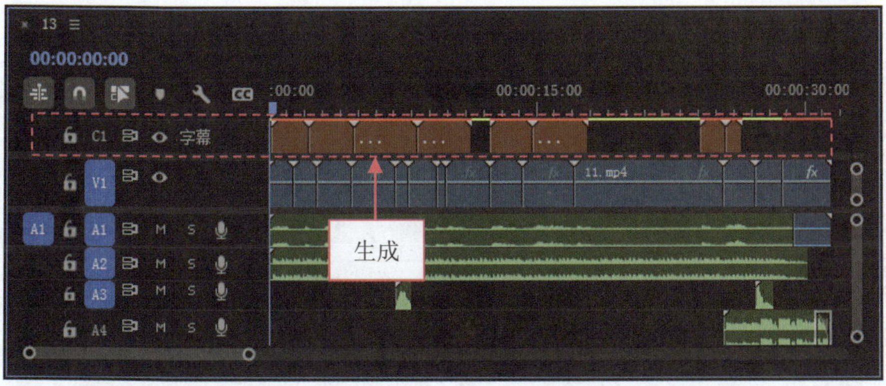

图 11-26　创建字幕轨道并生成字幕文件

Step 08 在“文本”面板的“字幕”选项卡中，可以看到字幕断句不够精确，需要重新拆分字幕，如图 11-27 所示。

Step 09 ❶选择需要重新拆分的字幕；❷单击“拆分字幕”按钮，如图 11-28 所示。

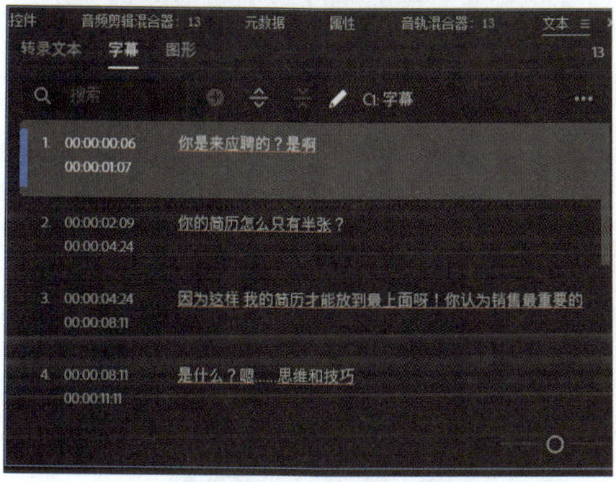

图 11-27　字幕断句不够精确

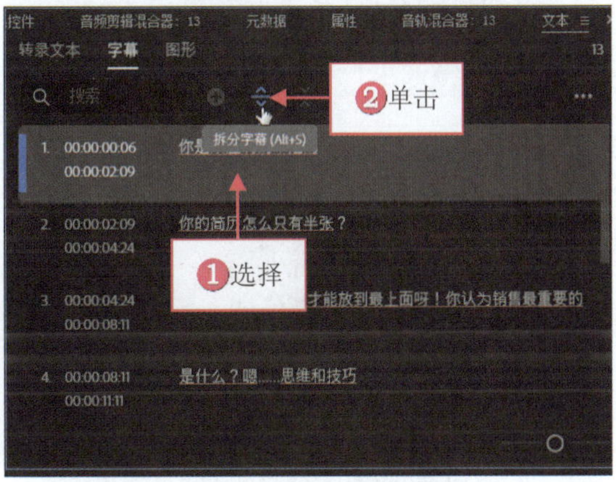

图 11-28　单击“拆分字幕”按钮

Step 10 执行操作后，即可拆分成两个一样的字幕，如图 11-29 所示。

Step 11 双击拆分的字幕，即可编辑内容，效果如图 11-30 所示。

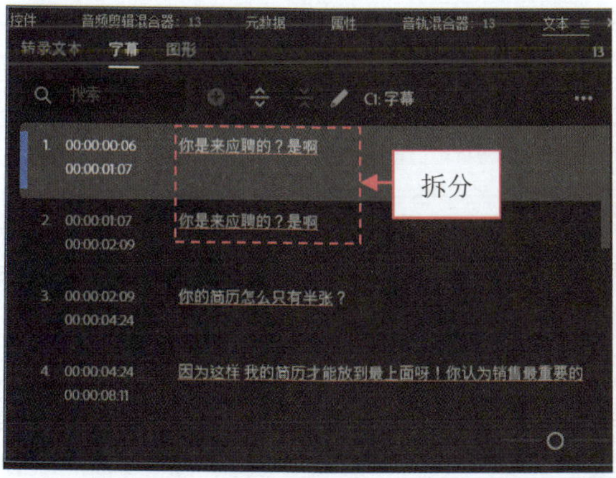

图 11-29　拆分成两个一样的字幕

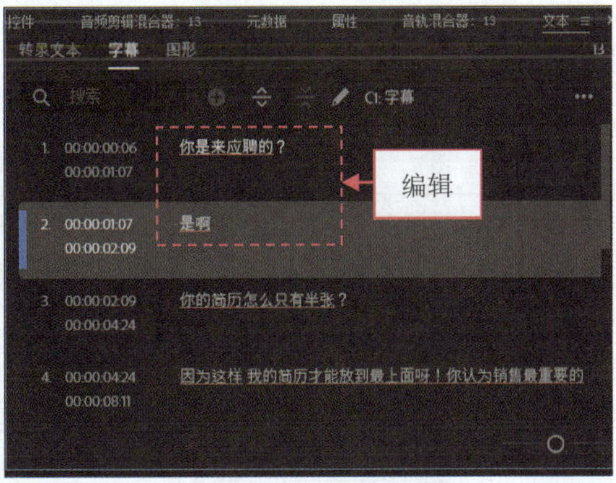

图 11-30　编辑内容

Step 12　用与上同样的方法，拆分并编辑其他字幕，效果如图 11-31 所示。

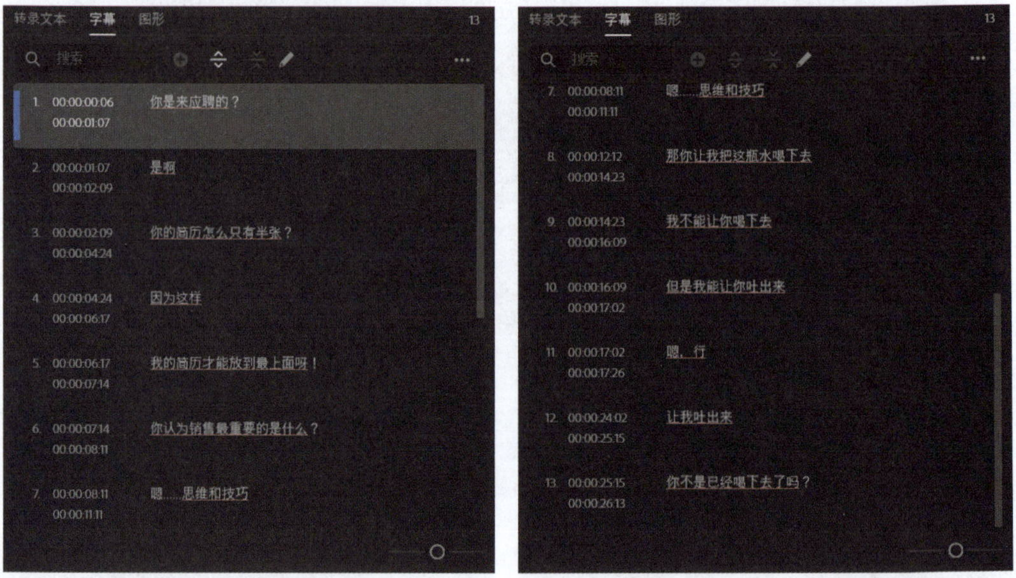

图 11-31　拆分并编辑其他字幕

Step 13　播放视频，核对字幕与人声对白位置是否一致，在“时间轴”面板中调整字幕时长和位置，全选字幕文件，效果如图 11-32 所示。

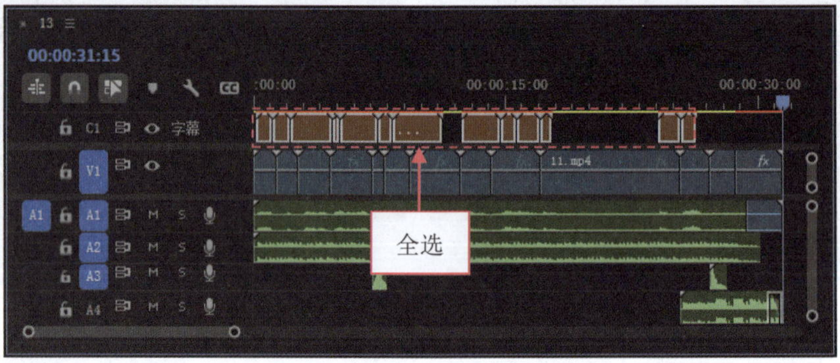

图 11-32　全选字幕文件

Step 14　在菜单栏中，单击“窗口”|“属性”命令，如图 11-33 所示。

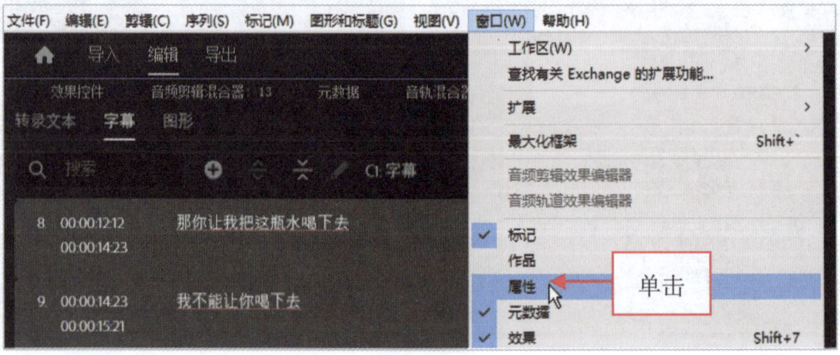

图 11-33　单击“属性”命令

Step 15　打开“属性”面板，设置“字体”为“楷体”，如图 11-34 所示。

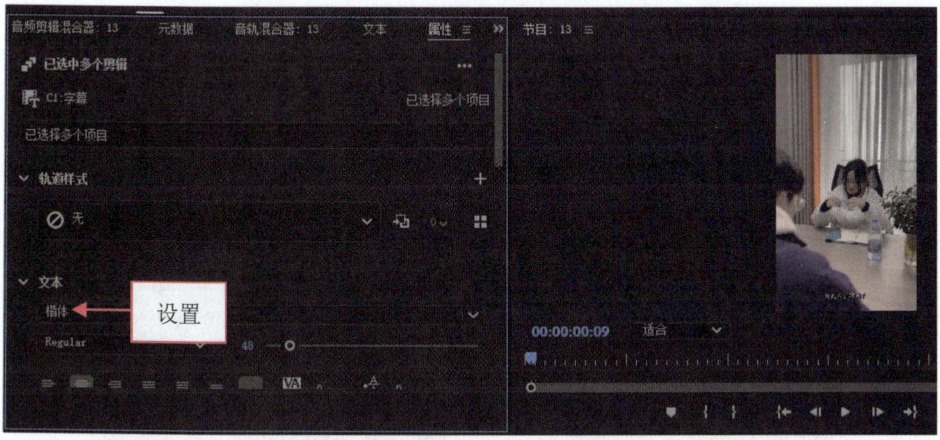

图 11-34　设置“字体”为“楷体”

Step 16　设置“字号”为 100，将文字调大，如图 11-35 所示。

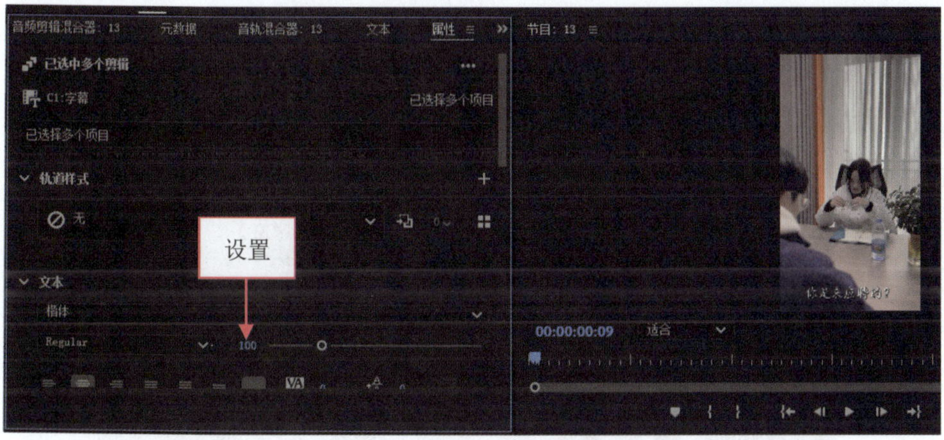

图 11-35　设置“字号”参数

Step 17　单击“仿粗体”按钮，将文字加粗，如图 11-36 所示。

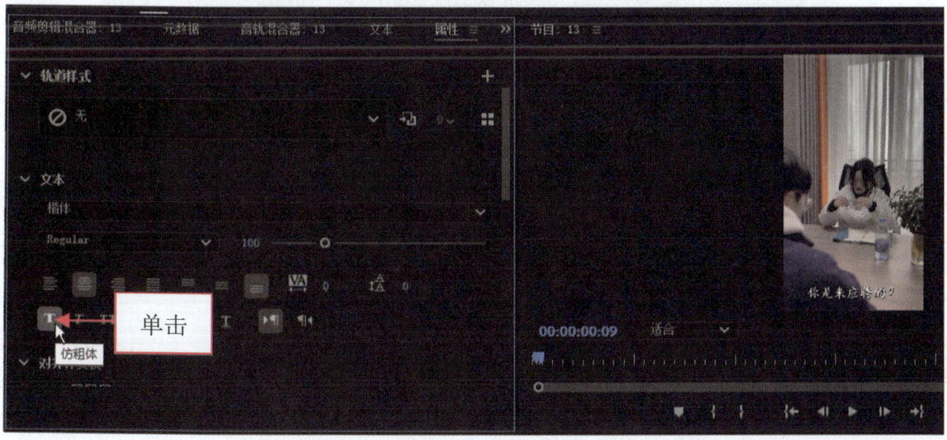

图 11-36　单击“仿粗体”按钮

Step 18 在“节目监视器”面板中，❶拖曳时间指示器，逐一检查字幕；❷选择宽度不够显示的字幕，如图 11-37 所示。

图 11-37 选择宽度不够显示的字幕

Step 19 拖曳字幕四周的控制柄，调整显示宽度，效果如图 11-38 所示。至此，完成故事情景短剧的制作。

图 11-38 调整显示宽度

本章小结

本章主要讲述了如何使用 Adobe Premiere Pro 2025 中制作故事情景短剧的相关操作。从情景素材的添加到变速、放大画面处理，从人声对白、背景音乐、画面音效的添加到智能转录字幕的应用，每一步都对短剧的最终效果至关重要。通过本章的学习，读者可以灵活运用这些技巧，制作出既富有创意又富有表现力的故事情景短剧。

第 12 章 制作影视片尾谢幕实例

12

片尾谢幕是影视作品中至关重要的部分。通过精心设计的画面和音乐，可以让观众感受到影片的情感升华，完美结束影片。本章将通过实战案例逐步完成影视片尾谢幕的制作全流程。

本章重点

- 了解影视片尾谢幕效果展示的方法
- 掌握影视片尾谢幕制作流程

素质目标

- 培养读者精准提炼影片核心立意的能力
- 培养读者构建情感闭环与主题升华的设计能力

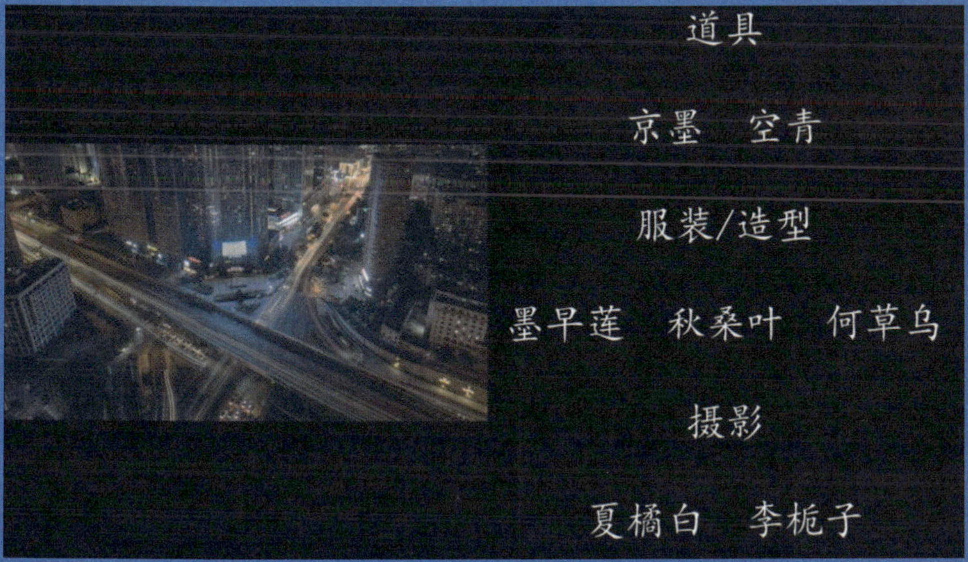

12.1　影视片尾谢幕效果展示

片尾意味着影片的结束。一部好的影片、一档好的综艺节目，其制作凝聚了所有工作人员大量的心血和汗水，当影片播放到结尾时，才会在荧幕上出现他们的名字。因此，片尾的工作人员名单，其实是在对所有付出艰辛努力的人表示致敬和感谢。

随着影视行业的发展，影视片尾的展示也逐渐出现多样化，但很多片尾的制作原理是相通的。本章案例中的影视片尾谢幕效果主要为左右双屏谢幕片尾，即影片画面从全屏慢慢缩小，占据屏幕一半左右的位置，屏幕的另一半则呈现黑屏状态，在影片画面停住的时候，黑屏的位置则会显示多组工作人员或演职人员的名单。

本节将展示影视片尾谢幕效果及其制作思路。

12.1.1　效果欣赏

下面将展示影视片尾谢幕效果，片尾谢幕能够带给观众一种流畅、情感充沛的结束感。视频效果如图 12-1 所示。

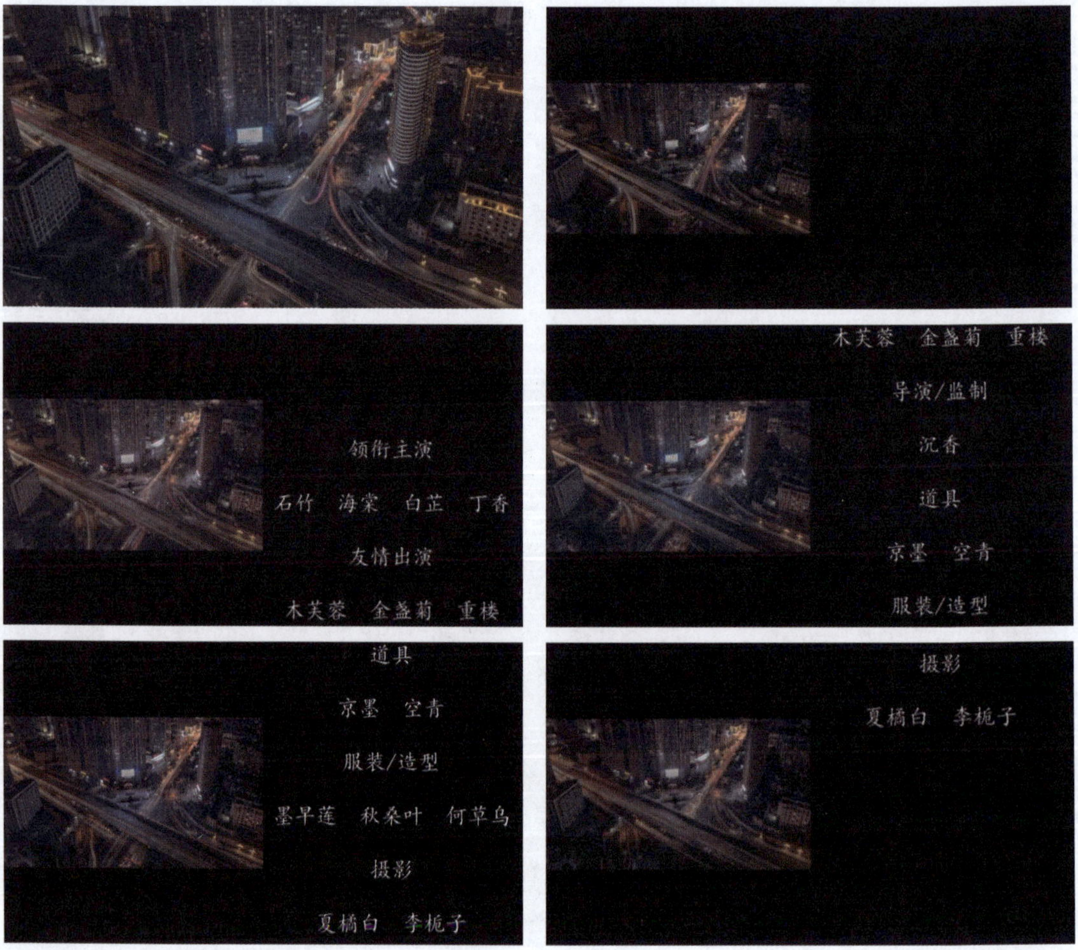

图 12-1　视频效果

12.1.2　制作思路

本案例首先将在 Adobe Premiere Pro 2025 中添加片尾视频，其次添加谢幕文字，最后添加片尾音乐。图 12-2 为影视片尾谢幕效果的制作思路。

- ①添加片尾视频 → 添加片尾视频素材，并在不同的位置，为其添加“位置”和“缩放”的关键帧，使画面靠左缩小一半
- ②添加谢幕文字 → 为视频添加片尾谢幕文字，设置好文字的“字体”“字体大小”和“位置”参数，并通过关键帧制作文字从下往上的滚动效果
- ③添加片尾音乐 → 在“时间轴”面板的 A1 轨道上，添加片尾音乐，并调整片尾音乐的音量

图 12-2　影视片尾谢幕效果的制作思路

制作影视片尾谢幕效果时，要注意考虑影片的整体风格和情感调性，设置合适字体、添加合适的配乐，以确保最终效果能够与影片内容完美融合。此外，动态效果的运用，如视频运动关键帧的添加和文字滚动的方式，是成功制作影视片尾谢幕效果的关键。

12.2　影视片尾谢幕制作流程

了解了影视片尾谢幕效果的基本制作思路后，本节将进入具体的制作流程。这一部分将详细讲解如何使用 Adobe Premiere Pro 2025 进行影视片尾谢幕效果的制作与实现，确保每一步的操作都能够契合影片的节奏。

12.2.1　添加片尾视频

添加片尾视频

首先需要在“项目”面板中导入片尾视频和片尾音乐，其次通过“仅拖动视频”功能，在“时间轴”面板中添加片尾视频，并为视频添加运动关键帧，使画面呈现出靠左缩小的动画效果。其具体操作如下。

Step 01 新建一个项目文件，在“项目”面板中，导入片尾视频和片尾音乐，双击片尾视频，如图 12-3 所示。

Step 02 执行操作后，即可在“源监视器”面板中展示视频画面，移动鼠标到“仅拖动视频”按钮上，如图 12-4 所示。

Step 03 长按鼠标左键，拖曳至“时间轴”面板，释放鼠标左键，即可在 V1 轨道上仅添加片尾视频，如图 12-5 所示。

Step 04 选择片尾视频，将播放指示器拖曳至 00:00:01:00 位置，在“效果控件”面板中，❶单击“位置”和“缩放”左侧的”切换动画”按钮；❷添加第 1 组关键帧，如图 12-6 所示。

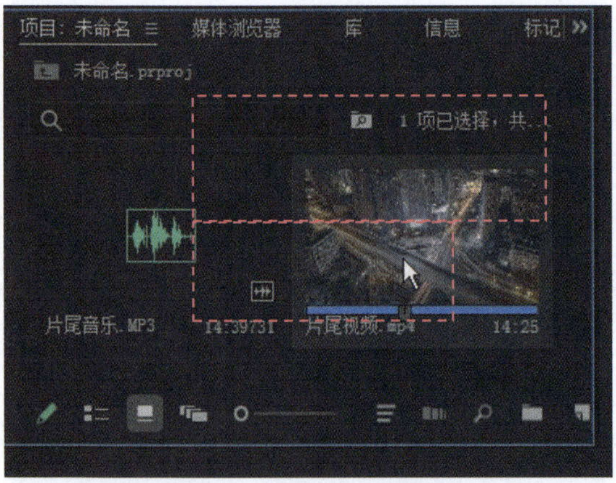

图 12-3　双击片尾视频

图 12-4　移动鼠标

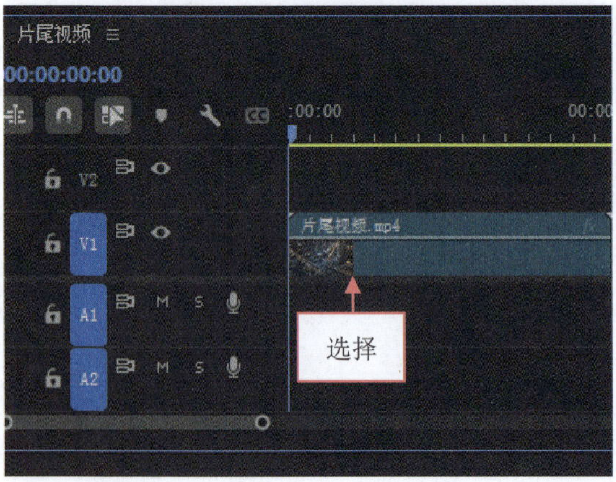

图 12-5　仅添加片尾视频

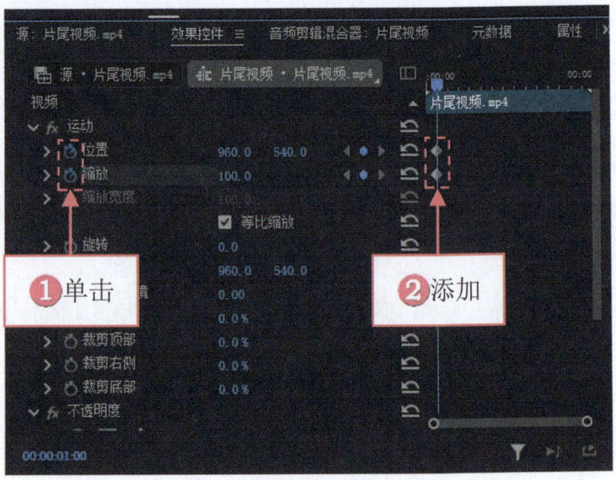

图 12-6　添加第 1 组关键帧

Step 05 ❶将播放指示器拖曳至 00:00:04:15 的位置；❷设置“位置”为（481.0，540.0）、“缩放”为 50.0，将画面靠左缩小一半；❸添加第 2 组关键帧，如图 12-7 所示。

图 12-7　添加第 2 组关键帧

12.2.2　添加谢幕文字

谢幕文字是影视谢幕片尾效果的核心之一。下面将介绍如何在 Adobe

添加谢幕文字

Premiere Pro 2025 中添加谢幕字幕，如何调整文字的大小、字体等，以及如何通过关键帧使文字流畅滚动。其具体操作如下。

Step 01 选取文字工具T，在“节目监视器”面板中单击鼠标左键，即可创建一个图形文本框，在文本框中输入谢幕文字，如图 12-8 所示。

Step 02 在“时间轴”面板中，调整字幕的时长，使字幕的结束位置与视频的结束位置对齐，如图 12-9 所示。

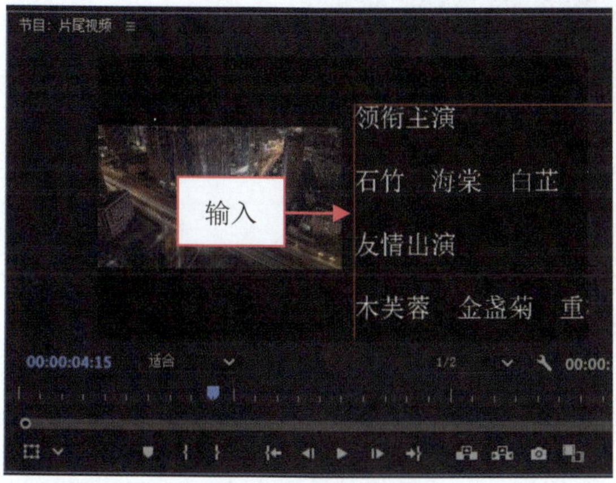

图 12-8　输入谢幕文字

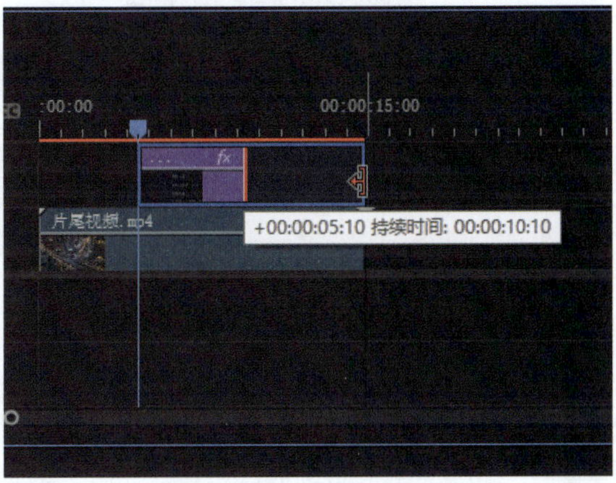

图 12-9　调整字幕的时长

Step 03 在“效果控件”面板中，设置谢幕文字的“字体”为“楷体”，“字体大小”为 80、对齐方式为“居中对齐文本”，如图 12-10 所示。

Step 04 执行上述操作后，向下滑动面板，在“变换”选项下方，❶单击“位置”左侧的“切换动画”按钮；❷设置“位置”为（1436.0，1171.0），将字幕移至画面右下方；❸添加第 1 个关键帧，如图 12-11 所示。

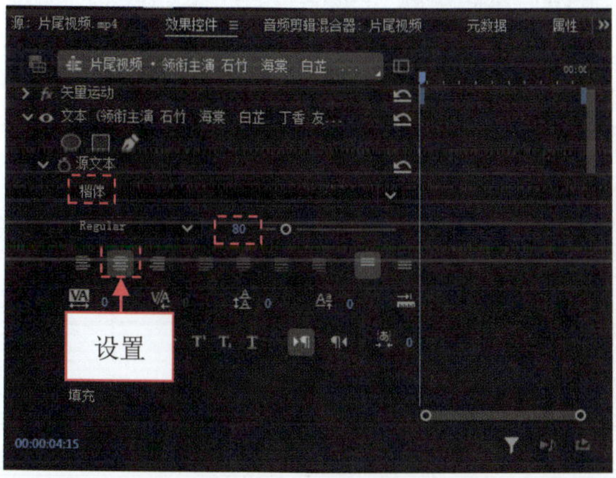

图 12-10　设置字体属性

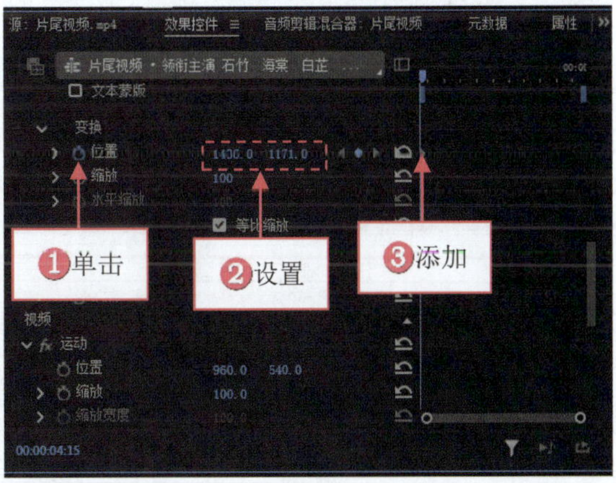

图 12-11　添加第 1 个关键帧

Step 05 ❶将播放指示器拖曳至 00:00:14:20 的位置；❷设置“位置”为（1436.0，－2145.0），将字幕移至画面右上方；❸添加第 2 个关键帧，如图 12-12 所示，呈现谢幕文字在画面右侧从下往上滚动的效果。在“节目监视器”面板中，可以单击“播放-停止切换”按钮▶，播放视频，查看谢幕文字滚动效果。

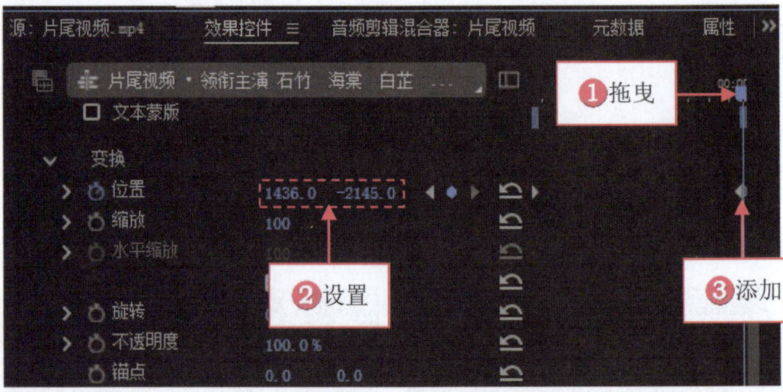

图 12-12　添加第 2 组关键帧

12.2.3　添加片尾音乐

添加片尾音乐

接下来，需要为影视片尾谢幕视频添加片尾音乐，并调整其音量，为影视片尾谢幕视频增添情感色彩。其具体操作如下。

Step 01 用拖曳的方式，将“项目”面板中的片尾音乐添加到 A1 轨道上，如图 12-13 所示。

Step 02 按住片尾音乐上的白色线条并向上拖曳，将音量调高，如图 12-14 所示。至此，完成影视片尾谢幕视频的制作。

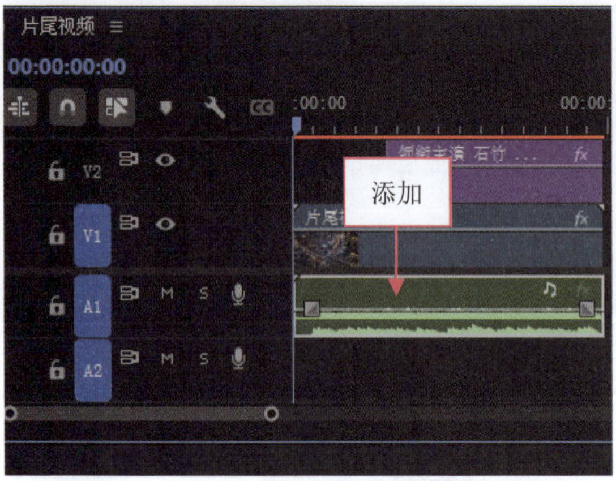

图 12-13　添加片尾音乐

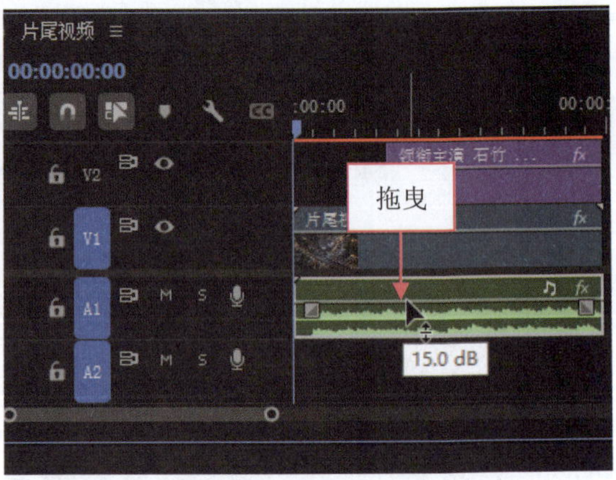

图 12-14　拖曳白色线条将音量调高

本章小结

本章主要讲述了如何使用 Adobe Premiere Pro 2025 中制作影视片尾谢幕视频的相关操作。从片尾视频的添加到关键帧的应用，从谢幕文字的添加到动画效果的制作，以及背景音乐的添加与音量调整，每个步骤都需要精确的操作。通过本的学习，读者可以灵活运用这些技巧，制作出既具有艺术性又能触动观众的影视片尾谢幕视频。